大数据及人工智能产教融合系列丛书

Linux 操作系统管理与 Hadoop 生态圈部署

——基于 CentOS 7.6

刘　猛　主　编

苏伟斌　张美珍　副主编

肖媚娇　李志军　编　著

电子工业出版社

Publishing House of Electronics Industry

北京·BEIJING

内 容 简 介

本书基于较新的 Linux 发行版——CentOS 7.6，内容涵盖 Linux 基础操作、Linux 常见服务器架设及 Hadoop 生态圈中基于 Linux 的 Hadoop、Spark、Flink、HBase、Hive 等平台的搭建。CentOS 是 RHEL 的社区版，可以无缝衔接应用广泛的 RHEL，其基础知识也可以用于其他很多 Linux 发行版。目前，Hadoop 生态圈在企业里深受欢迎，实用性很强，在大数据相关领域应用广泛。

本书依托岗位技能，将工作任务融入非常有代表性的实例中，理论内容丰富，操作步骤清晰，力求理论与实践相结合，并且充分考虑学生认知规律和特点，重点突出，难点拆解到位。由于深入浅出的内容组织，本书特别适合计算机网络、大数据运维等相关专业的学生选用，也可以作为 Linux 爱好者由入门到进阶的自学图书。

图书在版编目（CIP）数据

Linux 操作系统管理与 Hadoop 生态圈部署：基于 CentOS 7.6 / 刘猛主编. —北京：电子工业出版社，2020.8

（大数据及人工智能产教融合系列丛书）

ISBN 978-7-121-39122-4

Ⅰ. ①L… Ⅱ. ①刘… Ⅲ. ①Linux 操作系统②数据处理软件 Ⅳ. ①TP316.85②TP274

中国版本图书馆 CIP 数据核字（2020）第 100859 号

责任编辑：李　冰　　　　特约编辑：田学清
印　　刷：北京虎彩文化传播有限公司
装　　订：北京虎彩文化传播有限公司
出版发行：电子工业出版社
　　　　　北京市海淀区万寿路 173 信箱　　　　　邮编：100036
开　　本：787×1092　　1/16　　印张：18.25　　字数：422 千字
版　　次：2020 年 8 月第 1 版
印　　次：2025 年 1 月第 8 次印刷
定　　价：79.00 元

凡所购买电子工业出版社图书有缺损问题，请向购买书店调换。若书店售缺，请与本社发行部联系，联系及邮购电话：(010) 88254888，88258888。

质量投诉请发邮件至 zlts@phei.com.cn，盗版侵权举报请发邮件到 dbqq@phei. com.cn。

本书咨询联系方式：libing@phei.com.cn。

编 委 会

（按拼音排序）

丛书推荐序一
数字经济的思维观与人才观

大数据的出现，给我们带来了巨大的想象空间：对科学研究来说，大数据已成为继实验、理论和计算模式之后的数据密集型科学范式的典型代表，带来了科研方法论的变革，正在成为科学发现的新引擎；对产业来说，在当今互联网、云计算、人工智能、大数据、区块链这些蓬勃发展的科技领域中，主角是数据，数据作为新的生产资料，正在驱动整个产业进行数字化转型。正因如此，大数据已成为知识经济时代的战略高地，数据主权已经成了继边防、海防、空防之后，另一个大国博弈的空间。

实现这些想象空间，需要构建众多大数据领域的基础设施，小到科学大数据方面的国家重大基础设施，大到跨越国界的"数字丝路""数字地球"。今天，我们看到清华大学数据科学研究院大数据基础设施研究中心已经把人才纳入基础设施的范围，组织编写了这套丛书，这个视角是有意义的。新兴的产业需要相应的人才培养体系与之配合，人才培养体系的建立往往存在滞后性。因此，尽可能缩窄产业人才需求和培养过程间的"缓冲带"，将教育链、人才链、产业链、创新链衔接好，就是"产教融合"理念提出的出发点和落脚点。可以说，清华大学数据科学研究院大数据基础设施研究中心为我国大数据、人工智能事业发展模式的实践，迈出了较为坚实的一步，这个模式意味着数字经济宏观的可行路径。

作为我国首套大数据及人工智能方面的产教融合丛书，其以数据为基础，内容涵盖了数据认知与思维、数据行业应用、数据技术生态等各个层面及其细分方向，是数十个代表了行业前沿和实践的产业团队的知识沉淀。特别是在作者遴选时，这套丛书注重选择兼具产业界和学术界背景的行业专家，以便让丛书成为中国大数据知识的一次汇总，这对于中国数据思维的传播、数据人才的培养来说，是一个全新的范本。

我也期待未来有更多产业界的专家及团队加入本套丛书体系中，并和这套丛书共同更新迭代，共同传播数据思维与知识，夯实我国的数据人才基础设施。

郭华东

中国科学院院士

丛书推荐序二
产教融合打造创新人才培养的新模式

数字技术、数字产品和数字经济，是信息时代发展的前沿领域，不断迭代着数字时代的定义。数据是核心战略性资源，自然科学、工程技术和社科人文拥抱数据的力度，对于学科新的发展具有重要意义。同时，数字经济是数据的经济，既是各项高新技术发展的动力，又为传统产业转型提供了新的数据生产要素与数据生产力。

这套丛书从产教融合的角度出发，在整体架构上，涵盖了数据思维方式拓展、大数据技术认知、大数据技术高级应用、数据化应用场景、大数据行业应用、数据运维、数据创新体系七个方面，编写宗旨是搭建大数据的知识体系，传授大数据的专业技能，描述产业和教育在相互促进过程中所面临的问题，并在一定程度上提供相应阶段的解决方案。丛书的内容规划、技术选型和教培转化由新型科研机构——清华大学数据科学研究院大数据基础设施研究中心牵头，而场景设计、案例提供和生产实践由一线企业专家与团队贡献，二者紧密合作，提供了一个可借鉴的尝试。

大数据领域人才培养的一个重要方面，就是以产业实践为导向，以传播和教育为出口，最终服务于大数据产业与数字经济，为未来的行业人才树立技术观、行业观、产业观，进而助力产业发展。

这套丛书适用于大数据技能型人才的培养，适合作为高校、职业学校、社会培训机构从事大数据研究和教学的教材或参考书，对于从事大数据管理和应用的人员、企业信息化技术人员也有重要的参考价值。让我们一起努力，共同推进大数据技术的教学、普及和应用！

谭建荣

中国工程院院士

浙江大学教授

前　　言

写作背景

Linux 是一套免费和开源的操作系统，从诞生至今对整个 ICT 行业都具有不可估量的影响及贡献。Linux 可安装在各种硬件设备中，如手机、平板电脑、路由器、视频游戏控制台、台式计算机、大型计算机和超级计算机等，智能手机操作系统 Android 就是基于 Linux 内核开发的。

随着物联网、云计算、大数据和人工智能时代的来临，Linux 将迎来更大的发展。大数据技术应用常常使用的开源的 Hadoop 生态圈也是基于 Linux 平台部署的。互联网企业的多样化、高难度且复杂的业务及不断扩展的应用领域，对 Linux 的运维人员提出了更高的要求。

在国家战略和信息安全的大背景下，国家大力推行"国产软件替代"计划。我国自主研发的操作系统也大多基于 Linux 内核，比如深度 OS、中标麒麟等。相信国产操作系统和软件会从大型国企、事业单位等开始试点，然后全面铺开，并在很多关键业务上越来越多地使用 Linux。因此，提前学习和掌握 Linux 将是一件体现战略眼光的事情。

本书特点

本书首次尝试将 Linux 操作系统管理与 Hadoop 生态圈部署结合起来编写。Linux 是很多院校的相关专业的核心课程，但传统的 Linux 相关教材对比较流行的 Hadoop 生态圈部署鲜有涉猎，而 Hadoop 生态圈部署是大数据运维人员必须了解和掌握的。在目前的整个产业背景下，为适应新技术的发展，培养一批适应市场需求的应用型技能人才，并将两者结合起来显得很有必要。学生掌握 Linux 的系统管理、网络服务搭建及 Hadoop 生态圈部署，必将提升自身的竞争力。

本书选用版本较新且应用较为广泛的 Linux 发行版——CentOS 7.6 为对象，并且书中所有实验都在 CentOS 7.6 平台上调试通过。读者学习本书，将有利于掌握 Red Hat 系列发行版及其他 Linux 发行版。

本书在内容的编排上，充分体现了先进性、系统性和实用性，将理论与实践相结合。本书的编者有在教育一线多年从事 Linux 教学的专业教师，有从企业到学校的大数据运维一线工程师。这些编者熟悉 Linux 的使用，了解在校学生的特点，并根据多年的教学经验和学生的认知规律精心组织了教材内容，力求做到理论够用、依托实践、深入浅出。

阅读指南

本书所有的命令注释均以"//"开头，写在命令行下方；所有的配置文件注释均以"#"开头；所有的命令和配置项皆测试通过。

本书命令大多是从 Shell 复制出来的文本，但是由于个别执行结果复杂，不便于排版，因此采用了插入截图的方式。

在实验前，请务必确认虚拟机的网络模式，以及 iptables 和 SELinux 的状态。

读者对象

本书既可以作为职业院校的计算机网络技术、大数据运维等相关专业的教材，也可以作为技能竞赛培训、Linux 培训指导书，还可以作为 Linux 和 Hadoop 初学者、爱好者的入门书。

编写分工

本书由刘猛担任主编，由苏伟斌、张美珍担任副主编，同时参与编写的人员还有肖媚娇、李志军，具体分工如下：第 1 章由李志军编写；第 2、5、6、7、8、9 章由刘猛编写；第 3、4 章由肖媚娇编写；第 10、11 章由苏伟斌编写；第 12、13 章由张美珍编写。刘猛负责全书的统稿工作，苏伟斌、张美珍负责配套资源的整理工作。

致谢

感谢电子工业出版社编辑李冰在本书编写过程中对编写体例和内容上给予的悉心指导和大力支持，感谢清华大学数据科学研究院大数据基础设施研究中心学术研究部总监孙雪在本书立项和编写过程中给予的大力支持和指导。同时感谢全体参编人员的努力和付出，感谢我的同事彭武华协助处理书中的部分图片。最后感谢在本书编写过程中给予关怀和支持，提出宝贵编写意见的各位朋友、同事。

由于编者水平及时间所限，本书疏漏之处在所难免，恳请广大读者批评指正，提出宝贵意见，并发邮件到 leumoon@vip.163.com。

编　者
2020 年 1 月 1 日

目　　录

第 1 章　Linux 概述 1

  1.1　初识 Linux 2

      1.1.1　Linux 的前世今生 2

      1.1.2　开源软件简介 3

      1.1.3　Linux 的特点 4

      1.1.4　Linux 的应用 4

  1.2　内核与发行版 6

      1.2.1　内核的概念和功能 6

      1.2.2　内核版本 6

      1.2.3　常见的发行版本 7

      1.2.4　Red Hat、Fedora Core 与 CentOS 9

第 2 章　CentOS 7.6 的安装与 Linux 初体验 11

  2.1　CentOS 7.6 的安装 12

      2.1.1　安装介质的获取及安装方式简介 12

      2.1.2　安装方式 12

      2.1.3　CentOS 7.6 的安装与配置 13

  2.2　Linux 初体验 21

      2.2.1　图形界面与登录 22

      2.2.2　字符界面与登录 23

      2.2.3　字符界面与图形界面的切换 24

      2.2.4　新用户添加 25

      2.2.5　Linux 注销、重启、关机 26

第 3 章　命令行与 Shell 基础 29

  3.1　Shell 基础 30

      3.1.1　什么是 Shell 30

      3.1.2　Linux Shell 简介 30

      3.1.3　通配符与命令扩展 32

      3.1.4　定制别名 32

      3.1.5　转义字符与系统环境变量 34

3.1.6　登录类型与用户环境配置 35

3.2　Linux 命令基础 36

　　3.2.1　命令的格式 36

　　3.2.2　命令的输入与执行 38

　　3.2.3　联机帮助 38

3.3　输入、输出重定向和管道 39

　　3.3.1　命令的输入与输出 39

　　3.3.2　输入重定向 39

　　3.3.3　输出重定向 40

　　3.3.4　管道 40

3.4　Linux 常用命令 41

3.5　vi 文本编辑器 49

　　3.5.1　vi 简介 49

　　3.5.2　vi 的工作模式和切换 49

　　3.5.3　启动 vi 50

　　3.5.4　vi 常用命令 50

第 4 章　用户和用户组的管理 52

4.1　Linux 账号概述 53

　　4.1.1　Linux 用户类型 53

　　4.1.2　用户账号配置文件 53

　　4.1.3　用户组账号配置文件 55

4.2　用户管理 55

　　4.2.1　添加用户 56

　　4.2.2　管理用户密码 56

　　4.2.3　修改用户属性 57

　　4.2.4　删除用户 57

　　4.2.5　/etc/skel/目录 57

4.3　用户组管理 59

　　4.3.1　添加用户组 59

　　4.3.2　修改用户组属性 59

　　4.3.3　删除用户组 60

　　4.3.4　管理用户组内的用户 60

4.4　用户权限与账号登录监控 61

　　4.4.1　用户权限 61

　　4.4.2　账号登录监控 62

第 5 章 文件与文件管理 64

5.1 Linux 文件与路径 65
5.1.1 文件名与文件类型 65
5.1.2 路径 68
5.1.3 CentOS 7.6 目录简介 69

5.2 文件与目录操作命令 70
5.2.1 创建文件与目录 71
5.2.2 查看文件内容 71
5.2.3 复制和移动文件或目录 73
5.2.4 删除文件与目录 73
5.2.5 创建硬链接和软链接 74
5.2.6 查找文件 74
5.2.7 打包和解包文件 75

5.3 Linux 文件权限管理 76
5.3.1 权限概述 77
5.3.2 权限的修改 78
5.3.3 更改文件或目录所属用户和用户组 79
5.3.4 默认权限 umask 79

第 6 章 磁盘与分区管理 81

6.1 磁盘和分区简介 82
6.1.1 磁盘的结构和工作原理 82
6.1.2 Linux 磁盘分区 82
6.1.3 Linux 常见设备命名 83
6.1.4 Linux 分区命名 84

6.2 Linux 文件系统概述 84
6.2.1 Linux 支持的文件系统类型 85
6.2.2 XFS 的优点 86

6.3 使用 fdisk 分区 87
6.3.1 查看硬盘及分区信息 87
6.3.2 使用 fdisk 编辑分区表 88

6.4 文件系统管理 92
6.4.1 创建文件系统 92
6.4.2 挂载与卸载 93
6.4.3 设置自动挂载 96

6.5 磁盘配额 97

第 7 章　Linux 软件包管理 100

　7.1　RPM 软件包管理 101

　　　7.1.1　RPM 简介 101

　　　7.1.2　rpm 命令与操作 101

　7.2　YUM 软件包管理 103

　　　7.2.1　YUM 配置文件 104

　　　7.2.2　配置本地 YUM 源 105

　　　7.2.3　yum 命令详解 106

第 8 章　Systemd 概述与进程管理 110

　8.1　Systemd 概述 111

　　　8.1.1　CentOS 6 和 CentOS 7 启动流程的区别 111

　　　8.1.2　Systemd 简介 112

　　　8.1.3　Systemd 的使用和配置 113

　　　8.1.4　Systemd 与 SysVinit 116

　　　8.1.5　systemctl 命令简介 117

　8.2　认识进程 119

　　　8.2.1　进程简介 119

　　　8.2.2　进程管理 120

　　　8.2.3　作业管理 124

　　　8.2.4　任务调度 127

第 9 章　磁盘高级管理 131

　9.1　逻辑卷管理 132

　　　9.1.1　LVM 简介 132

　　　9.1.2　LVM 的建立 133

　　　9.1.3　LVM 的管理 139

　9.2　RAID 管理 142

　　　9.2.1　RAID 简介 142

　　　9.2.2　准备创建 RAID 的环境 144

　　　9.2.3　创建 RAID 0 145

　　　9.2.4　创建 RAID 5 146

　　　9.2.5　删除 RAID 149

第 10 章　Linux 网络基础与远程访问 151

　10.1　网络相关概念 152

　　　10.1.1　TCP/IP 协议概述 152

10.1.2　IP 地址 152

10.1.3　协议端口 154

10.1.4　两种软件架构模式 154

10.2　Linux 网络应用技术 155

10.2.1　网络查询与连通性测试 155

10.2.2　网络连通性测试 157

10.2.3　文件传输 158

10.3　配置网络参数 163

10.3.1　网络参数配置文件 163

10.3.2　使用 ifconfig 配置网络 164

10.3.3　使用 nmtui 配置网络 165

10.4　Telnet 服务 166

10.4.1　Telnet 服务的安装与启动 166

10.4.2　Telnet 登录 167

10.5　SSH 服务 169

10.5.1　OpenSSH 服务的安装与配置 169

10.5.2　认证与登录方式 171

10.6　在 Windows 下远程管理 Linux 173

10.6.1　使用 WinSCP 上传下载文件 173

10.6.2　使用 SecureCRT 远程管理 Linux 178

第 11 章　网络服务配置与管理 183

11.1　DHCP 服务器 184

11.1.1　DHCP 协议概述 184

11.1.2　DHCP 协议的工作过程 184

11.1.3　DHCP 服务器的安装与运行管理 185

11.1.4　网络虚拟环境的建立、配置与运行 186

11.1.5　DHCP 服务器的配置与测试 187

11.1.6　DHCP 超级作用域与中继代理服务器的配置 190

11.2　DNS 服务器 192

11.2.1　DNS 概述 192

11.2.2　DNS 服务器的安装与运行管理 192

11.2.3　纯 DNS 服务器的配置与测试 193

11.2.4　主/辅 DNS 服务器的配置 197

11.2.5　DNS 转发与 DNS 缓存服务器 198

11.3 FTP 服务器 199
11.3.1 FTP 概述 200
11.3.2 FTP 服务器的安装与运行管理 200
11.3.3 vsftpd 配置 200
11.3.4 虚拟用户配置 203
11.3.5 创建安全的 FTP 服务器 205
11.4 Apache 服务器 207
11.4.1 Apache 概述 207
11.4.2 Apache 服务器的安装与运行管理 207
11.4.3 Apache 服务器的配置与测试 208
11.4.4 Web 虚拟主机的配置 210
11.4.5 创建安全的网站 214
11.4.6 虚拟目录与用户认证 216
11.5 Samba 跨平台资源共享管理 219
11.5.1 Samba 服务器的安装与运行管理 219
11.5.2 Samba 服务配置文件 220
11.5.3 可匿名访问的共享文件配置 222
11.5.4 带用户验证的共享文件配置 224
11.6 邮件服务器 227
11.6.1 电子邮件系统的工作原理 228
11.6.2 简单邮件系统的安装与运行管理 229
11.6.3 简单邮件系统的配置 229
11.6.4 配置 SMTP 认证 233

第 12 章 大数据与 Hadoop 生态圈 236
12.1 大数据简介 237
12.2 Hadoop 生态圈 238
12.2.1 Hadoop 生态圈介绍 238
12.2.2 分布式文件系统 HDFS 241
12.2.3 并行计算框架 MapReduce 242
12.2.4 内存计算模型 Spark 243
12.2.5 第四代计算引擎 Flink 244
12.3 Hadoop 集群部署 245
12.3.1 准备工作 245
12.3.2 Java 的安装与配置 248
12.3.3 Hadoop 完全分布式部署 249

12.3.4 Hadoop 的启动和验证 ·· 254

12.3.5 Hadoop 入门实例 ·· 256

12.4 Spark 系统架构部署 ··258

12.4.1 Spark 部署 ·· 258

12.4.2 启动与验证 ·· 260

12.4.3 Spark 入门实例 ·· 262

12.5 Flink 系统架构部署 ··263

12.5.1 Flink 部署 ·· 263

12.5.2 启动与验证 ·· 264

12.5.3 Flink 入门实例 ·· 265

第 13 章 数据存储与分析 ···267

13.1 HBase 数据库 ···268

13.1.1 HBase 介绍 ·· 268

13.1.2 HBase 的特点 ··· 268

13.1.3 HBase 的部署 ··· 269

13.2 Hive 数据仓库 ··272

13.2.1 Hive 介绍 ·· 272

13.2.2 Hive 的部署 ··· 272

13.2.3 Hive 应用实例 ··· 275

第 1 章
Linux 概述

  Linux 是 20 世纪 90 年代出现的一套免费和开源的类 UNIX 操作系统,是一套基于 POSIX 和 UNIX 的支持多用户、多任务、多线程和多 CPU 的操作系统。它能运行主要的 UNIX 工具软件、应用程序和网络协议。它支持 32 位和 64 位硬件。Linux 继承了 UNIX 以网络为核心的设计思想,是一套性能稳定的多用户网络操作系统。

  Linux 诞生于 1991 年 10 月 5 日。Linux 存在许多不同的版本,但它们都使用了 Linux 内核。Linux 可安装在各种硬件设备中,如手机、平板电脑、路由器、视频游戏控制台、台式计算机、大型计算机和超级计算机。严格来讲,Linux 这个词本身只表示 Linux 内核,但实际上人们已经习惯了用 Linux 来形容整个基于 Linux 内核,并且使用 GNU 工程的各种工具和数据库的操作系统。

  注:很多读者应该听说过 Linux,但到底应该怎么读呢?估计读者所听到过的发音版本大概和 Linux 的发行版本一样多,包括"利讷克斯(/'lɪnəks/)""莱讷克斯(/'laɪnəks/)""里那克斯(/li'nʌks/)""里纽克斯(/li'nju:ks/)"……按照 WIKI 百科的词条,读音应该是"利讷克斯(/'lɪnəks/)"。"Linux 之父"Linus Torvalds 本人是芬兰人,他本人关于 Linux 的发音有一段录音,经过反复听,笔者认为发音更接近"利讷克斯(/'lɪnəks/)"。

1.1 初识 Linux

在开始学习 Linux 之前，有必要了解一些 Linux 的基础知识，比如 Linux 的前世今生、开源软件、Linux 的特点及应用等。

1.1.1 Linux 的前世今生

Linux 通常被称为类 UNIX 操作系统，这是因为 Linux 和 UNIX 有着很深的渊源。关于 UNIX 的发展，读者可以自行了解。

1986 年，Andrew Tanenbaum 教授为了教学需要，开发了一种小型 UNIX 操作系统，并称之为 Minix。1991 年，Linus Torvalds 还是芬兰赫尔辛基大学的一名学生，由于对课堂上使用的 Minix 不太满意，他决定开发自己的 Minix，该系统一开始只具有操作系统内核的大致雏形，必须在 Minix 的机器上编译以后才能运行。Linus Torvalds 最初为自己的这套系统取名为 freax，并将源代码放在了芬兰的一个 FTP 站点上供大家下载。该站点的 FTP 管理员认为这个系统是 Linus Torvalds 的 Minix，因此建立了一个名称为 Linux（Linus'UNIX）的目录来存放这个新系统的源代码。这就是 Linux 名称的由来。

Linus Torvalds 先于 1991 年 10 月 5 日发布了 Linux 的第 1 个版本——Linux 0.0.2。在这个版本中已经可以运行 Bash（the GNU Bourne Again Shell——一种用户与操作系统内核通信的软件）和 GCC（GNU Compiler Collection）编译器。同时，Linus Torvalds 在网络上公布了 Linux 的核心程序的源代码，并决定以 GPL（大众所有版权，也叫 GNU 通用公共许可证）的方式来发行传播，也就是说，这个软件允许任何人以任何形式进行修改和传播。

随着网络的日益发展，越来越多技术高超的程序员加入了 Linux 的开发与完善。在这个过程中，无数富有个性和开创性的程序员在没有计较任何报酬的前提下，完全自发地加入开发行列。一旦某个程序员完成了其中的部分程序，他就会立即将这个程序发布出来，并免费将它发送给任何一个需要这个程序的人，而其他的一些程序员在研究后会立即发布并发回这个程序的修正和改良程序。这个过程周而复始，因此 Linux 的改进速度是非常快的，同时，它的稳定性也是非常高的。这种集市型的开发模式促进了 Linux 的繁荣。可以这么说，Linux 是一个热情、自由、开放的网络产物。

目前，Linux 已经成为一个功能完善的主流网络操作系统。作为服务器的操作系统，Linux 包括配置和管理各种网络所需的所有工具，并且得到了华为、Oracle、IBM、惠普、戴尔等大型企业的支持。因此，越来越多的企业开始采用 Linux 作为服务器的操作系统，也有很多用户采用 Linux 作为桌面操作系统。

1.1.2　开源软件简介

1. GNU 和 GPL

GNU 是"GNU is Not UNIX"的递归缩写，是 1985 年由"自由软件运动"的精神领袖理查德·马修·斯托曼（Richard Matthew Stallman）提出的，目标是创造一套完全免费、开源，并且兼容 UNIX 的操作系统 GNU。斯托曼是自由软件基金会（Free Software Foundation）的创立者，创建基金会的目标是为了完成 GNU 计划。

1989 年，斯托曼与一些律师起草了被广泛使用的 GNU 通用公共许可证（GNU General Public License，GNU GPL），创造性地提出了"反版权"（copyleft，与版权的英文 copyright 相反）的概念。

GPL 最重要的原则就是所有符合 GPL 协议的软件都可以被复制，可以被修改，可以被出售，但是源代码中所有的改进和修改必须向每个用户公开，所有用户都可以获得修改后的源代码。copyleft 可以保证自由软件传播的延续性，也可以防止一些厂商利用自由软件，使其专有化。斯托曼认为，软件从业者不应依靠 copyright（版权），迫使客户花费巨额资金购买软件，而应通过提供服务（如技术支持、训练）来获取应得的报酬。简而言之，自由软件时代的基本准则就是"资源免费，服务收费"。GNU 的主要软件有 GNU Emacs 文字编辑器、GCC 编译器、GDB 调试器等。

2. GNU/Linux

GNU 工程激励了许多年轻的"黑客"，他们编写了大量自由软件。斯托曼也受此鼓舞写出了 Linux 内核。Linux 加入 GNU 计划，并遵循 GPL 协议是一件在 Linux 的发展历程上具有里程碑意义的事情。

在斯托曼的计划里，GNU 操作系统的内核（Hurd），是自由软件基金会发展的重点，但是其发展一直尚未成熟。Linux 的出现使得所有 GNU 软件可以在硬件上运行起来。Linux 最初只是一个内核，但由于加入了 GNU 计划，在 GPL 协议下，允许商家对自由软件进一步开发，并且允许在 Linux 上开发商业软件。Linux 的发展又获得了一次飞跃，出现了很多 Linux 发行版，如 Slackware、Red Hat、SuSE、Ubuntu 等 10 多种，而且还在增加。同时，一些公司开始在 Linux 上开发商业软件，或者把其他 UNIX 平台的软件移植到 Linux 中。另外，自由软件精神的引领，以及 IBM、Intel、Oracle、Sysbase、Novell 等 ICT 行业领袖宣布对 Linux 的支持或兼容，使 Linux 得到迅速普及，进入商业应用领域。

GNU 和 Linux 很难厘清谁成就了谁，甚至斯托曼及许多人都认为整个操作系统应该称为 GNU/Linux。整个操作系统包括 GNU 计划软件与 Linux 核心，使用 GNU/Linux 这个名称，可以更好地概括它的内容。

1.1.3　Linux 的特点

随着 Linux 的发展，Linux 已经由因为免费而被广泛传播变为因为具有良好的性能、完善的功能、超强的稳定性和可靠性而被广泛应用。

Linux 包含 Windows 的所有功能，而且更加稳定，特别是在服务器的应用中。另外，Linux 属于开源操作系统，程序的源代码一目了然，其可靠性和安全性有保障，更加适合政府、军事、金融等关键机构使用。我国自主的操作系统就是基于 Linux 内核开发的。

1．Linux 可以进行内核定制

操作系统的核心控制着系统运行的各个方面，影响着一个系统的整体性能。Linux 可以根据自己的需要对系统内核进行定制，从而构建一个新的符合服务器角色的内核，减少不必要的内存占用，提升系统的整体性能。Windows 不允许用户进行内核定制，因此在整体性能上不如 Linux。

2．Linux 的系统角色灵活

由于 Linux 是以"内核+系统组件"的形式存在的，因此可以简便地转换系统的角色。Linux 客户可以根据需要安装相关的系统组件，从而由组件决定系统的角色；而 Windows 客户一旦将系统安装完毕，除非购买新的操作系统进行安装，否则无法改变系统的角色。

3．Linux 的 GUI 是可选组件

图形化操作系统虽然比较友好、简便，但它毕竟是以牺牲系统的整体性能来换取的。Windows 的 GUI（Graphical User Interface，图形用户界面）是不可选的，而且永远没有办法关闭。而 Linux 不仅有 GUI，还有命令行操作界面，可根据用户的需要，将两者进行切换，做到在不同情况下使用不同界面，这对于提高服务器的性能和稳定性来讲尤为重要。

4．Linux 拥有完善的功能和卓越的稳定性

Linux 继承了 UNIX 卓越的稳定性表现，成为企业中重要服务器的首选系统。另外，由于 Linux 具有源代码开放的特点，得到了广大程序开发者和软件社区的广泛支持。因此，Linux 平台下的应用软件也极其丰富。

1.1.4　Linux 的应用

Linux 正在得到越来越广泛的应用，尤其是在企业应用中逐渐显现出了巨大的优势，下面简单介绍 Linux 在企业中的应用。

1．使用 Linux 作为 Internet 网络服务器

Linux 是一种类 UNIX 操作系统，因此很容易地成了 UNIX 操作系统的替代品，承担原有 UNIX 操作系统的角色，尤其是在充当 Internet 网络服务器方面显示出了强大的优势。

Linux 为各种网络服务器提供了一个稳定的运行平台，并配合不同的网络服务器组件，可以为企业提供大多数常用的 Internet 网络服务器应用，如 Mail、DNS、Web 等服务。

2．使用 Linux 作为中小企业内部服务器

Linux 同样适用于架设中小企业的内部服务器，典型的应用场景如下所述。

（1）使用 Linux 作为网络防火墙。

（2）使用 Squid 服务，Linux 可作为代理服务器。

（3）使用 DHCP 服务，用于管理内部网络的 IP 地址。

（4）使用 NFS 或 Samba 服务，实现企业内部的文件和打印共享。

在使用 Linux 作为中小企业内部服务器时，用户会存在各种各样的需求。Linux 除了可以独立提供服务，还可以和其他服务器系统（如 Windows）配合，构建多操作系统的混合运用环境，例如，使用 Linux 作为服务器，使用 Windows 作为桌面环境。

3．使用 Linux 作为桌面环境

随着开源软件桌面技术的发展，特别是 GNOME 和 KDE 两种桌面环境的迅速发展，Linux 除了在服务器领域具有应用优势，在桌面应用领域也开始有不错的表现。随着 Linux 桌面时代的到来，相信在个人桌面和企业桌面应用中会越来越多地使用 Linux。

4．使用 Linux 作为开发环境

Linux 作为开发环境来使用可以说具有得天独厚的优势。对于有软件开发需求的企业而言，Linux 能够在满足开发需求的条件下实现跨平台的开发和应用，大大降低了开发环境的成本。Linux 广泛支持各种类型的开发语言，如 Python、Java、C、C++等高级编程语言，PHP 等网页编程语言，Perl、Ruby 等脚本语言。

5．嵌入式 Linux

嵌入式 Linux 是将 Linux 进行裁剪修改，使其能在嵌入式计算机系统上运行的一种操作系统。该系统的最大特点是源代码公开且遵循 GPL 协议，近几年来已成为研究热点。在目前正在开发的嵌入式系统中，有大约 50%的项目选择 Linux 作为嵌入式操作系统。

Linux 实现嵌入式具有得天独厚的优势。首先，Linux 是开放源代码的，众多 Linux 爱好者和 Linux 开发者提供了强大的技术支持；其次，Linux 的内核小、效率高，内核的更新速度很快，其系统内核最小只有大约 134KB；再次，Linux 在价格上极具竞争力；最后，Linux 支持多种 CPU 和多种硬件平台，是一个跨平台的系统，很容易进行开发和使用。

嵌入式 Linux 的应用领域非常广泛，主要包括信息家电、PDA、机顶盒、交换机、路由器、ATM、远程通信、医疗电子、交通运输、工业控制、航空航天等。

6. Android

Android 是一种基于 Linux 的自由且开放源代码的操作系统，主要适用于移动设备，如智能手机和平板电脑，由 Google（谷歌）公司和开放手机联盟开发及领导，中文名称一般为"安卓"或"安致"。

第一部 Android 智能手机发布于 2008 年 10 月。然后 Android 逐渐扩展到平板电脑及其他领域，如电视、数码相机、游戏机、智能手表等。

1.2 内核与发行版

操作系统最重要的就是内核，我们平时所说的 Linux 操作系统更多指的是使用 Linux 内核的发行版。而基于 Linux 内核的 Linux 发行版有很多，那么如何从众多的发行版中找到适合用户自己的，是一件非常重要的事情，选择使用简单、普及率高、应用范围广的 Linux 发行版对于以后的 Linux 学习大有裨益。

1.2.1 内核的概念和功能

不管是开源的 Linux，还是闭源的 Windows，抑或是昂贵的 UNIX，这些系统最关键的核心部分都是内核（Kernel）。内核是一个操作系统的关键部分，可以实现一个操作系统的核心功能。

内核是硬件与软件的一个中间层，其作用是将应用程序的请求交给硬件，并充当底层的驱动程序，对系统中的各种设备和组件进行寻址。一个内核至少要实现 5 个功能，包括进程调度、内存管理、设备管理、文件系统与协议（含网络协议）。

1.2.2 内核版本

Linux 内核的版本格式经历过几次变化，目前的版本编号方式为"A.B.C"格式，表示"主版本号.次版本号.修订次数"。其中，主版本号表示有重大改动；次版本号随着新版本发布而增加；修订次数表示有 Bug 修复、新特性增加或驱动的更新。

最新的内核版本可通过访问 https://www.kernel.org/ 来查看，只要内核为"Stable Kernel"，就表示此版本为稳定版本，Linux 内核的最新稳定版本是 5.5.11。

通常 Linux 的内核文件是存放在/boot 目录下的，并以 vmlinuz 为内核名称。以本书所用到的版本为例，/boot 目录下的文件如图 1-1 所示。

```
[root@www ~]# cd /boot
[root@www boot]# ll
total 128784
-rw-r--r--. 1 root root   151918 Nov  9  2018 config-3.10.0-957.el7.x86_64
drwx------. 3 root root       17 Nov  9  2018 efi
drwxr-xr-x. 2 root root       27 Mar 29  2019 grub
drwx------. 5 root root       97 Mar 29  2019 grub2
-rw-------. 1 root root 74011416 Mar 29  2019 initramfs-0-rescue-b27cb845f56a4b0da0f964d105c7d4cc.img
-rw-------. 1 root root 29301582 Mar 29  2019 initramfs-3.10.0-957.el7.x86_64.img
-rw-------. 1 root root 11249190 Jan  6 18:34 initramfs-3.10.0-957.el7.x86_64kdump.img
-rw-r--r--. 1 root root   314036 Nov  9  2018 symvers-3.10.0-957.el7.x86_64.gz
-rw-------. 1 root root  3543471 Nov  9  2018 System.map-3.10.0-957.el7.x86_64
-rwxr-xr-x. 1 root root  6639904 Mar 29  2019 vmlinuz-0-rescue-b27cb845f56a4b0da0f964d105c7d4cc
-rwxr-xr-x. 1 root root  6639904 Nov  9  2018 vmlinuz-3.10.0-957.el7.x86_64
```

图 1-1　/boot 目录下的文件

vmlinuz-3.10.0-957.el7.x86_64 表示 CentOS 7.6 的 Linux 内核主版本号为 3；次版本号为 10；0 表示这个版本很新，还没有被修订过；el7 表示基于 Red Hat Enterprise Linux 7 平台，下文会介绍这两者的关系。

1.2.3　常见的发行版本

Linux 内核只负责控制硬件设备、文件系统、进程调度等，并不包含应用程序，如文件编辑软件、网络工具、系统管理工具或多媒体软件等。然而，一个完整的操作系统，除了具有强大的内核功能，还应该提供丰富的应用程序，以方便用户使用。

由于 Linux 内核是完全开放源代码的，因此很多公司和组织会将 Linux 内核与应用软件和文档包装起来，提供安装界面、系统设置及管理工具等，这就构成了发行套件。每种 Linux 发行套件都有自己的特点，其版本号也会因发行者的不同而不同，与 Linux 内核的版本号是相互独立的。目前，全世界有上百种 Linux 发行套件，其中比较知名的有以下套件。

1. Debian Linux

Debian Linux 是古老的 Linux 发行版之一，很多其他 Linux 发行版都是基于 Debian 发展而来的，如 Ubuntu、Google Chrome OS 等。Debian 主要分为 3 种版本：稳定版本（stable）、测试版本（testing）、不稳定版本（unstable）。

Debian Linux 之父 Ian Murdock 是 Debian GNU/Linux 发行版的创始人，Ian Murdock 曾是 Linux 基金会（Linux Foundation）的首席技术官（CTO），以及 Linux 平台交互标准 LSB（Linux Standard Base）的主席。

Debian 于 1993 年 8 月 16 日由当时还是美国普渡大学学生的 Ian Murdock 首次发表。Ian Murdock 最初把他的系统称为 Debian Linux Release。Debian 的名称是由他女友（现在为其妻子）Debra 和 Ian Murdock 自己的名字合并而成的。

2. Slackware Linux

Slackware Linux 是由 Patrick Volkerding 开发的 GNU/Linux 发行版。与很多其他的发行版不同，它坚持 KISS（Keep It Simple and Stupid）原则，即没有任何配置系统的图形界

面工具。一开始，在配置系统时会有一些困难，但是有经验的用户会喜欢这种方式的透明性和灵活性。Slackware Linux 的另一个突出特性也符合 KISS 原则：Slackware Linux 没有类似于 RPM 的成熟的软件包管理器。它的最大特点就是安装简单，目录结构清晰，版本更新快，适合安装在服务器端。Slackware Linux 软件包通常都是 tgz（tar/gzip）格式的文件再加上安装脚本。tgz 对于有经验的用户来说，比 RPM 更为强大，并且避免了类似于RPM 的软件包管理器的依赖性问题。

3．SuSE Linux

SuSE Linux 是以 Slackware Linux 为基础，并提供完整德文使用界面的产品。SuSE 公司于 1992 年年末创办，专门为德国人推出特制的 SLS/Slackware 软件及 UNIX/Linux 说明文件。1994 年，SuSE 公司首次推出了 SLS/Slackware 的安装光碟，并将其命名为 S.u.S.E. Linux 1.0。然后，该公司在这个版本的基础上综合了一些其他发行版的特质，于 1996 年推出了一个完全自己打造的发行版——S.u.S.E. Linux 4.2。后来，SuSE Linux 采用了很多 Red Hat Linux 的特质，如 RPM 等，并将 "S.u.S.E." 简称为 "SuSE"，意思为 "Software-und System-Entwicklung"，这是一句德文，英文为 "Software and System Development"。

2004 年 1 月，Novell 公司收购 SuSE 公司，并将公司内全线电脑的系统换成 SuSE Linux。2005 年 8 月，Novell 公司宣布 SuSE Linux Professional 系列的开发将变得更加开放，并且允许社群参与其中的工作。新的开发计划名称为 openSuSE，目的是吸引更多的使用者及开发人员。2011 年 4 月，Attachmate 集团收购 Novell 公司，并把 SuSE 作为一个独立的业务部门。

4．国产操作系统

20 世纪 80 年代末，个人计算机开始进入中国。当时包括中国政府部门在内的所有个人计算机几乎全部安装的是微软的 Dos 操作系统。2014 年 4 月 8 日起，美国微软公司停止对 Windows XP SP3 提供服务支持，这引起了社会和广大用户的广泛关注和对信息安全的担忧。如果我国有自己独立的计算机操作系统及相应的软件，则在信息战中将不容易受到攻击。

国产操作系统大多为以 Linux 为基础进行二次开发的操作系统，代表系统有红旗Linux、深度（Deepin）、中兴新支点操作系统、银河麒麟（Kylin）等。

红旗 Linux 是由北京中科红旗软件技术有限公司开发的一系列 Linux 发行版，包括桌面版、工作站版、数据中心服务器版、HA 集群版和红旗嵌入式 Linux 等产品。之后，该公司还与 Linux 厂商 Miracle（日本）和 Haansoft（韩国），共同推出了 Asianux Server 3.0，拥有完善的教育系统和认证系统。

中兴新支点操作系统基于 Linux 稳定内核，分为嵌入式操作系统（NewStart CGEL）、服务器操作系统（NewStart CGSL）、桌面操作系统（NewStart NSDL）。

Deepin 原名 Linux Deepin、深度系统、深度操作系统。Deepin 团队基于 Qt/C++（用于

前端）和 Go（用于后端）开发了全新深度桌面环境（DDE），以及音乐播放器、视频播放器、软件中心等一系列特色软件，专注于提高使用者对日常办公、学习、生活和娱乐的操作体验，适合笔记本、桌面计算机和一体机。

银河麒麟是由中国国防科技大学、中软公司、联想公司、浪潮集团和民族恒星公司合作研发的闭源服务器操作系统。此操作系统是"863 计划"的重大攻关科研项目，目标是打破国外操作系统的垄断，研发一套具有中国自主知识产权的服务器操作系统。银河麒麟完全版共包括实时版、安全版、服务器版 3 个版本，简化版是基于服务器版简化而成的。2010 年 12 月 16 日，银河麒麟与中标麒麟在上海宣布合并，并称为"中标麒麟"。

1.2.4 Red Hat、Fedora Core 与 CentOS

1. RHEL 简介

红帽公司（Red Hat）是全球最大的开源解决方案供应商，红帽公司总部位于美国北卡罗来纳州，在全球拥有 80 多个分公司。红帽公司针对诸多重要 IT 技术，如操作系统、存储、中间件、虚拟化和云计算提供关键任务的软件与服务。其商业产品 Red Hat Enterprise Linux（RHEL）是全世界应用最广泛、最著名的 Linux 发行版，甚至有人将 Red Hat Linux 等同于 Linux，有些企业甚至只使用这个版本的 Linux，该版本提出的 RPM 和 YUM 软件包管理方式，已经成为业界的标准。在常见的发行版中，Fedora Core 和 CentOS 都与 Red Hat Linux 有着很大的关系。

2. Fedora Core

Fedora Core 的前身就是 Red Hat Linux。2003 年 9 月，红帽公司突然宣布不再推出个人使用的桌面版而专心发展商业版，但是红帽公司同时宣布将原有的 Red Hat Linux 开发计划和 Fedora 计划整合成一个新的 Fedora Project。Fedora Project 由红帽公司赞助，以 Red Hat Linux 9 为范本加以改进，原本的开发团队会继续参与 Fedora 的开发计划，同时鼓励开放源代码社群参与开发工作。

Fedora Core 被红帽公司定位为新技术的实验场，与 Red Hat Enterprise Linux 被定位为稳定性优先不同，许多新的技术都会在 Fedora Core 中进行检验，如果新技术稳定，则红帽公司会考虑将其加入 Red Hat Enterprise Linux 中。Fedora Core 可以为用户提供最新、最前沿的 Linux 技术与解决方案，具有丰富的应用软件与桌面环境，适合个人或桌面用户使用。

3. CentOS

CentOS（Community Enterprise Operating System）是 Linux 发行版之一，是基于 Red Hat Enterprise Linux 的开放源代码编译而成的。由于出自同样的源代码，因此有些要求高度稳定的服务器可以使用 CentOS 替代商业版的 Red Hat Enterprise Linux。

CentOS 可以被理解为 Red Hat AS 系列，这是因为它完全就是对 Red Hat AS 进行改进后发布的，各种操作、使用和 Red Hat Linux 没有区别，并且完全免费，不存在像 RHEL 一样需要序列号的问题，其最新版本为 CentOS 8.0。

注：在笔者开始编写本书时，CentOS 的最新版还是 CentOS 7.6，2019 年 9 月 25 日，CentOS 8 正式发布，可见 Linux 更新速度之快。

第 2 章
CentOS 7.6 的安装与 Linux 初体验

"工欲善其事，必先利其器"，在正式开始学习 CentOS 7.6 之前，需要先要学会安装操作系统，千万不要小看这一步。笔者在最初学习 Linux 时，就在安装操作系统这一步遇到了问题。那时候虚拟机软件还不够普及，笔者想把 Linux 安装到物理机上，又想让它与 Windows 共存，结果筹划了很久，差点把物理机弄成配件，最后不了了之，在几年之后才又开始 Linux 的学习。

本章将介绍 CentOS 7.6 的安装与规划，以及初次使用 Linux 的一些基本操作。通过本章的学习，读者可以掌握如何规划、部署 Linux；如何正确使用 Linux，包括登录、注销、关机、重启等基本操作，Linux 的命令行界面体验等。

2.1 CentOS 7.6 的安装

若要学习操作系统的相关操作，则必须先学会操作系统的安装，建议初学者不要把 Linux 直接安装到物理机上，特别是在学习磁盘的分区格式化等操作时，这些操作会给物理机造成不可估量的损失，一旦发生误操作，甚至会导致数据的丢失、磁盘的损坏。

虚拟机软件的存在为各种操作系统的初学者带来了很大的便利，首先，虚拟机可以模拟所有的硬件资源，并且和真实的物理机无异，可以为用户的学习打下良好的基础；其次，宿主机和虚拟机是完全隔离的，无论如何操作虚拟机，都不会给物理机带来实际的安全威胁；再次，虚拟机软件都提供了方便的快照、克隆等功能，为迅速还原及迅速部署提供了可能；最后，网络操作系统的网络环境非常重要，而虚拟机可以让一台物理机虚拟出几台虚拟机，也就是说，只使用一台物理机搭建网络实验环境成为可能。

2.1.1 安装介质的获取及安装方式简介

CentOS 7.6 安装介质的获取可以通过访问"https://www.centos.org/download/"，单击"CentOS Linux DVD ISO"，选择并下载 ISO 镜像，目前该网址中的 CentOS 最新版本是 CentOS 8.0.1905；也可以通过访问"http://mirror.centos.org"获取 ISO 镜像，单击"http://isoredirect.centos.org/centos/7/isos/x86_64/"，下面有很多下载链接可供选择，CentOS 7 的最新版本是 CentOS 7.7.1908，本书采用的是 CentOS 7.6.1810 版本。

在下载列表中，包括 Everything DVD 和普通 DVD 版本。通常应下载普通 DVD 版本，这是常用的标准安装版，里面包含大量的常用软件，容量一般为 4GB 左右。Everything DVD 版本包含所有软件组件，容量为 10GB 左右，主要针对那些想创建本地镜像的系统管理员。

2.1.2 安装方式

CentOS Linux 可以通过使用 yum update 命令将 CentOS 升级到最新版本，但是建议用户重新安装，而不是升级。下面介绍的方法，是使用 CentOS 7.6 DVD ISO 安装带有 GUI 的服务器。

一般来说，目前的 Linux 支持以下几种安装方式：光盘安装、U 盘安装、虚拟机安装、硬盘安装等。将下载的 CentOS 7.6 镜像刻录到 DVD 光盘中，将 DVD 放入光驱中，并将启动顺序设置为光盘，称为光盘安装。将 CentOS 7.6 镜像复制到 U 盘启动盘中（UEFI U 盘启动工具制作的才可以），并将启动顺序设置为 U 盘，称为 U 盘安装。本书采用虚拟机安装，只需将光驱指向 ISO 文件即可。

2.1.3　CentOS 7.6 的安装与配置

1．安装选择

在开机启动后，单击第 1 项"Install CentOS 7"，然后按 Enter 键，完成安装选择，如图 2-1 所示。然后在出现的界面中按 Enter 键即可加载安装镜像。

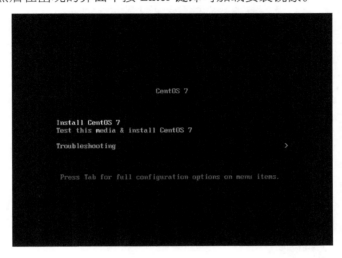

图 2-1　安装选择

2．选择语言

接下来出现语言选择界面，在左侧列表框中选择"中文"，随后在右侧列表框中选择"简体中文（中国）"，然后单击"继续（C）"按钮，如图 2-2 所示。

注：对于生产服务器而言，建议语言选择英文，因此学好英语对于学好 Linux 还是很有必要的。

图 2-2　语言选择界面

3．配置安装信息

接下来出现如图 2-3 所示的"安装信息摘要"界面。在上一步中，语言选择了中文，所以在"本地化"中的"日期和时间（T）""键盘（K）""语言支持（L）"3 个选项无须再次配置。在此界面主要配置"安装位置（D）""网络和主机名（N）""软件选择（S）"3 个选项。

图 2-3　"安装信息摘要"界面

4．配置安装位置

（1）单击"安装位置（D）"，即可出现如图 2-4 所示的"安装目标位置"界面。选中所需的硬盘，选中"我要配置分区（I）"单选按钮，再单击"完成（D）"按钮，即可进入"手动分区"界面。

图 2-4　"安装目标位置"界面

（2）在"手动分区"界面中，选择"标准分区"，单击"+"按钮，弹出"添加新挂载点"对话框，在"挂载点（P）"下拉列表框中选择挂载点，并在"期望容量（D）"文本框中输入期望的容量（如果不填，则表示将剩余空间都分给该挂载点），然后单击"添加挂载点（A）"按钮，如图 2-5 所示。根据图 2-6 中的分区方案添加其他挂载点，此处不再赘述，完成后单击"完成（D）"按钮，弹出如图 2-7 所示的"更改摘要"对话框，单击"接受更改（A）"按钮，应用分区策略。

注：如果挂载点和容量被错误设置，则选定分区，单击"手动分区"界面的"−"按钮即可删除该分区。另外，在 CentOS 7 中，除 SWAP 分区默认文件系统是 SWAP 外，其他分区都默认文件系统是 XFS，如果需要修改，则在右侧"文件系统"下拉列表框中选择 EXT4、EXT3 等文件系统。

如果初学者无法理解此处选择分区和挂载点的含义，就使用默认的自动分区，不会影响接下来的学习和实验，在第 6 章会详细介绍相关知识点。

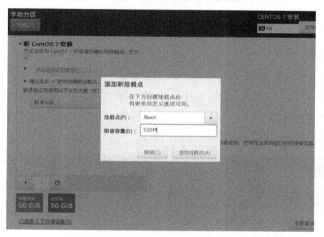

图 2-5 "添加新挂载点"对话框

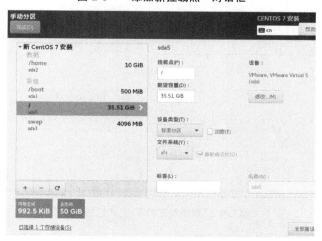

图 2-6 "手动分区"界面

图 2-7   "更改摘要"对话框

5．配置网络和主机名

（1）单击"网络和主机名（N）"，即可出现如图 2-8 所示的"网络和主机名（_N）"界面，一般需要配置 3 处。在"主机名（H）:"文本框中输入 Linux 主机名，然后单击"应用（A）"按钮。网络开关默认为"关闭"，要设置为"打开"。单击"配置（O）..."按钮，即可弹出网络配置对话框，再对网卡名称、IP 地址进行设置，如图 2-9 所示。

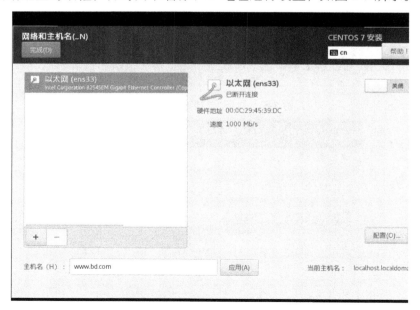

图 2-8   "网络和主机名（_N）"界面

（2）在网络配置对话框中，选择"IPv4 设置"选项卡，在该选项卡中，选择"方法（M）:"

为"手动",然后在地址栏的相应文本框中输入 IP 地址、子网掩码、网关等信息,在"DNS 服务器:"文本框中输入 DNS 服务器地址,并在配置完成后单击"保存(S)"按钮。

图 2-9　网络配置对话框

(3)在保存配置后,即可返回"网络和主机名(_N)"界面,核对配置信息,单击"完成(D)"按钮,即可完成网络和主机名的配置,如图 2-10 所示。

图 2-10　完成网络和主机名的配置

6. 软件选择

单击"软件选择(S)",即可弹出"软件选择"界面,可以根据需求定制界面和系统的基本环境,例如,将 Linux 作为基础服务器,在左侧"基本环境"列表框中选择"带 GUI

的服务器"，在右侧"已选环境的附加选项"列表框中选择基本的服务，然后单击"完成（D）"按钮即可，如图 2-11 所示。

图 2-11　"软件选择"界面

注：初学者尽量不要选择默认的"最小安装"，否则会发现大量的命令无法执行，服务器也无法搭建。初学者面对大量的错误提示可能会手足无措，从而打击学习 CentOS 的积极性。

7．开始安装

（1）在所有配置完成后，返回图 2-3 的"安装信息摘要"界面，单击"开始安装（B）"按钮，即可开始安装，如图 2-12 所示。

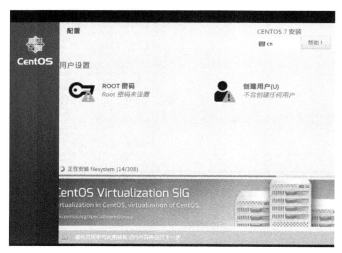

图 2-12　开始安装

（2）单击图 2-12 中的"ROOT 密码"，设置 root 管理员密码，并在设置完成后，单击"完成（D）"按钮，如图 2-13 所示。

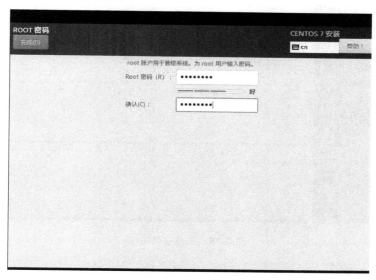

图 2-13　设置 root 管理员密码

注：若坚持使用弱口令，则需要单击两次"完成（D）"按钮。在学习的过程中，密码可以简单一些。但是在实际应用中，管理员要养成设置足够复杂的密码的习惯。

（3）单击图 2-12 中的"创建用户（U）"，创建一个普通用户，如图 2-14 所示。

图 2-14　创建一个普通用户

（4）Linux 的安装根据所选安装包的不同，所用时间也不同，只要耐心等待即可。在安装完成后，单击"重启（R）"按钮，如图 2-15 所示。

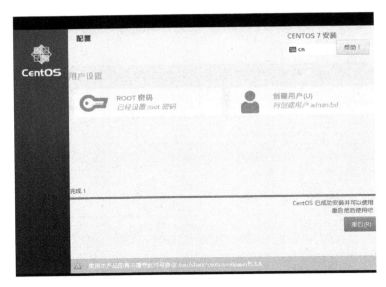

图 2-15　系统安装完成

8．系统初始化

（1）重启系统，即可看到"初始设置"界面，单击"LICENSE INFORMATION"，如图 2-16 所示。

图 2-16　"初始设置"界面

（2）勾选"我同意许可协议（A）"复选框，单击"完成（D）"按钮，如图 2-17 所示。

（3）再次重启，可以看到登录界面，输入正确的用户名、密码等，即可成功登录，如图 2-18 所示。

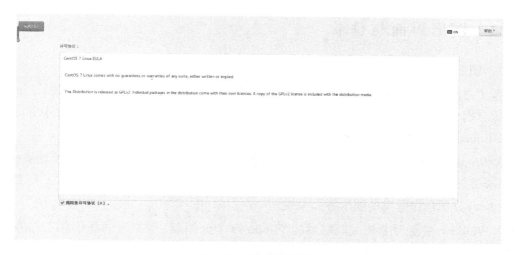

图 2-17　同意许可协议

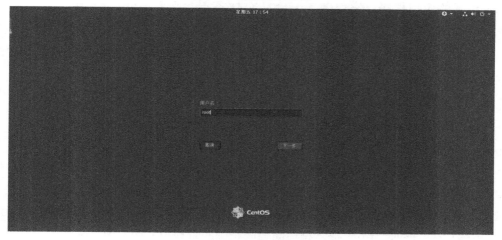

图 2-18　登录界面

注：本书是通过 VMware Workstation 安装 CentOS 7 的，因此要求电脑 CPU 支持 VT（Virtualization Technology，虚拟化技术），目前市场上的主流配置都支持。如果开启虚拟机仍然提示"CPU 不支持 VT 技术"，则需要重启电脑并进入 BIOS，开启 VT 虚拟化功能。由于篇幅所限，本书不安排专门章节介绍 VMware Workstation 的使用，读者可自行查找资料学习。

2.2　Linux 初体验

在 Linux 安装部署完成后，即可开始使用 Linux。由于 Linux 7 和之前的版本有一定的区别，因此为了使初学者、Windows 用户和之前版本的 Linux 用户有一个过渡，特别编写了本节。

2.2.1 图形界面与登录

1．图形界面简介

为了方便用户的使用，并且让从 Windows 转过来的用户适应新的操作系统，Linux 的发行版会提供一个类似于 Windows 的图形化界面，通常被称为 X Window，X Window 是 UNIX/Linux 的图形化用户界面标准。

X Window 是为 UNIX 和类 UNIX 操作系统提供图形化用户界面的窗口管理系统。X Window 是以斯坦福大学的 W Window 为基础的，并且由麻省理工学院（MIT）与 Digital Equipment 公司合作开发的图形界面系统。

X Window 在使用上与人们熟悉的 Windows 十分相似，但二者的结构和工作原理却是天差地别的。X Window 本身不是操作系统，而是一种可以运行于多种操作系统，采用 C/S 模式的应用程序。它包含 5 部分：X 服务器、X 客户机、X 协议、X 库、X 工具包。

注意：X Window 不可以被称为 X Windows，因为 Windows 已经被 Microsoft 注册，可以简称为 X11 或 X。

2．图形界面登录

Linux 默认的登录界面，只列出了新建的普通用户，而普通用户因为权限问题，很多命令和操作无法使用，因此本书在大多数情况下都使用 root 身份登录，单击图 2-19 中的"未列出？"，弹出如图 2-20 和图 2-21 所示的界面，在图 2-20 的"用户名："文本框中输入"root"，单击"下一步"按钮；在图 2-21 的"密码："文本框中输入管理员密码，单击"登录"按钮，即可登录。对于字符界面而言，需要在"[主机名] login："提示符后面输入"root"，按 Enter 键；在"Password："提示符后面输入正确的管理员密码。无论是图形界面还是字符界面，在登录成功后，都会显示最近一次登录的相关信息。

注意：Linux 的用户类型有超级用户、普通用户等，这些用户的具体功能和区别，以及如何选择，会在第 4 章详细介绍。

图 2-19　登录界面

用户名：
root
取消
下一步

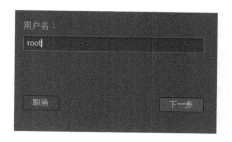

图 2-20　输入管理员用户名 root

密码：
上一次登录：五 5月 31 22:56:29 CST 2019:0 上
取消
登录

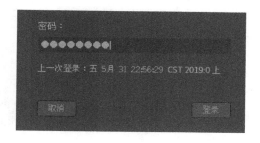

图 2-21　输入管理员密码

2.2.2　字符界面与登录

1. 字符界面简介

Linux 与 Windows 的最大不同是，Windows 是一个通过鼠标单击可视化界面来管理的操作系统，而 Linux 实际上是一个通过命令来管理的操作系统。经验丰富的运维人员可以通过组合适当的命令与参数，来满足工作需求。Linux 命令行执行起来效率更高，返回结果更迅速，占用的系统资源更少，并且使用 Linux 命令行还有批量、自动化、智能化、可编程等优势。读者可以在使用 Linux 的过程中慢慢体会 Linux 命令行的好处，并且在适应之后，很可能会喜欢上这种人机互动模式。充当人与内核交互工具的是 Shell，在第 3 章会详细介绍。

2. 字符界面登录

如果在安装时选择了“最小化安装”（没有图形界面），或者启动的默认 target 是 multi-user，则在 Linux 启动后看到的是字符登录界面，在“[主机名] login:”提示符后面输入用户名，在“Password:”提示符后面输入对应的密码，在登录成功后即可看到如图 2-22、图 2-23 所示的界面。

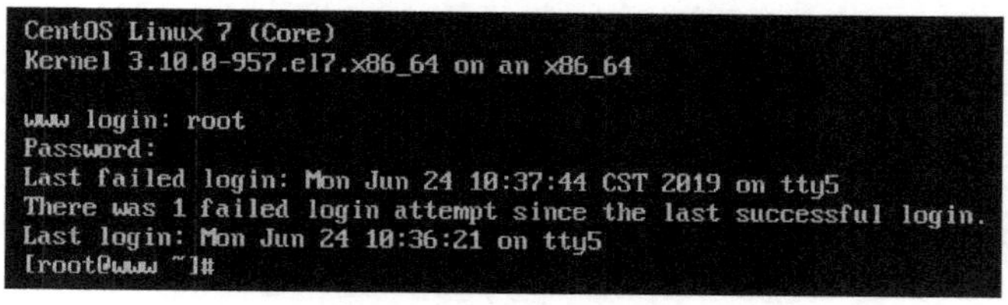

CentOS Linux 7 (Core)
Kernel 3.10.0-957.el7.x86_64 on an x86_64
www login: root
Password:
Last failed login: Mon Jun 24 10:37:44 CST 2019 on tty5
There was 1 failed login attempt since the last successful login.
Last login: Mon Jun 24 10:36:21 on tty5
[root@www ~]#

图 2-22　字符界面 root 用户登录

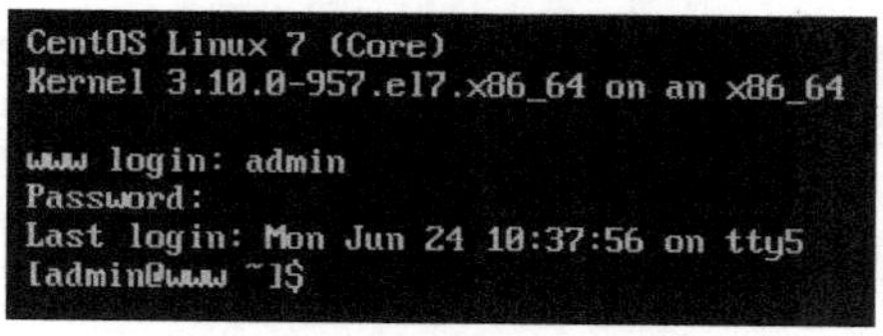

CentOS Linux 7 (Core)
Kernel 3.10.0-957.el7.x86_64 on an x86_64
www login: admin
Password:
Last login: Mon Jun 24 10:37:56 on tty5
[admin@www ~]$

图 2-23　字符界面普通用户登录

在登录成功后，屏幕上会显示 Shell 提示符号（简称提示符），等待系统输入正确指令。关于提示符的组成和解释如下：

```
[root@www ~]#
[admin@www ~]$
//root 和 admin 为当前登录的用户，可使用 whoami 命令查询
//@后面的 www 为主机名，可使用 hostname 命令查询
//~或其他目录名，代表当前工作目录，可使用 pwd 命令查询，~表示登录用户的家目录，第 5 章会详细
//讲解
//#是使用超级用户 root 登录后的提示符，$是使用普通用户登录后的提示符
```

注意：在成功登录后，系统会显示上一次的部分登录信息，包括登录时间和位置。管理员可通过这些信息了解是否有其他人使用该账户登录。如果有未经授权的异常登录，管理员应及时修改密码。

2.2.3 字符界面与图形界面的切换

虽然 CentOS 7 没有了运行级别的概念，但是仍然可以使用如下命令进行图形界面和字符界面的切换：

```
[root@www ~]# runlevel
3 5
//3 为上次的运行级别，5 为本次的运行级别，如果系统刚启动，则上次的运行级别会显示为 N
[root@www ~]# startx
//如果当前是字符界面，则可以进入图形界面
[root@www ~]# init 3
[root@www ~]# systemctl isolate multi-user.target
[root@www ~]# systemctl isolate runlevel3.target
//以上 3 条命令的作用是切换到第 3 级运行，即如果当前是图形界面，则可以进入字符界面
[root@www ~]# init 5
[root@www ~]# systemctl isolate graphical.target
[root@www ~]# systemctl isolate runlevel5.target
//以上 3 条命令的作用是切换到第 5 级运行，即如果当前是字符界面，则可以进入图形界面
```

如果想查看系统的默认运行 target，则可以使用如下命令：

```
[root@www ~]# systemctl get-default
graphical.target
//查看默认运行 target，当前的默认运行 target 是 graphical.target
```

如果想修改系统的默认运行 target，则可以使用如下命令：

```
[root@www ~]# systemctl set-default multi-user.target
[root@www ~]# ln -sf /lib/systemd/system/multi-user.target /etc/systemd/system/
default.target
//以上 2 条命令都可以切换默认运行 target 至字符界面
[root@www ~]# systemctl set-default graphical.target
[root@www ~]# ln -sf /lib/systemd/system/graphical.target /etc/systemd/system/
default.target
//以上 2 条命令都可以切换默认运行 target 至图形界面
```

2.2.4　新用户添加

如果需要添加新的普通用户，则可以使用鼠标单击桌面右上角的声音电源按钮区域，如图 2-24 所示，在弹出的下拉菜单中单击 "root" 右侧的下拉按钮，在下拉列表中选择 "账号设置"，如图 2-25 所示。

图 2-24　单击声音电源按钮区域

图 2-25　选择 "账号设置"

在弹出的 "用户" 界面中，如图 2-26 所示，单击 "Remove User…" 按钮，可以删除当前的普通用户。单击 "添加用户（A）…" 按钮，弹出 "添加用户" 对话框，在该对话框中输入新的用户名，并选中 "允许用户下次登录时更改密码（L）" 单选按钮，如图 2-27 所示。

在下一次以该新用户名登录时，会先要求设置密码，然后弹出新用户欢迎界面，可以设置语言、输入、隐私、在线账号等，并在设置完成后弹出 "Getting Started" 界面，可以查看 GNOME 桌面使用教程。读者可自行体验，限于篇幅，在此不再赘述。

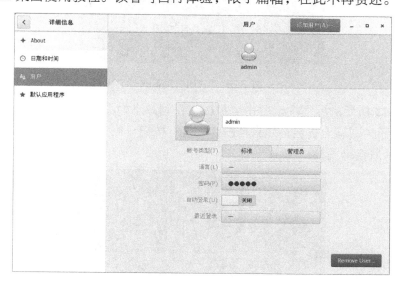

图 2-26　"用户" 界面

图 2-27 "添加用户"对话框

2.2.5　Linux 注销、重启、关机

1．在图形界面下注销、重启、关机

在如图 2-25 所示的界面中，选择"注销"，则弹出如图 2-28 所示的对话框，如果单击"注销"按钮，则马上注销；如果不进行任何操作，则当前用户在 60 秒后会自动注销。

图 2-28 "注销"对话框

在如图 2-25 所示的界面中，单击电源按钮，则弹出如图 2-29 所示的对话框，如果单击"重启"按钮，则马上重启；如果单击"关机"按钮，则马上关机；如果不进行任何操作，则在 60 秒后自动关机。

图 2-29 "关机"对话框

2．在字符界面下注销、重启、关机

在字符界面下，可通过如下命令进行注销、重启和关机操作：

```
[root@www ~]# logout
//注销当前用户
[root@www ~]# exit
//退出控制台
[root@www ~]# reboot
[root@www ~]# init 6
[root@www ~]# systemctl reboot
//以上 3 条命令都可以完成重启，详细情况会在后面章节介绍
[root@www ~]# poweroff
[root@www ~]# init 0
[root@www ~]# systemctl poweroff
//以上 3 条命令都可以完成关机，详细情况会在后面章节介绍
```

3．关机、重启等命令

1）shutdown 命令

shutdown 命令可以安全地将系统关机或重启，如果执行了 shutdown 命令，则系统会通知所有登录的用户系统即将关闭，并且会将登录冻结，即新的用户不能再登录。所有进程都会收到系统所送达的信号，让用户有时间保存目前正在编辑的文档，或者退出目前正在运行的进程。

常用选项说明如下：

```
-t 系统在改变到其他 runlevel 之前，告诉 init 多久以后关机。
-r 重启计算机。
-k 并不真正关机，只是发送警告信号给每位登录者（login）。
-h 关机后关闭电源（halt）。
-f 在重启计算器（reboot）时忽略 fsck。
-F 在重启计算器（reboot）时强迫 fsck。
-time 设定关机（shutdown）前的时间。
```

例如：

```
[root@www ~]# shutdown -h now
//立即关机
[root@www ~]# shutdown -h 20：49
//20：49 关机
[root@www ~]# shutdown -h +10
//10 分钟后关机
[root@www ~]# shutdown -r now
//立即重启
[root@www ~]# shutdown -r +10 'The system will reboot'
//10 分钟后系统重启并给每一个登录用户发送通知
[root@www ~]#shutdown -k now 'The system will reboot'
//仅给每一个登录用户发送通知，并不真正关机
```

2）halt 命令

实际上，使用 halt 命令就是调用 shutdown -h。在执行 halt 命令时，会杀死应用进程，执行 sync 系统调用，并且文件系统在写操作完成后就会停止内核运行。

常用选项说明如下：

-n 防止 sync 系统调用，用于在使用 fsck 修补根分区之后，以阻止内核使用旧版本的超级块（superblock）覆盖修补过的超级块。
-w 并不是真正的重启或关机，只是写 wtmp（/var/log/wtmp）记录。
-d 不写 wtmp 记录（已包含在选项[-n]中）。
-f 没有调用 shutdown 命令而强制关机或重启。
-I 在关机（或重启）前，关掉所有的网络接口。
-p 该选项为默认选项，即在关机时调用 poweroff 命令。

3）reboot 命令

reboot 命令的工作过程与 halt 命令类似，不过它会引发主机重启，而 halt 命令会引发主机关机。它的常用选项与 halt 命令类似。

4）init 命令

在旧版本的 Linux 中广泛地使用 init 进程，所以在旧版本中 init 进程是所有进程的"先祖"，它的进程号始终为 1，所以发送 TERM 信号给 init 进程，会终止所有的用户进程、守护进程等。shutdown 命令就使用了这种机制。init 命令定义了 7 个运行级别（runlevel），init 0 为关机，init 6 为重启。

```
[root@www ~]#init 0
//立即关机
[root@www ~]#init 6
//立即重启
```

5）poweroff 命令

poweroff 命令用于关机，但是不建议使用。因为 Linux 是一个多用户操作系统，特别是在生产环境下，直接使用 poweroff 命令关机很可能会对很多用户造成损失。

第 3 章

命令行与 Shell 基础

随着 Linux 发行版的更新和发展，目前很多 Linux 发行版提供的图形化工具对用户运维都十分友好、直观、易操作，为初次使用 Linux 的用户带来了便利。事实上，很多图形化工具最终还是调用了脚本来完成相应的工作，图形化工具相较于 Linux 命令行界面会更加消耗系统资源，缺乏灵活性和可控性。因此，很多真实的业务场景的 Linux 服务器通常不安装图形界面，而直接使用 Shell 命令行进行操作，更加高效、灵活。这就需要用户熟悉命令行界面和各种命令行的操作。

3.1 Shell 基础

本章将介绍 Linux 的 Shell。通过本章的学习，读者会掌握 Shell 在 Linux 中的地位，以及如何选择、配置 Shell，调出 Shell 的快捷方式，设置别名等。

3.1.1 什么是 Shell

计算机硬件通常是由运算器、控制器、存储器、输入/输出设备等共同组成的，而管理整个计算机硬件的就是操作系统的内核（Kernel）。Linux 内核负责完成硬件资源的分配、调度等管理任务。由于系统内核对计算机的正常运行十分重要，因此一般不允许直接操作内核，而是让用户通过基于系统调用接口开发出的程序或服务来管理计算机，以满足日常工作的需要，这个接口就是 Shell。

Shell 的中文含义是"外壳"，它就像包裹内核的一层外壳，对内保护内核，同时充当用户与内核（硬件）的沟通的角色。用户把一些命令"告诉"Shell，也就是运行 Shell 命令或 Shell 脚本，它就会调用相应的程序服务去完成某些工作。用户和内核进行交互的示意图如图 3-1 所示。

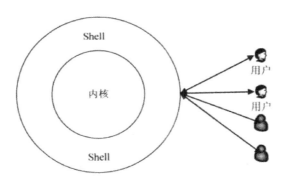

图 3-1　用户和内核进行交互的示意图

3.1.2 Linux Shell 简介

Linux 是一个开源项目，由多个组织机构共同开发。同时，不同的组织机构为了自己的开源软件或项目，可能会开发出功能类似的软件。这些软件各有优缺点，用户可以自由选择。Shell 也是如此，不同的组织机构开发了不同的 Shell，它们各有所长，有的占用资源少，有的支持高级编程功能，有的兼容性好，有的重视用户体验等。常见的 Shell 有 sh、csh、tcsh、ash、nologin、zsh、bash 等。

1．sh

sh 的全称是 Bourne Shell，由 AT&T 公司的 Steve Bourne 开发，并以他的名字命名。Bourne Shell 是 UNIX 最初使用的 Shell，并且在每种 UNIX 上都可以使用。Bourne Shell 在 Shell 编程方面表现相当优秀，但在处理与用户的交互方面做得不如其他几种 Shell。sh 是第 1 个流行的 Shell。

2．csh

在 sh 之后，另一个广为流传的 Shell 是由加州大学伯克利分校的 Bill Joy 设计的，这个 Shell 的语法有些类似于 C 语言，所以才得名为 C Shell，简称为 csh。其内部命令有 52 个，较为庞大。目前使用的并不多，已经被/bin/tcsh 所取代。

3．tcsh

tcsh 是 csh 的增强版，加入了命令补全功能，提供了更加强大的语法支持。

4．ash

ash 是一个简单的、轻量级的 Shell，占用资源少，适合运行于低内存环境，但是与下面要讲的 bash 完全兼容。

5．nologin

nologin 指用户不能登录。

6．zsh

zsh 是一个 Linux 用户很少使用的 Shell，这是由于大多数 Linux 产品的安装默认使用 bash。几乎每一款 Linux 产品都包含 zsh，通常可以用 apt-get、urpmi 或 YUM 等软件包管理器进行安装。它有 84 个内部命令，使用起来也比较复杂。

7．bash

最后重点介绍 bash，bash 是 Linux 的默认 Shell，本书也基于 bash 编写。bash 由 GNU 组织开发，是 Bourne Shell 的扩展，与 Bourne Shell 兼容，并且在 Bourne Shell 的基础上增加、增强了很多特性，可以提供命令补全、命令编辑和命令历史等功能。它还包含了很多 C Shell 和 Korn Shell 的优点，有灵活和强大的编辑接口，还有很好的用户界面。尽管如此，bash 和 sh 还是有一些不同之处。

（1）bash 扩展了一些命令和参数。

（2）bash 并不完全和 sh 兼容，它们的有些行为并不一致，但在大多数企业运维的情况下区别不大，在特殊场景下可以使用 bash 代替 sh。

Shell 是一个程序，一般都放在/bin 或/usr/bin 目录下，当前 Linux 可用的 Shell 都记录在/etc/shells 文件中。/etc/shells 是一个纯文本文件，可以在图形界面下打开它，也可以使用 cat 命令查看它。

使用 cat 命令可以查看当前 Linux 的可用 Shell，命令如下：

```
[root@www ~]# cat /etc/shells
/bin/sh
/bin/bash
/usr/bin/sh
/usr/bin/bash
/bin/tcsh
/bin/csh
//查看系统安装的 Shell 的列表
```

如果需要查看当前 Linux 的默认 Shell，那么可以输出 SHELL 环境变量，命令如下：

```
[root@www ~]# echo $SHELL
/bin/bash
//当前系统默认的 Shell 是/bin/bash
```

3.1.3 通配符与命令扩展

如果只知道一个文件名的其中几个字符，想遍历查出所有以这个关键词开头或包含这个关键词的文件，该怎么操作呢？Linux 文件系统有各种各样的文件，经常会遇到需要搜索文件的情况。这时就可以使用通配符来完成。顾名思义，通配符就是通用的匹配信息的符号，下面列举一些常用通配符及其含义，如表 3-1 所示。

表 3-1 常用通配符及其含义

通　配　符	含　义
*	匹配零个或多个字符
?	匹配任意单个字符
[0-9]	匹配数字范围
[a-z]	匹配字母范围
[A-Z]	匹配大写字母范围
[abc] 或 [a,b,c]	匹配 a、b、c 中的任意一个字符
[^abc]	反向匹配，非 a、b、c 的任意字符会匹配成功
{abc}	作用与[abc]相似，但是在匹配不到时会报错，而[abc]在匹配不到时不会报错

例如：

```
[root@www log]# ls /var/log/*.old
/var/log/dmesg.old  /var/log/Xorg.0.log.old  /var/log/Xorg.1.log.old
//查看/var/log 下扩展名为.old 的文件
[root@www dev]# ls tty?
tty0 tty1 tty2 tty3 tty4 tty5 tty6 tty7 tty8 tty9
//匹配/dev 下以"tty"开头且后面带一个其他字符的文件
```

3.1.4 定制别名

在日常生活中，通常使用一些简短的语句和单词来表示大家都熟知的特殊的长句子。Linux 也有类似的功能，使用 alias 命令可以将一段冗长的命令行简化成几个字母或数字的缩写。这样用户就不用每次都输入很多的字母和符号了，并且缩写完全是由自己设定的，非常的个性化，如果整理出一个简单的标准，则可以很好地提升控制台终端的工作效率。

执行 alias 命令，可以查看当前系统已经存在的别名，例如，下面的命令就是查看系统默认的别名：

```
[root@www ~]# alias
alias cp='cp -i'
alias egrep='egrep --color=auto'
alias fgrep='fgrep --color=auto'
alias grep='grep --color=auto'
alias l.='ls -d .* --color=auto'
alias ll='ls -l --color=auto'
alias ls='ls --color=auto'
alias mv='mv -i'
alias rm='rm -i'
alias which='alias | /usr/bin/which --tty-only --read-alias --show-dot --show-
tilde'
```

例如，alias ll='ls -l --color=auto'，它表示 "ll" 是 "ls -l" 的别名，当在终端输入 "ll" 时，就相当于输入了 "ls -l"。

配置别名使用 alias 命令，alias 命令格式如下：

```
alias 别名='原命令'
```

例如：

```
[root@www ~]# type md
-bash: type: md: not found
//使用 type 命令查看 md 命令是否被使用
[root@www ~]# alias md='mkdir -p'
//使用 alias 命令为 "mkdir -p" 创建别名 md
[root@www ~]# type md
md is aliased to 'mkdir -p'
[root@www ~]# alias edhttp='vi /etc/httpd/conf/httpd.conf'
//如果需要经常配置/etc/httpd/conf/httpd.conf，则定制别名 edhttp
```

当不再需要别名时，可以使用 unalias 命令取消别名，格式如下：

```
unalias 别名
```

例如：

```
[root@www ~]# unalias edhttp
[root@www ~]# edhttp
bash: edhttp: command not found...
```

注意：通过 alias 命令配置别名的命令只对当前登录环境有效，只要退出当前登录，别名配置就会失效。如果希望别名配置永久生效，则需要把别名写入配置文件~/.bashrc 中。在该文件末尾添加使用 alias 命令配置别名的命令，然后执行 source /etc/bashrc 命令，使配置生效。

3.1.5　转义字符与系统环境变量

Linux 的很多字符有着特殊的意义，如果用户只想表达一个字符原来的意义，那么要怎么做呢？Linux 提供了转义字符来处理输入的特殊数据，常见的转义字符及其含义如表 3-2 所示。

表 3-2　常见的转义字符及其含义

转 义 字 符	含　　义
反斜杠（\）	使反斜杠后边的一个变量变为单纯的字符串
单引号（''）	转义其中所有的变量为单纯的字符串
双引号（""）	保留其中的变量属性，不进行转义处理
反引号（``）	执行其中的命令后返回结果

注意：反引号"`"位于键盘左上角、数字 1 键的右方、Esc 键的下方。在英文输入法下，直接按这个键，打出来的就是反引号。

下面以常见的$符号为例，帮助大家理解，$符号在 Linux 中是一个有着特殊意义的符号，如下所述。

$str 表示变量，可进行赋值等操作。

$0 表示脚本本身的名字。

$1 表示传递给该 Shell 脚本的第 1 个参数，$2 表示第 2 个参数，以此类推。

$$ 表示脚本运行的当前进程 ID 号。

$? 表示显示最后命令的退出状态，0 表示没有错误，其他表示有错误。

例如：

```
[root@www ~]# PRICE=$5
//第 1 行创建了新变量 PRICE，并将其赋值为第 5 个参数
[root@www ~]# echo $PRICE

//打印 PRICE 的值
//此时没有参数，所以值是空白的
[root@www ~]# PRICE=5
//把 PRICE 赋值为 5
[root@www ~]# echo $PRICE
5
//打印 PRICE 的值，是 5
[root@www ~]# echo $$PRICE
3110PRICE
//$$表示进程号，所以输出进程号 3110，后跟 PRICE 字符串
[root@www ~]# echo \$PRICE
$PRICE
// "\"把$进行了转义，$原样输出，后跟 PRICE 字符串
[root@www ~]# echo \$$PRICE
```

```
$5
//第1个$会被转义原样输出，后面的$PRICE会输出值5
```

其他几个转义字符的示例如下：

```
[root@www ~]# echo "PRICE is $PRICE"
PRICE is 5
//双引号：保留变量属性，会输出变量值
[root@www ~]# echo 'PRICE is $PRICE'
PRICE is $PRICE
//单引号：转义为字符串
[root@www ~]# echo `cat /etc/redhat-release`
CentOS Linux release 7.6.1810 (Core)
//反引号：执行其中的命令后返回结果
```

3.1.6 登录类型与用户环境配置

1. Shell 的登录类型

Shell 包括登录 Shell 和非登录 Shell。

（1）登录 Shell：需要用户名、密码登录后才能进入的 Shell（或者通过--login 选项生成的 Shell）。

（2）非登录 Shell：不需要输入用户名和密码即可打开的 Shell。例如，直接使用 bash 命令，就是打开一个新的非登录 Shell；在 GNOME 或 KDE 中打开的一个终端（terminal）窗口程序也是一个非登录 Shell。

2. 用户环境配置

变量是计算机系统用于保存可变值的数据类型。在 Linux 中，变量名称一般都是大写的，这是一种约定俗成的规范。用户可以直接通过变量名称来提取对应的变量值。Linux 中的环境变量是用来定义系统运行环境的一些参数，如每个用户不同的家目录、默认文件的权限、邮件存放位置、命令搜寻路径等。

配置环境有以下 3 种方法。

1）直接使用 export 命令

命令格式如下：

```
export 变量
```

例如，用户需要加入自己的 MySQL 命令目录，命令如下：

```
[root@www ~]# env |grep PATH
PATH=/usr/local/bin:/bin:/usr/bin:/usr/local/sbin:/usr/sbin:/home/centos/.lo
cal/bin:/home/centos/bin
//查看当前的 PATH 变量
[root@www ~]# export PATH=$PATH:/usr/local/mysql/bin
//设置新的 PATH 变量
[root@www ~]# env |grep PATH
```

```
PATH=/usr/local/bin:/bin:/usr/bin:/usr/local/sbin:/usr/sbin:/home/centos/.lo
cal/bin:/home/centos/bin:/usr/local/mysql/bin
```

直接使用 export 命令设置的变量都是临时变量，也就是说，如果退出当前的 Shell，为该变量定义的值就不会生效了。如何让定义的变量永久生效呢？那就使用第 2 种定义方式。

2）修改配置文件/etc/profile

编辑配置文件/etc/profile，在配置文件中加入如下配置语句：

```
export PATH=$PATH:/usr/local/mysql/bin
```

在修改完这个文件后使用 source 命令，可以在不用重启系统的情况下使修改的内容生效；或者使用.命令使配置文件生效，等同于 source 命令。例如：

```
[root@www ~]# source /etc/profile
[root@www ~]# . /etc/profile
```

3）修改配置文件/root/.bashrc，在当前的 Shell 下生效

编辑配置文件/root/.bashrc，在配置文件中加入如下配置语句，修改环境变量：

```
export PATH=$PATH:/usr/local/mysql/bin
```

或者在配置文件/root/.bashrc 中加入如下配置语句，使别名对当前的 Shell 生效：

```
alias edhttp='vi /etc/httpd/conf/httpd.conf'
```

当然，在修改这个文件之后，记得要使用 source 命令或者.命令使配置文件生效。

3.2 Linux 命令基础

本节将学习 Linux 命令的相关内容。通过本节的学习，读者可以掌握命令的格式、常用的基本命令、命令的输入与执行，以及如何获取联机帮助，并且进行初步的命令行操作。

3.2.1 命令的格式

与 Windows 不同，Linux 主要的运维是通过命令行来执行的，传统的服务器通常默认不安装桌面环境。但是没有桌面环境并不意味着 Linux 更难管理，恰恰相反，当对 Linux 有一定的了解之后，就会发现 Linux 命令行的方便之处。

本节开始介绍 Linux 命令，首先需要掌握命令的格式。

1. Linux 命令的基本格式

Linux 命令的基本格式如下：

```
命令 [选项] [参数]
```

在命令行中输入的第 1 个单词必须是一个命令的名称，第 2 个单词是命令的选项或参数，每个单词之间必须使用空格或 Tab 键隔开。

例如：

```
[root@www ~]# ls
anaconda-ks.cfg  Documents  initial-setup-ks.cfg  Pictures  Templates
Desktop          Downloads  Music                 Public    Videos
```

2．选项的作用

根据要实现的命令的功能不同，选项的个数和内容也不同，大多数命令选项可以组合使用，命令选项有短格式的和长格式的。短格式的命令选项就是单个英文字母，选项前使用符号"-"（半角减号符）引导开始，字母可以是大写的也可以是小写的。长格式的命令选项使用英文单词表示，选项前使用"--"（两个半角减号符）引导开始。例如，ls -a 和 ls --all。

ls 命令之后不加选项和参数也能执行，但只列出文件的名称，不会显示更多信息，如上面的执行结果。如果加入-l 选项，则结果如下所示，可以看到选项的作用是调整命令功能。如果没有选项，命令只能执行最基本的功能；而一旦有选项，就可以显示更加丰富的数据。

例如：

```
[root@www ~]# ls -l
total 8
-rw-------. 1 root root 1978 Mar 29  2019 anaconda-ks.cfg
drwxr-xr-x. 2 root root    6 Sep 10 17:56 Desktop
drwxr-xr-x. 2 root root    6 Sep 10 17:56 Documents
drwxr-xr-x. 2 root root    6 Sep 10 17:56 Downloads
-rw-r--r--. 1 root root 1995 Mar 29  2019 initial-setup-ks.cfg
drwxr-xr-x. 2 root root    6 Sep 10 17:56 Music
drwxr-xr-x. 2 root root    6 Sep 10 17:56 Pictures
drwxr-xr-x. 2 root root    6 Sep 10 17:56 Public
drwxr-xr-x. 2 root root    6 Sep 10 17:56 Templates
drwxr-xr-x. 2 root root    6 Sep 10 17:56 Videos
```

3．参数

参数，即命令处理的对象。大多数命令都有参数，并且参数一般在命令的选项之后。一般文件、目录、用户和进程等都可以作为参数被命令操作。命令一般都有参数，如果可以省略参数，则一般都有默认参数。例如，ls 命令后面如果没有指定参数，默认参数为当前所在位置，则会显示当前目录下的文件名；如果有指定参数，则会显示指定目录下的文件。

例如：

```
[root@www ~]# ls -al Documents
total 8
drwxr-xr-x.  2 root root   18 Oct 21 16:00 .
dr-xr-x---. 15 root root 4096 Oct 21 15:49 ..
-rwxr-xr-x.  1 root root   32 Oct  8 23:44 a.sh
```

3.2.2　命令的输入与执行

1．打开终端

进入 Linux 系统，如果是字符界面，则直接在提示符 "#" 或 "$" 后面输入命令。如果是图形界面，则选择 "应用程序" → "终端"，打开虚拟终端。或者在桌面空白处，单击鼠标右键，在弹出的快捷菜单中选择 "打开终端"。

2．命令的输入

在一般情况下，在提示符 "#" 或 "$" 后面输入命令，需要注意其中的空格。Linux 可以方便地使用 Tab 键进行命令（文件名）补齐，只需输入文件或目录名的前几个字符，然后按 Tab 键，如果没有相重的，完整的文件名会立即自动在命令行出现；如果有相重的，则再次按 Tab 键，系统会列出当前目录下所有以这几个字符开头的名称。

还可以使用键盘上的↑、↓键查看最近输入的命令，在进行简单修改后执行。学会使用 Tab 键和↑、↓键会大大提升命令输入的速度和正确率。

3．命令的执行与中断

在一般情况下，按 Enter 键即可执行命令，并获得输出内容。在特殊情况下，也可以按 Ctrl+C、Ctrl+D 或 Ctrl+Z 组合键。

（1）Ctrl+C 组合键：强制中断程序的执行。

（2）Ctrl+Z 组合键：将任务中断，但是此任务并没有结束，它仍然在进程中，只是维持挂起的状态。

（3）Ctrl+D 组合键：不是发送信号，而是表示一个特殊的二进制值，表示 EOF（结束）。一般用于输入参数之后，表示结束。

3.2.3　联机帮助

初次接触 Shell 命令的用户，会有一种畏难情绪，不知如何下手，更不知道命令的选项和参数有何作用、如何使用。Linux 设计者为用户提供了功能强大的联机帮助，使用户获取命令的具体使用方法，十分权威。联机帮助会成为用户在 Linux 管理学习过程中最好的工具。

几乎每个命令都提供了-h 选项或--help 选项，为用户查询该命令的使用和选项的用法提供了方便。Linux 提供了功能强大的 man（manual 操作手册）命令，也是 Linux 最主要的帮助命令，命令格式如下：

```
man <command>
```

该命令列出了<command>命令的所有使用方法，包括命令的选项与相关的参数说明。在 man 命令下，可以使用键盘来进行操作，常用按键及其作用如表 3-3 所示。man 命令的使用并不复杂，只要常用、常读，就可以逐渐掌握。

表 3-3　man 命令的常用按键及其作用

按　　键	作　　用
空格键	往下翻一页
<PgUp>	往上翻一页
<PgDn>	往下翻一页
<Home>	回到最前面
<End>	到达最后
/<word>	搜寻 word 这个字符串
<q>	退出 man 命令

例如：

```
[root@www ~]# man ls
//查看 ls 命令的详细帮助信息
```

3.3　输入、输出重定向和管道

本节将介绍 Linux 的输入、输出重定向。通过本节的学习，读者可以掌握命令的输入、输出，以及重定向的具体操作和管道的基本用法。

3.3.1　命令的输入与输出

Shell 程序通常自动打开 3 个标准文档：标准输入文档（stdin）、标准输出文档（stdout）和标准错误输出文档（stderr）。其中，stdin 一般对应终端键盘或文件，stdout 和 stderr 一般对应终端屏幕。进程从 stdin 获取输入内容，将执行结果输出到 stdout，如果有错误信息，则同时输出到 stderr。在大多数情况下，使用标准输入、输出作为命令的输入、输出，但有时可能要改变标准输入、输出，这就涉及重定向和管道。

3.3.2　输入重定向

输入重定向，主要用于改变命令的输入源，让输入不要来自键盘，而来自指定文件。基本用法如下：

```
命令 < 文件名
```

wc 命令用于统计指定文件包含的行数、字数和字符数。直接执行不带参数的 wc 命令，则只有在用户输入内容之后，按 Ctrl+D 组合键结束输入，才会对输入的内容进行统计。例如：

```
[root@www ~]# ls > test.txt
[root@www ~]# wc <test.txt
```

```
11 11 96
Ctrl+D
```

3.3.3　输出重定向

输出重定向，主要用于改变命令的输出，让标准输出不要显示在屏幕上，而是写入指定文件中。基本用法如下：

```
命令 > 文件名
```

或者

```
命令 >> 文件名
```

ls 命令用于在屏幕上列出文件列表，但不能保存列表信息。如果要将结果保存到指定文件中，就可以使用输出重定向。例如：

```
[root@www ~]# ls > test.txt
//将 ls 命令执行的结果重定向到 test.txt
[root@www ~]# ls >> test.txt
//将 ls 命令执行的结果追加到 test.txt 的末尾
```

注意：以上是对标准输出而言的，对于标准错误输出的重定向而言，就需要换一种符号，将 ">" 改为 "2>"，将 ">>" 改为 "2>>"。若要将标准输出和标准错误输出重定向到同一文件中，则使用符号 "&>"。

3.3.4　管道

管道用于将一个命令的输出作为另一个命令的输入，并使用符号 "|" 来连接命令，可以将多个命令依次连接起来。其中，前一个命令的输出是后一个命令的输入。基本用法如下：

```
命令 1 | 命令 2 … | 命令 n
```

在 Linux 命令行中，管道操作非常实用。例如，以下命令将 ls 命令的输出结果提交给 grep 命令进行搜索：

```
ls | grep "D"
```

例如，输出 test.txt 的内容，然后使用 grep 命令过滤结果中包含 D 的字符串，输出了 3 行符合条件的结果，再次使用 grep 命令过滤结果中包含 top 的字符串，就只有一行符合条件的结果了，命令如下：

```
[root@www ~]# ls |grep D
Desktop
Documents
Downloads
[root@www ~]# ls |grep D |grep "top"
Desktop
```

3.4   Linux 常用命令

在学习了前面的内容后，很多读者跃跃欲试，那么 Linux 有哪些常用的命令呢？本节所介绍的命令，是在实际使用中经常会用到的好用、实用的命令。希望读者能够灵活掌握、运用这些命令，从而有助于以后的工作和学习。学习要循序渐进，不可急躁，希望读者在实际操作中理解掌握，灵活运用，万万不可死记硬背。

1. which 命令

which 命令的作用是在 PATH 变量指定的路径中搜索可执行文件的所在位置，一般用来确认系统中是否安装了指定的软件。

命令格式如下：

```
which 可执行文件名称
```

常用选项说明如下：

```
-n 指定文件名长度，指定的长度必须大于或等于所有文件中最长的文件名。
-p 与-n选项的含义相同，但它包括了文件的路径。
```

例如：

```
[root@www ~]# which ls
alias ls='ls --color=auto'
/usr/bin/ls
```

2. whereis 命令

whereis 命令主要用于搜索可执行文件、源代码文件、联机帮助文件在文件系统中的位置。whereis 命令还具有搜索源代码、指定备用搜索路径等作用。whereis 命令的查找速度非常快，用于在一个数据库中（/var/lib/mlocate/）查询。这个数据库是 Linux 自动创建的，包含本地所有文件的信息，并且每天通过自动执行 updatedb 命令更新一次。也可以使用 updatedb 命令手动更新数据库，否则 whereis 命令的搜索结果可能会不准确，如刚添加的文件可能搜索不到。

命令格式如下：

```
whereis [选项] 文件
```

常用选项说明如下：

```
-b 定位可执行文件。
-m 定位联机帮助文件。
-s 定位源代码文件。
-u 搜索默认路径下除可执行文件、源代码文件、联机帮助文件以外的其他文件。
-B 指定搜索可执行文件的路径。
-M 指定搜索联机帮助文件的路径。
-S 指定搜索源代码文件的路径。
```

例如：

```
[root@www ~]# whereis ls
ls: /usr/bin/ls /usr/share/man/man1/ls.1.gz /usr/share/man/man1p/ls.1p.gz
```

3. locate 命令

locate 命令与 whereis 命令类似，并且它们使用的是相同的数据库。但 whereis 命令只能搜索可执行文件、联机帮助文件和源代码文件，如果要获得更全面的搜索结果，就可以使用 locate 命令。locate 命令的匹配语法很复杂，可以使用正则表达式。

命令格式如下：

```
locate [选项] [搜索字符串]
```

常用选项说明如下：

```
-q 安静模式，不会显示任何错误信息。
-n 至多显示 n 个输出。
-r 使用正则表达式作为搜索的条件。
-V 显示版本信息。
```

例如：

```
[root@www ~]# locate /etc/sh
/etc/shadow
/etc/shadow-
/etc/shells
//搜索 etc 目录下以"sh"开头的文件
[root@www ~]# locate shadow
/etc/gshadow
/etc/gshadow-
/etc/shadow
/etc/shadow-
/etc/pam.d/sssd-shadowutils
/usr/lib64/libuser/libuser_shadow.so
/usr/lib64/xorg/modules/libshadow.so
...
//搜索系统中包含 shadow 的文件
[root@www ~]# locate -n 5 shadow
/etc/gshadow
/etc/gshadow-
/etc/shadow
/etc/shadow-
/etc/pam.d/sssd-shadowutils
//搜索系统中包含 shadow 的文件，只显示前 5 行
[root@www ~]# locate -r shadow$
/etc/gshadow
/etc/shadow
//使用正则表达式，搜索系统中以"shadow"结尾的文件
```

4. date 命令

date 命令是和时间有关的命令，常用于设置系统时间，按指定的格式显示时间。

命令格式如下：

```
date [选项] [格式]
```

常用选项说明如下：

```
-d<字符串> 显示字符串所指的日期与时间。字符串前后必须加上双引号。
-s<字符串> 根据字符串来设置日期与时间。字符串前后必须加上双引号。
-u 显示 GMT。
```

例如：

```
[root@www ~]# date
2019 年 07 月 23 日 星期二 20:02:23 CST
//显示当前时间
[root@www ~]# date "+%Y 年%m 月%d 日,%H 时%M 分%S 秒"
2019 年 07 月 23 日,20 时 02 分 42 秒
//格式化输出时间   xxxx 年 xx 月 xx 日, xx 时 xx 分 xx 秒
[root@www ~]# date -s "20190801"
2019 年 08 月 01 日 星期四 00:00:00 CST
//设定日期，同时将时间设置为凌晨
[root@www ~]# date -s "01:02:03"
2019 年 08 月 01 日 星期四 01:02:03 CST
//设定时间
[root@www ~]# date -s "20190801 03:04:05"
2019 年 08 月 01 日 星期四 03:04:05 CST
//设定日期和时间
```

5．uname 命令

uname 命令用来获取计算机和操作系统的相关信息。

命令格式如下：

```
uname [选项]
```

常用选项说明如下：

```
-a 或--all 显示全部的信息。
-m 或--machine 显示计算机类型。
-n 或-nodename 显示在网络上的主机名称。
-r 或--release 显示操作系统的发行编号。
-s 或--sysname 显示操作系统名称。
-v 显示操作系统的版本。
```

例如：

```
[root@www ~]# uname -a
 Linux www.bigdata.com 3.10.0-957.el7.x86_64 #1 SMP Thu Nov 8 23:39:32 UTC 2018
x86_64 x86_64 x86_64 GNU/Linux
 //显示所有信息
 [root@www ~]# uname -m
 x86_64
 //显示硬件信息
```

```
[root@www ~]# uname -n
www.bigdata.com
//显示主机名称
[root@www ~]# uname -r
3.10.0-957.21.3.el7.x86_64
//显示内核版本
```

6. who 命令

who 命令用于显示目前系统中的使用者，显示的资料包含使用者 ID、使用的终端机、连接位置、上线时间、呆滞时间、CPU 使用量、动作等。

命令格式如下：

```
who [选项] [用户]
```

常用选项说明如下：

-H 或--heading 显示各栏的标题信息列。

-i 或-u 或--idle 显示闲置时间，若该用户在前一分钟之内进行过任何动作，则标示为"."符号，若该用户已超过 24 小时没有任何动作，则标示为"old"字符串。

-m 此选项的效果和指定"am i"字符串相同。

-q 或--count 只显示登入系统的账号名称和总人数。

-s 此选项将忽略不予处理，仅负责解决 who 指令其他版本的兼容性问题。

-w 或-T 或--mesg 或--message 或--writable 显示用户的信息状态栏。

-v 显示操作系统的版本。

例如：

```
[root@www ~]# who
centos   :0              2019-07-20 15:46 (:0)
centos   pts/0           2019-07-20 15:47 (:0)
root     pts/1           2019-07-20 16:49 (localhost)
//显示当前登录系统的用户
[root@www ~]# who -H
名称      线路        时间                          备注
centos   :0              2019-07-20 15:46 (:0)
centos   pts/0           2019-07-20 15:47 (:0)
root     pts/1           2019-07-20 16:49 (localhost)
//显示标题栏
[root@www ~]# who -m
root     pts/1           2019-07-20 16:49 (localhost)
//只显示当前用户
```

7. last 命令

last 命令用于显示近期用户或终端的登录情况。使用 last 命令查看该程序的 log，管理员可以获知曾经连接或企图连接系统的用户。

命令格式如下：

```
last [选项]
```

常用选项说明如下：

-R 不显示登录系统或终端的主机名称或 IP 地址。

-a 将登录系统或终端的主机名或 IP 地址显示在最后一行。

-d 将 IP 地址转成主机名称。

-I 显示特定 IP 地址的登录情况。

-o 读取使用 linux-libc5 应用编写的旧类型 wtmp 文件。

-x 显示系统关闭、用户登录和退出的历史。

-F 显示登录的完整时间。

-w 在输出中显示完整的用户名或域名。

例如：

```
[root@www ~]# last
root     pts/1        localhost       Sat Jul 20 16:49   still logged in
centos   pts/0        :0              Sat Jul 20 15:47   still logged in
//last 命令的基本使用
[root@www ~]# last -n 5 -R
root     pts/1        Sat Jul 20 16:49   still logged in
centos   pts/0        Sat Jul 20 15:47   still logged in
centos   :0           Sat Jul 20 15:46   still logged in
reboot   system boot  Sat Jul 20 15:42 - 21:10  (3+05:28)
centos   pts/0        Wed Jul 17 20:50 - crash  (2+18:51)

wtmp begins Sun Jul  7 14:46:56 2019
//简略显示，并指定显示的个数
[root@www ~]# last -t 20190708090000 root
root     pts/0        192.168.114.1  Sun Jul  7 20:28 - 21:40  (01:11)
root     tty1                        Sun Jul  7 20:27    gone - no logout

wtmp begins Sun Jul  7 14:46:56 2019
//用户 root 在某时间之前登录过几次
```

8．history 命令

history 命令用于显示历史记录和执行过的指令。

命令格式如下：

```
history [选项] [参数]
```

常用选项说明如下：

-N 显示历史记录中最近的 N 个记录。

-c 清空当前的历史命令。

例如：

```
[root@www ~]# history
   1  ll
   2  ls
   3  init 5
   4  ls -l
   5  mount -t iso9660 /dev/cdrom /mnt
…（中间省略）
  49  locate /usr/bin/ls
```

```
   50  last -n 5 -R
//查看最近使用的命令
[root@www ~]# history 5
   48  uname -a
   49  locate /usr/bin/ls
   50  last -n 5 -R
   51  history
   52  history 5
//查看最近使用的 5 条命令
[root@www ~]# !48
uname -a
Linux www.bigdata.com 3.10.0-957.el7.x86_64 #1 SMP Thu Nov 8 23:39:32 UTC 2018
x86_64 x86_64 x86_64 GNU/Linux
//执行历史记录中的第 48 条命令。如果执行上一条命令，则输入 "!!" 即可
[root@www ~]# history -c
//清空历史记录，此时查不到历史记录，按↑、↓键也将失去作用
```

9. wc 命令

wc（Word Count）命令的功能为统计指定文件中的字节数、字数、行数，并将统计结果显示出来。

命令格式如下：

```
wc [选项] 文件
```

常用选项说明如下：

```
-c 或--bytes 或--chars 只显示字节数。
-l 或--lines 只显示行数。
-w 或--words 只显示字数。
```

例如：

```
[root@www ~]# wc test.txt
11 11 96 test.txt
//统计文件行数、字数和字节数
[root@www ~]# wc -l test.txt
//统计文件行数
```

10. stat 命令

stat 命令主要用于显示文件或文件系统的详细信息。如果要查看文件或目录的 atime、mtime、ctime 等信息，则可以使用 stat 命令，也可以使用 ls 命令，但相比而言，使用 stat 命令还可以查看设备号、环境等信息。

命令格式如下：

```
stat [选项] 文件
```

常用选项说明如下：

```
-L 支持符号链接。
-f 显示文件系统状态而非文件状态。
-t 以简洁方式输出信息。
```

例如：

```
[root@www ~]# stat /etc/passwd
  File: '/etc/passwd'
  Size: 2708      Blocks: 8          IO Block: 4096   regular file
Device: 805h/2053d Inode: 68028596   Links: 1
Access: (0644/-rw-r--r--) Uid: (    0/    root) Gid: (    0/    root)
Context: system_u:object_r:passwd_file_t:s0
Access: 2019-10-22 10:27:06.279912846 +0800
Modify: 2019-09-21 17:17:02.202334591 +0800
Change: 2019-09-21 17:17:02.203334591 +0800
 Birth: -
//查看文件的信息
```

11．cut 命令

cut 命令用于切割文件，简单取列。

命令格式如下：

```
cut [选项] [参数]
```

常用选项说明如下：

-b 以字节为单位进行分割。这些字节位置将忽略多字节字符边界，除非也指定了-n 选项。
-c 以字符为单位进行分割。
-d 自定义分隔符，默认为制表符。
-f 与-d 选项一起使用，指定显示哪个区域。
-n 取消分割多字节字符。仅和-b 选项一起使用。如果字符的最后一个字节落在由-b 选项标志的 List 参数指示的范围之内，则该字符将被写出；否则，该字符将被排除。

例如：

```
[root@www ~]# who
root    :0          2019-10-16 19:26 (:0)
root    pts/0       2019-10-16 19:26 (:0)
root    tty4        2019-10-17 20:55
root    tty5        2019-10-17 20:59
admin   tty6        2019-10-22 15:21
[root@www ~]# who |cut -b 1-5
root
root
root
root
admin
//提取 who 命令运行结果的每一行的 1-5 字节，本例中恰好是用户名
```

12．diff 命令

diff 命令是比较命令，用于在最简单的情况下，比较两个文件的不同。如果使用 "-" 代替文件参数，则要比较的内容将来自标准输入。diff 命令是以逐行的方式比较文本文件的异同的。如果指定比较的是目录，则 diff 命令会比较两个目录下名字相同的文本文件，但不会比较其中的子目录，并且会列出不同的二进制文件、公共子目录和只在一个目录中

出现的文件。

命令格式如下：

```
diff [选项] [目录]
```

常用选项说明如下：

```
-a diff 命令预设只会逐行比较文本文件。
-b 不检查空格字符的不同。
-c 显示全部内容，并标出不同之处。
-W 在使用-y选项时，指定栏宽。
-x 不比较选项中所指定的文件或目录。
-X 可以将文件或目录类型存储为文本文件，然后在"=<文件>"中指定此文本文件。
-y 以并列的方式显示文件的异同之处。
```

例如：

```
[root@www ~]# diff test1.txt test2.txt
//比较两个文件

[root@www ~]# diff -y test1.txt test2.txt
//以并列输出格式展示两个文件的不同

[root@www ~]# diff -c test1.txt test2.txt
//以上下文输出格式展示两个文件的不同

[root@www ~]# diff -c d1 d3
//递归比较所有找到的子目录
```

注意：在返回的结果中，"|"表示前后 2 个文件内容有所不同，"<"表示后面的文件比前面的文件少了 1 行内容，">"表示后面的文件比前面的文件多了 1 行内容。

13. file 命令

file 命令用于查看文件类型和编码格式，file 命令对文件的检查分为文件系统检查、魔法数字检查和语言检查 3 个过程。

命令格式如下：

```
file [选项] 文件
```

常用选项说明如下：

```
-b 在列出辨识结果时，不显示文件名称。
-c 详细显示指令执行过程，便于排错或分析程序执行的情形。
-f<名称文件> 指定名称文件，其内容有一个或多个文件名称时，会依序辨识这些文件，格式为每列一个文件名称。
-L 直接显示符号链接所指向的文件类别，而不是链接本身。
-m<魔法数字文件> 指定魔法数字文件。
-z 尝试解读压缩文件的内容。
```

例如：

```
[root@www ~]# file test1.txt
a.txt: ASCII text
//a.txt 是一个文本文件
[root@www bin]# file zsoelim
```

```
zsoelim: symbolic link to 'soelim'
//zsoelim 是一个指向 soelim 文件的符号链接
[root@www bin]# file -L zsoelim
zsoelim: ELF 64-bit LSB executable, x86-64, version 1 (SYSV), dynamically
linked (uses shared libs), for GNU/Linux 2.6.32, BuildID[sha1]=cd79c2e40aef86b6
f006a1bbcacf2a395c7fcb76, stripped
//查看 zsoelim 指向的文件本身的属性
```

本节集中介绍了 13 个命令，但从实际来说，这些只是庞大的 Linux 命令中的很小一部分，读者无须太过担心记不住、英语不好等，因为实践是学习 Linux 的稳步进阶之道，读者在学习以后一定要记得不断使用，反复实践，这样知识和技能才会内化于心。

3.5　vi 文本编辑器

在 Linux 命令行状态下，常常需要编辑配置文件。同时，进行 Shell 编程、程序设计等也需要使用编辑器。Linux 下包含很多不同的编辑器，vi 是其中功能最为强大的全屏幕文本编辑器。

3.5.1　vi 简介

vi 是所有 UNIX 及 Linux 下标准的编辑器，对于 UNIX 及 Linux 的任何版本而言，vi 是相同的。vim（vi improved）是 vi 的升级版，功能更强大，并且对 vi 兼容。CentOS 7.6 默认把 vi 指向 vim，在执行 vi 时，实际上等同于执行 vim。

另外，vim 具有高度的可配置性，并且带有显著的功能，如语法突出显示、鼠标支持、图形版本、可视模式，以及大量的扩展等。

3.5.2　vi 的工作模式和切换

vi 有 3 种基本工作模式，分别是命令模式、文本输入模式和末行模式。

1．命令模式

该模式是进入 vi 后的默认模式。任何时候，不管用户处于何种模式，按 Esc 键即可进入命令模式。在该模式下，用户可以输入 vi 命令，此时从键盘上输入的任何字符都被当作编辑命令来解释。若输入的字符是合法的 vi 命令，则 vi 在接受用户命令之后会完成相应的动作。需要注意的是，所输入的命令并不会显示在屏幕上。若输入的字符不是 vi 命令，则 vi 会报错。

2．文本输入模式

在命令模式下输入命令 i、附加命令 a、打开命令 o、修改命令 c、取代命令 r 或替换命令 s，都可以进入文本输入模式。在该模式下，用户输入的任何字符都会被 vi 当作文件内容显示在屏幕上。在文本输入过程中，若想回到命令模式下，则按 Esc 键即可。

3．末行模式

末行模式，也称为 ex 转义模式。在命令模式下，用户输入"："即可进入末行模式，此时 vi 会在显示窗口的最后一行（通常也是屏幕的最后一行）显示一个"："作为末行模式的说明符，并等待用户输入命令，在用户输入命令后按 Enter 键，会在执行完成后自动回到命令模式。大多数文件管理命令都是在此模式下执行的（如把编辑缓冲区的内容写到文件中等）。在末行命令执行完后，vi 会自动回到命令模式。如果要从命令模式转换到文本输入模式，则可以键入"a"或者"i"。如果需要从文本输入模式返回，则按 Esc 键即可。在命令模式下，输入"："即可切换到末行模式，然后输入命令。

3.5.3　启动 vi

启动 vi 非常简单，在提示符下输入"vi [文件名]"即可启动 vi。如果不指定文件名，则新建一个未命名的文本文件，在退出 vi 时必须指定文件名；如果指定文件名，则新建（文件不存在时）或打开同名文件。

例如：

```
[root@www ~]# vi [文件名]
```

3.5.4　vi 常用命令

vi 的各类命令是编辑文件的利器，不仅数量很多，而且功能强大。vi 常用命令如表 3-4 所示。

表 3-4　vi 常用命令

模　式	命令类型	命　令	功　能
命令模式	编辑插入文本	i	在光标前插入文本
		I	在当前行首插入文本
		a	在光标后插入文本
		A	在当前行尾插入文本
		o	在当前行之下新开一行
		O	在当前行之上新开一行
		r	替换当前字符
		R	替换当前字符及其后面的字符，直至按 Esc 键
	光标移动	h、j、k、l或者↑、↓、←、→	上下左右移动光标
		G	将光标移动至文件的最后一行
		n+G	将光标移动至第 n 行
	撤销与重复	u	取消上一步操作
		.	重复上一步操作

续表

模 式	命令类型	命 令	功 能
命令模式	复制粘贴	yy	复制光标所在行到缓冲区
		n+yy	复制光标所在行往下 n 行，如 6yy 表示复制从光标所在行"往下数"6 行的文字
		p	将缓冲区内的字符粘贴到光标所在位置
	删除	dd	删除光标所在行
		n+dd	删除当前行及其后面的 n-1 行，如 3dd 表示删除 3 行
	查找	/str	正向搜索字符串 str
		?str	反向搜索字符串 str
		n	继续搜索
末行模式	替换	:n1,n2s/word1/word2/g	将第 n1 至 n2 行中的所有 word1 均用 word2 替代，将 g 放在命令末尾，表示对每次出现的搜索字符串进行替换
		:g/p1/s//p2/g	将文中的所有 word1 均用 word2 替代，不加 g，表示只对首次出现的搜索字符串进行替换，将 g 放在命令开头，表示对正文中所有包含搜索字符串的行进行替换
	显示行号	:set nu	在每一行前显示行号
		:set nonu	不显示行号
		:n	将光标移到第 n 行
	读写文件	:r file	将指定文件读入当前光标所在行下面
		:w	将数据写入原始文件中
		:w file	将数据写入指定文件中
		:w >> file	将数据追加到指定文件中
	退出	:q	退出文件
		:q!	不保存数据，强制退出
		:wq	保存退出文件

　　vi 在编辑某个文件时，会另外生成一个临时文件，这个文件的名称通常以"."开头，并以".swp"结尾。vi 在正常退出时，该文件会被删除，若意外退出，而没有保存文件的最新修改内容，则可以使用恢复命令":recover"来恢复文件。

用户和用户组的管理

　　Linux 系统是支持多用户、多任务的操作系统，可以使所有的用户有条不紊地工作，保护每个用户的文件和进程不互相干扰，保护系统的安全稳定和资源的有效分配。Linux 的用户和用户组管理机制，为这种安全和资源分配提供了可能，本章将介绍用户和用户组的管理的常用命令和操作。

4.1　Linux 账号概述

在登录 Linux 时，系统会通过用户名（username）来标识用户，系统的进程、文件、磁盘空间等都可以通过用户名来追踪管理。系统上每个用户的用户名都是唯一的，拥有唯一的 ID——UID（User ID），系统有一个数据库/etc/passwd，存放着用户名和用户 ID 的对应关系，用户名的密码加密存放在/etc/shadow 中，本章将介绍 Linux 用户的类型，以及相关配置文件的位置和作用。

4.1.1　Linux 用户类型

在 Linux 中有 3 种不同类型的用户：超级用户、系统用户、普通用户。这些用户可以通过 UID 来进行区分。

（1）超级用户，即 root。该用户拥有系统的最高权限，可以不受限制地操作任何文件和命令，无论这些文件的权限是怎样的。

（2）系统用户，即虚拟用户。这类用户无法登录系统，一般用来管理或执行特定的任务，如 ftp、mail、apache、bin、daemon、nobody 等。

（3）普通用户，由超级用户创建。这类用户一般可以登录系统，权限有限，只能操作拥有权限的文件和目录，管理自己的进程。

4.1.2　用户账号配置文件

Linux 沿用了 UNIX 管理用户的方法，把全部的用户信息保存为普通的文本文件，可以通过修改这些文件来管理用户和用户组，从而为不同的用户赋予不同的属性和权限。Linux 的账户系统文件主要有：用户账号配置文件/etc/passwd、/etc/shadow，用户组账号配置文件/etc/group 和/etc/gshadow。

/etc/passwd 文件有标准的格式：每行定义一个账号；每行有多个字段，代表不同的含义；不同的字段之间使用“:”隔开，从左到右依次为用户名、密码、用户 ID（UID）、用户所属组（GID）、用户全称、用户主目录和登录 Shell，每个字段的含义如表 4-1 所示。

表 4-1　/ect/passwd 文件的字段及含义

字　　段	含　　义
账号名称	登录时的用户名
密码	早期 UNIX 的密码存放在此，很容易造成数据被窃取，后来将此字段的密码数据存放到/etc/shadow 中，这里设置为 x

续表

字　段	含　义
UID	用户的唯一标识。root 的 UID 是 0；系统用户的 UID 为 1~999；普通用户的 UID 从 1000 开始，除非指定普通用户的 UID，否则普通用户的 UID 会从 1000 起依次编号
GID	GID 是 Linux 中用户组的唯一标识，每个用户都隶属一个组。root 的 GID 是 0；系统用户的 GID 为 1~999；在建立普通用户时，除非指定，否则系统会默认建立一个同名、同 ID 号的组
全称	用户的全称，可以为空
家目录	用户在登录后默认进入该用户的主目录。root 的主目录是/root；在创建普通用户时，除非指定，否则系统会在/home 下创建与用户名同名的主目录，如普通用户 admin 的主目录默认为/home/admin
Shell	用户使用的 Shell 通常为/bin/bash，这就是在登录 Linux 时默认的 Shell 是 bash 的原因，如果想要更改用户在登录后使用的 Shell，就可以在这里修改。另外，需要注意的是，有一个 Shell 可以用来替代让账号无法登录的命令，那就是/sbin/nologin

例如：

```
[root@www ~]# cat /etc/passwd |grep admin
admin:x:1000:1000:admin:/home/admin:/bin/bash
```

/etc/shadow 文件的主要作用就是存放用户的密码，用户在登录系统时会在此验证。每行代表一个账号信息，通过 "："隔开，从左到右依次为：用户名；加密后的密码（如果是 "!!"，则表示密码为空，不能登录）；从 1970 年 1 月 1 日距离上次修改密码日期的间隔天数；密码自上次修改后，要隔多少天才能再次修改（若为 0，则无限制）；密码自上次修改后，会在多少天后过期（若为 9999，则密码未设置为必须修改）；提前多少天警告用户密码将过期（默认为 7）；在密码过期多少天之后禁用该账号；从 1970 年 1 月 1 日起到账号过期的间隔天数；保留字段。每个字段的含义如表 4-2 所示。

表 4-2　/etc/shadow 文件的字段及含义

字　段	含　义
账户名称	登录时的用户名
加密后的密码	如果为空，则对应用户没有密码，登录时不需要密码；星号代表账号被锁定，双叹号表示密码为空，所以在为 "*" 或者 "!!" 时都不能登录。若密码以 "6" 开头，则表明是用 SHA-512 加密的；若以 "1" 开头，则表明是用 MD5 加密的；若以 "2" 开头，则表明是用 Blowfish 加密的；若以 "5" 开头，则表明是用 SHA-256 加密的
最近改动密码日期	从 1970 年 1 月 1 日算起的总的天数
密码不可被变更的天数	若设置此值，则表示从变更密码的日期算起，多少天内无法再次修改密码。如果是 0，则没有限制
密码需要重新变更的天数	该用户的密码会在多少天后过期，如果为 99999，则没有限制
密码过期预警天数	如果设置了密码需要重新变更的天数，则会在密码过期的前多少天进行提醒，提示用户其密码将在多少天后过期

续表

字　段	含　义
密码过期的宽恕时间	如果密码在需要重新变更的日期过后，用户仍然没有修改密码，该用户还可以继续使用该账号的天数
账号失效日期	账号在这个日期后就不能使用
标志	保留字段

例如：

```
[root@www ~]# cat /etc/shadow |grep admin
admin:$6$M2tTcmbeRYQ8ZzLa$0pt..xnnUalion7gTfFcUkijd2salsIpFMTdqwmztNS7GnXVo7
6M/hEM841sPwUCtR0wwTCW4hlrK7nKE//TX.::0:99999:7:::
```

4.1.3　用户组账号配置文件

用户组账号配置文件主要包括/etc/group 文件和/etc/gshadow 文件。在/etc/group 文件中，每行描述一个用户组信息，并通过“:”隔开，分为 4 段，从左到右依次为：用户组名、用户组密码、用户组 ID 和用户组成员列表，每个字段的含义如表 4-3 所示。

表 4-3　/etc/group 文件的字段及含义

字　段	含　义
用户组名	用户组的名称，由字母或数字构成
用户组密码	由于安全问题，密码已经移动到/etc/gshadow 文件中，该字段置为 x
用户组 ID	与用户标识号类似，是一个整数，被系统内部用来标识用户组
用户组成员列表	属于这个用户组的所有用户的列表，不同用户之间通过逗号（,）分隔

/etc/gshadow 文件与/etc/shadow 文件类似，根据/etc/group 文件来产生，每行描述一个用户组信息，并通过“:”隔开，分为 4 段，从左到右依次为用户组名、用户组密码、用户组的管理者、组成员列表。

例如：

```
[root@www ~]# cat /etc/group |grep admin
printadmin:x:997:
admin:x:1000:admin
[root@www ~]# cat /etc/gshadow |grep admin
printadmin:!::
admin:!!::admin
```

4.2　用户管理

本节将介绍如何在 Linux 下管理用户，包括添加用户、管理用户密码、修改用户属性、删除用户等操作。

4.2.1　添加用户

在命令模式下，添加用户主要使用 useradd 命令来实现。

useradd 命令的格式如下：

```
useradd [选项] <用户名>
```

常用选项说明如下：

```
-d 指定主目录。
-g 指定用户所属的主要用户组，后接 GID 或者用户组名。
-G 指定用户所属的附加用户组，后接 GID 或者用户组名。
-s 指定登录 Shell。
-u 指定用户的 UID。
```

例如：

```
[root@www ~]#useradd -G root -d /admin admin
//添加用户 admin，附加 root 用户组，主目录为/admin
[root@www ~]#useradd -g root -d /admsdoc admin
//添加用户 admin，隶属 root 用户组，主目录为/admsdoc
```

/etc/skel/目录是用来存放新用户配置文件的目录，当添加新用户时，这个目录下的所有文件会自动被复制到新添加的用户的家目录下。这个目录下的所有文件都是隐藏文件（以 "." 开头的文件）。

4.2.2　管理用户密码

新创建的用户必须设置密码才能登录系统，设置密码使用 passwd 命令。passwd 命令还能对用户的密码进行管理，包括用户密码的创建、修改、删除、锁定等。

passwd 命令的格式如下：

```
passwd [选项] [用户名]
```

常用选项说明如下：

```
-d 删除用户密码，用户登录系统不需要密码，只有 root 用户可以执行。
-l 锁定用户账号，只有 root 用户可以执行。
-u 解锁被锁定的用户账号，只有 root 用户可以执行。
```

如果不指定用户名，则修改的是当前登录用户的密码。

例如：

```
[root@www ~]# passwd
//修改登录用户 root 自己的密码
[root@www ~]# passwd admin
//修改登录用户 admin 的密码，若 admin 用户无密码，则创建密码
[root@www ~]# passwd -l admin
//锁定 admin 用户的账号，被锁定后无法登录系统
[root@www ~]# passwd -u admin
```

```
//解锁 admin 用户的账号
[root@www ~]# passwd -d admin
//删除 admin 用户的密码
```

注意：密码的安全性要求还是很高的，如果密码过于简单，如少于 6 位、过于有规律、基于字典等，则系统会给出提示信息，提示密码不安全，用户若执意使用这种密码，可以不理会提示信息，但是建议使用符合安全性的密码，如包含字母、数字、特殊字符等的密码。

4.2.3　修改用户属性

使用 usermod 命令可以修改用户的各项属性，包括登录名、主目录、用户组、登录 Shell 等。该命令只能由 root 用户执行。

usermod 命令的格式如下：

```
usermod [选项] <用户名>
```

常用选项说明如下：

```
-l 指定用户的新登录名。
-L 锁定账号。
-U 解除锁定。
```

例如：

```
[root@www ~]# usermod -l administrator admin
//将 admin 用户登录名改为 administrator，这里只更改了登录名，用户的其他信息不变，如主目录
//UID、GID、登录 Shell 等都不变
```

4.2.4　删除用户

要删除指定用户，可使用 userdel 命令来实现，该命令只能由 root 用户执行。

userdel 命令的格式如下：

```
userdel [-r] <用户名>
```

常用选项说明如下：

```
-r 在删除该账户的同时，一并删除该账户对应的家目录。
```

例如：

```
[root@www ~]# userdel -r admin
//将 admin 用户及其家目录一并删除
```

如果在新建用户时创建了同名用户组，并且该用户组内无其他用户，则在删除用户时会一并删除该同名用户组，但是正在登录的账号无法被删除。

4.2.5　/etc/skel/目录

/etc/skel/目录是用来存放新用户配置文件的目录，在添加新用户时，这个目录下的所

有文件会自动被复制到新添加的用户的家目录下。这个目录下的所有文件都是以 "." 开头的隐藏文件。例如：

```
[root@www skel]# ls -la
total 24
drwxr-xr-x.   3 root root   78 Apr 11  2018 .
drwxr-xr-x. 153 root root 8192 Oct 29 10:55 ..
-rw-r--r--.   1 root root   18 Oct 31  2018 .bash_logout
-rw-r--r--.   1 root root  193 Oct 31  2018 .bash_profile
-rw-r--r--.   1 root root  231 Oct 31  2018 .bashrc
drwxr-xr-x.   4 root root   39 Mar 29  2019 .mozilla
```

正常添加用户，指定主目录等选项，会自动创建出默认或者指定的家目录，并且将几个隐藏文件复制过去，同时改变所有者和所属组。例如：

```
[root@www ~]# useradd -g root -d /liumeng liumeng
[root@www ~]# ls -al /liumeng
total 16
drwx------.   3 liumeng root   78 Oct 29 19:20 .
dr-xr-xr-x. 24 root    root 4096 Oct 29 19:20 ..
-rw-r--r--.   1 liumeng root   18 Oct 31  2018 .bash_logout
-rw-r--r--.   1 liumeng root  193 Oct 31  2018 .bash_profile
-rw-r--r--.   1 liumeng root  231 Oct 31  2018 .bashrc
drwxr-xr-x.   4 liumeng root   39 Mar 29  2019 .mozilla
```

如果在操作中，先创建了文件夹，再使用 useradd 命令添加用户，并且将用户的家目录指向该手动创建的目录，则会因为权限等问题，导致上述隐藏文件无法被复制到家目录下，从而导致该用户的登录等都会出现故障。例如：

```
[root@www ~]# mkdir /ftp
[root@www ~]# useradd -g root -d /ftp ftpuser1
useradd: warning: the home directory already exists.
Not copying any file from skel directory into it.
//有警告信息，提示没有从skel目录中复制任何文件到家目录下
[root@www ~]# ls -al /ftp
total 4
drwxr-xr-x.  2 root root    6 Oct 29 19:25 .
dr-xr-xr-x. 25 root root 4096 Oct 29 19:25 ..
[root@www ~]# su ftpuser1
bash-4.2$ exit
exit
//切换用户，发现和平时的 Shell 提示符不同
[root@www ~]# cp -a /etc/skel/.bash* /ftp
//将 skel 目录下的隐藏文件复制到主目录下
[root@www ~]# su ftpuser1
//切换到用户 ftpuser1，发现一切恢复正常
[ftpuser1@www root]$ cd
[ftpuser1@www ~]$ pwd
/ftp
[ftpuser1@www ~]$ ls -la
```

```
total 16
drwxr-xr-x.  2 root root   62 Oct 29 19:30 .
dr-xr-xr-x. 25 root root 4096 Oct 29 19:25 ..
-rw-r--r--.  1 root root   18 Oct 31  2018 .bash_logout
-rw-r--r--.  1 root root  193 Oct 31  2018 .bash_profile
-rw-r--r--.  1 root root  231 Oct 31  2018 .bashrc
//切换到用户家目录,查看文件等。注意也可以在bash-4.2$下直接使用"cp -a /etc/ skel/.bash* ."
//来复制,但是/ftp 必须修改权限,这将在第 5 章讲解
```

4.3　用户组管理

本节将介绍 Linux 的用户组管理,包括添加用户组、修改用户组属性、删除用户组、管理用户组内用户等常规操作。

4.3.1　添加用户组

在添加普通用户时,如果添加了**-g** 选项,则会添加同名用户组。如果要创建其他用户组,则可以使用 **groupadd** 命令。该命令只能由 root 用户执行。

groupadd 命令的格式如下:

```
groupadd [选项] [用户组名]
```

常用选项说明如下:

```
-g 指定用户组的 GID。
```

例如:

```
[root@www ~]# groupadd -g 1008 techgrp
//添加 techgrp 用户组,并指定 GID 为 1008
[root@www ~]# useradd -g techgrp tech1
[root@www ~]# useradd -g techgrp tech2
//给 techgrp 用户组添加 2 个用户
 [root@www ~]# groupadd ftpusers
[root@www ~]# useradd -d /ftp -g ftpusers -s /sbin/nologin ftptest1
[root@www ~]# useradd -d /ftp -g ftpusers -s /sbin/nologin ftptest2
//添加 ftpusers 用户组,添加组用户 ftptest1、ftptest2,并指定家目录为/ftp,不可登录系统
```

4.3.2　修改用户组属性

usermod 命令可以用来修改用户的属性,而 **groupmod** 命令可以用来修改用户组的相关属性,包括名称、GID 等。该命令只能由 root 用户执行。

groupmod 命令的格式如下:

```
groupmod [选项] <用户组名>
```

常用选项说明如下：

```
-g 指定用户组的 GID。
-n 指定用户组的名称。
```

例如：

```
[root@www ~]#groupmod -n technology -g 1009 techgrp
//将 techgrp 用户组的 GID 改为 1009，并改名为 technology
```

4.3.3　删除用户组

要删除指定用户组，可使用 groupdel 命令来实现，该命令只能由 root 用户执行。

groupdel 命令的格式如下：

```
groudel 用户组
```

例如：

```
[root@www ~]# groupdel techgrp
//删除用户组 techgrp
```

在删除指定用户组之前，要保证该用户组不是任何用户的主要用户组，否则要先删除以该用户组为主要用户组的用户，才能删除这个用户组。

4.3.4　管理用户组内的用户

若要将用户添加到指定用户组中，使其成为该用户组的成员，或者从指定用户组内移除某个用户，则可以使用 gpasswd 命令，该命令只能由 root 用户执行。

gpasswd 命令的格式如下：

```
gpasswd [选项] <用户名> <用户组名>
```

常用选项说明如下：

```
-a 添加用户到用户组中。
-d 将用户从用户组中移除。
```

例如：

```
[root@www ~]# gpasswd -a admin root
Adding user admin to group root
[root@www ~]# groups admin
admin : root
//将 admin 用户添加到 root 用户组中，并使用 groups 命令查看，发现 admin 用户分别属于 admin
//用户组和 root 用户组，前面是主用户组，后面是附加用户组
```

4.4 用户权限与账号登录监控

4.4.1 用户权限

Linux 提供了一些命令，可以进行用户权限的切换、赋予等，常见的命令有 su 命令、sudo 命令等。

1. su 命令

在 Linux 中，可以使用 su 命令进行用户权限的切换。

命令格式如下：

```
su [-] [用户名]
```

例如：

```
[root@www ~]# su admin
//切换用户为 admin，不需要输入密码
[admin@www root]$ pwd
/root
//在切换用户时没有加 "-" 符号，用户的工作目录仍然是切换之前的/root 目录
[admin@www root]$ exit
exit
//退出当前用户
[root@www ~]# su - admin
Last login: Tue Nov  5 14:45:24 CST 2019 on pts/0
[admin@www ~]$ pwd
/home/admin
//在切换用户时加了 "-" 符号，初始化了当前用户的各种环境变量
[admin@www ~]$ su
Password:
//普通用户使用 su 命令时，不加任何用户名，就相当于 su root
[admin@www admin]$ exit
exit
[admin@www ~]$ su - root
Password:
Last login: Tue Nov  5 14:53:11 CST 2019 on tty2
[root@www ~]#
```

2. sudo 命令

使用 sudo 命令可以使普通用户像 root 用户一样去执行一些特定命令，当然，前提是当前登录用户拥有执行该命令的权限。那么当前登录用户如何获得相应权限呢？可以通过 vi 命令或者 vim 命令修改配置文件/etc/sudoers 来赋予该用户相应权限。

例如，在/etc/sudoers 文件中新增如下内容（在文件末尾添加即可）：

```
admin    ALL=(ALL)    ALL
#这条配置项的含义为 admin 用户可以执行任何 sudo 命令。在执行的同时，需要输入 admin 用户的密码
```

或者

```
admin    ALL=(ALL)    NOPASSWD:ALL
#和上一条配置项功能相同，只是不需要输入用户密码。但这样就和 root 用户权限一样了，不建议这样做
```

或者

```
admin    ALL=(ALL)    NOPASSWD:/sbin/shutdown,/usr/bin/reboot
#这条配置项使得 admin 用户可以执行重启服务的功能而不需要输入密码
```

实际上，使用 sudo 命令不是真的切换了用户，而是通过当前登录用户的身份和权限去执行 Linux 命令。

注意：/etc/sudoers 文件是一个只读文件，使用 vi 修改完成后应执行 ":wq!" 进行强制写入。

4.4.2 账号登录监控

Linux 提供了一些命令，可以进行账号的查询和监控，常见的命令有 last 命令、lastb 命令、lastlog 命令。

1. last 命令

last 命令从日志文件/var/log/wtmp 中读取信息并显示用户最近的登录列表，只要有人登录，就会被记录，包括多次登录的信息，也会被统计记录下来。这是一个重要的日志查询命令，包括系统曾经进行过重启操作的重启时间信息。本书 3.4 节对 last 命令的格式和选项进行了详细介绍，此处仅举例说明。

例如：

```
[root@www ~]# last -n 5
admin    tty2                         Tue Nov  5 14:52 - 15:02  (00:10)
root     pts/0        :0              Tue Oct 29 19:17   still logged in
root     :0           :0              Tue Oct 29 19:17   still logged in
reboot   system boot 3.10.0-957.el7.x Tue Oct 29 19:05 - 15:04 (6+19:58)
admin    tty6                         Tue Oct 22 15:21 - 11:05 (6+19:43)

wtmp begins Fri Mar 29 17:50:10 2019
//显示最近 5 条
//still logged in 表示依然在线
//19:05 - 15:04 表示该用户在线的时间区间
//(6+19:58) 表示用户持续在线的时长
```

2. lastb 命令

lastb 命令从/var/log/btmp 文件中读取信息，并显示登录失败的记录，用于发现系统的异常登录。

例如：

```
[root@www ~]# lastb
root       tty2                       Tue Nov  5 14:53 - 14:53  (00:00)
admin      tty2                       Tue Nov  5 14:52 - 14:52  (00:00)
…
btmp begins Tue Nov  5 23:43:55 2019
//如果没有登录失败的记录，则仅显示最后一条，在测试这条命令时，读者可以输错几次密码制造登录失
//败的记录
```

3. lastlog 命令

lastlog 命令从/var/log/lastlog 文件中读取信息，检查最后一次登录本系统的用户的登录时间信息。

例如：

```
[root@www ~]# lastlog
Username        Port         From          Latest
root            pts/0                      Tue Nov  5 14:54:45 +0800 2019
bin                                        **Never logged in**
daemon                                     **Never logged in**
…
```

第 5 章
文件与文件管理

　　本章将介绍 Linux 文件的存储结构，常见的 Linux 文件类型，文件与目录操作命令，以及文件权限管理等。

5.1　Linux 文件与路径

在 UNIX 中，一切资源都可以被看作文件，包括每个硬件，硬件通常被称为设备文件，Linux 源于 UNIX，自然也沿袭了这一管理办法。本节将介绍 Linux 的文件名与文件类型、路径，以及 CentOS 7.6 目录。

5.1.1　文件名与文件类型

1. 文件名

文件名是文件的标识符，Linux 中的文件名遵循以下约定。

文件名可以使用英文字母、数字及一些特殊字符，但是不能包含如下表示路径或者在 Shell 中有含义的字符：

```
/ ! # * & ? \ , ; < > [ ] { } ( ) ^ @ % | " ` `
```

文件名严格区分大小写。例如，A.txt、a.txt、A.TXT 是 3 个不同的文件。

若文件名以 "." 开头，则该文件为隐藏文件，通常不显示，只有使用 ls -a 命令才可以看到。

2. 文件类型

在 Windows 中，文件的类型通常由扩展名决定，而在 Linux 中，文件的扩展名的作用并没有如此强调。当然在 Linux 下，文件的扩展名也遵循一些约定，比如：压缩文件一般用 ".zip"，RPM 软件包一般用 ".rpm"，TAR 归档包一般用 ".tar"，GZIP 压缩文件一般用 ".gz"。

Linux 的文件类型一般由创建该文件的命令来决定，Linux 定义了 7 种文件类型，如表 5-1 所示。

表 5-1　常见文件类型

文 件 类 型	符　号	创 建 命 令	删 除 命 令
普通文件	-	编辑器，touch	rm
目录	d	mkdir	rmdir, rm -r
字符设备文件	c	mknod	rm
块设备文件	b	mknod	rm
套接字文件	s	socket(2)	rm
有名管道文件	p	mknod	rm
符号链接	l	ln -s	rm

1）普通文件

在 Linux 下，文件只是一个装字节的包，与创建它的程序或命令有关，与扩展名无关。

文本文件、数据文件、可执行程序和共享库都作为普通文件存储。

2）目录

目录包含按名称对其他文件的引用。文件的名称实际上存储在它的父目录中，而不是存储在目录本身中。有一些特殊的目录，如"."和".."分别代表目录本身和它的父目录，它们无法移动。根目录没有父目录，所以在根目录下输入"./"和"../"都等同于"/"。用户可以使用 mkdir 命令创建目录，使用 rmdir 命令删除空目录，使用 rm -r 命令删除非空目录。

3）字符设备文件和块设备文件

设备文件让程序能够与系统的硬件和外围设备进行通信。用于特定设备的模块叫作设备驱动程序，它提供了一个标准的接口，看起来像普通文件。当内核接到对字符或块设备文件的请求时，会简单地把请求传递给适当的设备驱动程序。设备文件只是用来同设备驱动程序进行通信的结合点，并不是设备驱动程序本身。

字符设备文件将与之相关的驱动程序作为它们自己输入、输出的缓冲。块设备文件由处理块数据 I/O 的驱动程序使用，并要求内核为它们提供缓冲。块设备由主设备号和次设备号构成，如磁盘/dev/sda1 等，字符设备包括鼠标、键盘等。

设备文件可以使用 mknod 命令来创建，使用 rm 命令来删除，基本不需要手动创建。大多数发行版使用 udev 命令并根据内核对硬件的检测结果自动创建和删除设备文件。

4）套接字文件

套接口（socket）就是在进程之间让它们以"干净"的方式进行通信的链接。Linux 提供了几种不同的套接口，大多数涉及网络的使用。本地套接口只能从本地主机访问，并通过文件系统对象而非网络端口来使用。这类文件通常用于网络数据连接。启动一个程序来监听客户端的要求，客户端就可以通过套接口来进行数据通信。

本地套接口由系统调用 socket 创建，当套接口不再有用户使用时，系统会调用 unlink 来删除套接口，当然也可以使用 rm 命令来删除，不过最好不要这么做。在/run、/var/run 目录中常看到这种文件类型。

5）有名管道文件

有名管道文件和套接字文件类似，可以让运行在同一主机上的两个进程进行通信，也被称为"FIFO 文件（First-In-First-Out，先进先出）"。有名管道文件可以使用 mknod 命令来创建，使用 rm 命令来删除。

6）符号链接

符号链接也叫作"软链接"，是通过名称指向文件的。当内核在查找路径名的过程中遇到符号链接时，就会重定向到作为该链接的内容而存储的路径名上。硬链接和符号链接的最大区别在于：硬链接是直接引用的，而符号链接是通过名称引用的，符号链接与其指向的文件是不同的。符号链接使用 ln -s 命令来创建，使用 rm 命令来删除。

3．查看文件的详细信息

使用 ls 命令可以查看文件的详细信息，命令格式如下：

```
ls [选项] [目录或者文件]
```

常用选项说明如下：

```
-a 显示当前目录下所有文件和目录。
-A 显示所有文件和目录，但不显示当前目录"."和上层目录".."。
-d 显示目录本身而不是目录下的内容。
-l 使用详细格式列表，显示类型、权限、所属用户、用户组等信息。
-c 以更改时间排序，显示文件和目录。
-s 显示文件和目录的大小，以 blocks 为单位。
[目录或者文件] 默认显示当前目录下的文件与目录。
```

例如：

```
[root@www ~]# ls -al /etc/httpd
//查看/etc/httpd目录下所有目录与文件的详细信息
[root@www ~]# touch a.txt
[root@www ~]# ll a.txt
-rw-r--r--. 1 root root 0 sep 1 10:53 a.txt
//创建一个 a.txt 文档，并查看详细信息
```

从左至右依次显示的信息为文件类型、文件权限、文件链接数、文件所有者、文件所属用户组、文件大小、文件修改时间及文件名称。

第 1 个字符用于表示文件类型。

第 2 个至第 10 个字符表示文件的权限，每 3 个字符一组，左边 3 个字符表示所有者的权限，中间 3 个字符表示与所有者同一用户组的用户的权限，右边 3 个字符表示其他用户的权限。

接下来的数字表示文件的链接数。每增加一个硬链接，该数字就增加 1。

接下来分别是文件所有者及文件所属组。

接下来的数字表示文件大小的字节数。

接下来的日期和时间表示文件最后的修改时间（mtime）。

最后是文件或目录的名称。

4．查看文件的类型

使用 file 命令可以查看文件的类型，例如：

```
[root@www ~]# file /usr/bin
/usr/bin: directory
// '/usr/bin'是目录
[root@www ~]# file /bin
/bin: symbolic link to '/usr/bin'
//'/bin'是符号链接，指向'/usr/bin'
[root@www ~]# file /dev/sda
```

```
/dev/sda: block special
// '/dev/sda'是块设备文件
[root@www ~]# file /run/rpcbind.sock
/run/rpcbind.sock: socket
// '/run/rpcbind.sock'是套接字文件
```

5.1.2　路径

在操作文件或目录时，一般应指定路径，否则会默认对当前的文件或目录进行操作。路径一般分为绝对路径和相对路径。

1．绝对路径

绝对路径就是从根目录"/"开始到指定文件或目录的路径。绝对路径总是从根目录"/"开始，并通过"/"来分隔目录名。

2．相对路径

相对路径是指从当前目录出发，到达指定文件或目录的路径，当前目录一般不会出现在路径中，还可以配合特殊目录"."和".."来灵活地切换路径，或者选择指定目录和文件。"./"表示当前目录，"../"表示上一级目录。

3．工作目录和主目录

1）工作目录

工作目录，即当前工作目录（present working directory），是文件系统当前所在的目录，如果命令没有额外指定路径，则默认为当前工作目录。

2）主目录

主目录，即用户的家目录，一般用"~"代表用户的主目录。对于一般用户，"~"表示/home/<用户名>；对于 root 用户，"~"表示/root。

使用 pwd 命令可以查看当前工作目录。例如：

```
[root@www ~]# pwd
/root
// "~"表示工作目录，因为用户是 root，所以当前工作目录是/root
```

4．切换路径

在用户登录时，默认工作目录是用户的家目录（root 用户的家目录为/root，普通用户的家目录在/home/<用户名>下）。如果要切换工作目录（change directory），则可以使用 cd 命令来实现。

cd 命令格式如下：

```
cd [目录路径]
```

例如：

```
[root@www ~]# cd
```

```
[root@www ~]# cd ~
//以上两个命令都可以切换至登录用户的家目录，无论当前目录是什么
[root@www ~]# cd subdir
[root@www ~]# cd ./subdir
//以上两个命令都是切换目录至当前目录的子目录 subdir
[root@www ~]# cd /etc/httpd
//切换目录至绝对路径/etc/httpd
[root@www ~]# cd ..
//切换目录至父目录
[root@www ~]# cd ../subdir
//切换目录至父目录的子目录 subdir
```

5.1.3　CentOS 7.6 目录简介

在 CentOS 7.6 安装完成后，打开文件系统，可以看到如图 5-1 所示的安装目录。从图中可以看出这些目录的上级目录是一个 "/" 目录，这个目录在 Linux 中称为根目录，其他目录、文件和外设（磁盘、光驱等）都是以根目录为起点的，所有的其他分区也都挂载到目录树的某个目录中。

```
[root@www ~]# cd /
[root@www /]# ll
total 28
lrwxrwxrwx.    1 root root    7 Mar 29  2019 bin -> usr/bin
dr-xr-xr-x.    5 root root 4096 Jan  6 18:34 boot
drwxr-xr-x.   20 root root 3480 Jan  6 18:33 dev
drwxr-xr-x.  153 root root 8192 Nov 22 18:35 etc
drwxr-xr-x.    4 root root   34 May 29  2019 home
lrwxrwxrwx.    1 root root    7 Mar 29  2019 lib -> usr/lib
lrwxrwxrwx.    1 root root    9 Mar 29  2019 lib64 -> usr/lib64
drwxr-xr-x.    2 root root    6 Apr 11  2018 media
drwxr-xr-x.    3 root root   17 Nov 23 02:50 mnt
drwxr-xr-x.    3 root root   16 Mar 29  2019 opt
dr-xr-xr-x.  249 root root    0 Jan  6 18:33 proc
dr-xr-x---.   17 root root 4096 Jan  6 18:34 root
drwxr-xr-x.   50 root root 1440 Jan  6 18:35 run
lrwxrwxrwx.    1 root root    8 Mar 29  2019 sbin -> usr/sbin
drwxr-xr-x.    2 root root    6 Apr 11  2018 srv
dr-xr-xr-x.   13 root root    0 Jan  6 18:33 sys
drwxrwxrwt.   17 root root 4096 Jan  6 18:41 tmp
drwxr-xr-x.   13 root root  155 Mar 29  2019 usr
drwxr-xr-x.   24 root root 4096 Sep 23 19:11 var
```

图 5-1　CentOS 7.6（64 位）安装目录

Linux 的目录使用树形结构管理，其默认目录都有特定的内容，并且有些目录很重要，在操作时应注意不要误操作，CentOS 7.6 自带的目录及其说明如表 5-2 所示。

表 5-2　CentOS 7.6 自带的目录及其说明

目　　录	说　　明
/	根目录
/bin	bin 是 Binary 的缩写，存放经常使用的命令
/boot	存放内核及加载内核所需的文件
/dev	dev 是 Device（设备）的缩写，在 Linux 下，外设是以文件方式存在的，如磁盘、Modem 等

续表

目　录	说　明
/etc	存放启动文件及配置文件
/home	用户的主目录，每个用户都有一个自己的目录，并且目录名与账号名相同
/lib	存放 C 编译器的库和部分 C 编译器
/media	常用来挂载分区，比如，双系统时的 Windows 分区、U 盘、CD/DVD 等会自动挂载并在此目录下自动生成一个目录
/mnt	与/media 功能相同，提供存储介质的临时挂载点，如光驱、U 盘等
/opt	主要存放第三方软件及自己编译的软件包，特别是测试版的软件。对于安装到/opt 目录下的程序，它所有的数据、库文件等都存放在同一目录下，也可以随时删除，不影响系统的使用
/proc	伪文件系统，对于所有正在运行进程的映象，还有当前内存中的 Kernel 文件，管理员不需要操作
/root	超级用户的主目录
/run	存放自系统启动后正在该系统中运行的进程 PID，并非所有的进程都在该目录下存在 PID 文件。每个 PID 文件的作用都与其应用程序相关，基本的作用就是标志该进程已经运行，并且标志出该进程的 PID
/sbin	存放引导、修复或恢复系统的命令
/selinux	存放 SELinux 相关文件，当 SELinux 被禁用时，该目录为空
/srv	一些服务在启动之后所需要访问的数据目录
/sys	存放内核的一些信息映射，可供应用程序使用
/tmp	临时文件夹
/usr	存放与用户相关的应用程序和库文件，用户自行安装的软件一般存放至该目录
/usr/bin	存放用户的大多数命令和可执行文件
/usr/share	存放多种系统共同的内容（只读）
/usr/include	存放 Linux 下开发和编译应用程序所需要的头文件
/usr/lib	存放一些常用的编译链接函数库
/usr/local	存放用户编写或安装的软件
/usr/man	存放联机用户帮助文档
/usr/src	存放非本地软件包的源代码
/var	存放不断扩充、变化的内容，包括各种日志文件、Email、网站等
/var/log	存放各种系统日志文件
/var/spool	供打印机、邮件等使用的假脱机目录

5.2　文件与目录操作命令

在 Linux 的日常运维工作中，需要掌握文件与目录的创建、修改、复制、移动、改名及删除等操作。

5.2.1　创建文件与目录

1.　创建文件

一般来说，文件由相应的应用程序生成，如 vim 等编辑工具。除此之外，Linux 还提供了创建文件的 touch 命令。touch 命令格式如下：

```
touch <文件名 1> [文件名 2]……
```

例如：

```
[root@www ~]# touch a.txt b.txt
//在当前目录下创建 a.txt 和 b.txt 两个文件
```

2.　创建目录

一般使用 mkdir 命令创建目录（make directory）。

mkdir 命令格式如下：

```
mkdir [参数] <目录名>
```

常用选项说明如下：

```
-p 若目前尚未创建所要创建目录的上层目录，则会一并创建。
```

例如：

```
[root@www ~]# mkdir /test1
//在根目录下创建子目录 test1
[root@www ~]# mkdir -p /nfs/share
//创建 share 目录，如果其父目录 nfs 不存在，则会一并创建
```

5.2.2　查看文件内容

在图形界面下，可以通过双击文件的方式来查看文件内容，但是在命令行下如何查看文件内容呢？常用的命令如下所述。

1.　cat 命令

使用 cat 命令可以滚屏显示文件的内容。cat 命令格式如下：

```
cat <文件 1> [文件 2]……
```

例如：

```
[root@www ~]# cat anaconda-ks.cfg
//在屏幕上滚动显示 anaconda-ks.cfg 文件的内容
```

2.　more 和 less 命令

cat 命令输出的内容不能分页显示，如果文件内容较多，当前只能看到最后一屏，则可以使用 more 或 less 命令分屏查看，并在查看完毕后输入 "q" 退出。

例如：

```
[root@www ~]# more anaconda-ks.cfg
//分屏查看 anaconda-ks.cfg 文件的内容
```

3. head 和 tail 命令

若只想查看一个文件的开头或结尾而非文件的全部内容，则可以使用 head 或 tail 命令。

head 和 tail 命令格式如下：

```
head [-n] <文件名>
tail [-n] 文件名
```

常用选项说明如下：

-n 指定查看文件多少行内容，默认显示 10 行。

例如：

```
[root@www ~]# head /etc/passwd
//在屏幕上显示/etc/passwd 文件前 10 行的内容
[root@www ~]# tail -5 /etc/passwd
//在屏幕上显示/etc/passwd 文件后 5 行的内容
```

4. grep 命令

在 Linux 中，grep 命令是一种强大的文本搜索工具，它能使用正则表达式搜索文本，并把匹配的行打印出来。grep 全称是 Global Regular Expression Print，表示全局正则表达式版本，它的使用权限对所有用户开放。

grep 命令格式如下：

```
grep [选项] <文件>
```

常用选项说明如下：

```
-c 只输出匹配行的行数。
-n 显示匹配行及行号。
-v 显示不包含匹配文本的所有行。
^ 匹配正则表达式的开始行。
$ 匹配正则表达式的结束行。
[ ] 单个字符，如[A]，即 A 符合要求。
[ - ] 范围，如[A-Z]，即 A、B、C 一直到 Z 都符合要求。
```

例如：

```
[root@www ~]# grep 'Boss' /etc/passwd /etc/group
//显示/etc/passwd、/etc/group 文件中包含 Boss 的行
[root@www ~]# grep -v '^#' /etc/vsftpd/vsftpd.conf
//显示/etc/vsftpd/vsftpd.conf 文件中所有非"#"开头的行，即不显示被注释掉的行
```

5.2.3 复制和移动文件或目录

1. 复制文件或目录

cp 命令用于复制（copy）文件或目录。

cp 命令格式如下：

```
cp  [参数] <源文件> <目标文件>
```

常用选项说明如下：

```
-f 强行复制文件或目录，不论目标文件或目录是否已存在。
-l 对源文件建立硬链接，而非复制文件。
-s 对源文件建立符号链接，而非复制文件。
-R 递归处理，将指定目录下的所有文件与子目录一并处理。
```

例如：

```
[root@www ~]# cp ./a.txt /tmp/b.txt
//将当前目录下的 a.txt 文件复制到/tmp 文件下并改名为 b.txt
[root@www ~]# cp -s a.txt a
//在当前目录下为 a.txt 文件创建名为 a 的符号链接
```

2. 移动文件或目录

mv 命令用于对文件或目录进行移动（move）或改名。

mv 命令格式如下：

```
mv [参数] <源文件或目录> <目标文件或目录>
```

常用选项说明如下：

```
-f 若目标文件或目录与现有的文件或目录重复，则直接覆盖现有的文件或目录。
-i 覆盖前先行询问用户。
```

例如：

```
[root@www ~]# mv file1 file1.bak
//将 file1 改名为 file1.bak
[root@www ~]# mv /subdir1/file1 /subdir2/file2
//将/subdir1 下的 file1 文件移动到/subdir2 下并改名为 file2
```

5.2.4 删除文件与目录

1. rmdir 命令

rmdir 命令用于删除目录（remove directory），不能用于删除文件。

rmdir 命令格式如下：

```
rmdir [参数] <目录名>
```

常用选项说明如下：

```
-p 在删除指定目录后，若该目录的上层目录已变为空目录，则将其一并删除。
```

　　--ignore-fail-on-non-empty 忽略非空目录,如果目标目录非空,则直接忽略,不提示"Directory not empty"

例如:

```
[root@www ~]#rmdir dir
//删除空目录dir
[root@www ~]#rmdir -p /dir1/dir2/dir3
//级联删除空目录,如果目录非空,则无法删除,会提示 "Directory not empty"
```

2. rm 命令

rm 命令主要用于删除（remove）文件或目录。

rm 命令格式如下:

rm　[参数] <文件或目录>

常用选项说明如下:

-f 强制删除文件或目录,不进行提示。
-i 在删除既有文件或目录之前先询问用户。
-R 递归处理,将指定目录下的所有文件及子目录一并处理。

例如:

```
[root@www ~]# rm *
//删除当前目录下的所有文件,不包括隐藏文件和子目录
[root@www ~]# rm -R /test1
//删除/test1 目录及其子目录
```

5.2.5　创建硬链接和软链接

链接有两种:一种称为硬链接,两个文件名指向的是硬盘上的同一块存储空间,对任何一个文件的修改将影响到另一个文件;一种称为软链接（符号链接）,类似于快捷方式。ln 命令用来创建链接（link）。

ln 命令格式如下:

#ln [参数] <源文件或目录> <链接名称>

常用选项说明如下:

-s 对源文件建立符号链接,而非硬链接。

例如:

```
[root@www ~]# ln -s file1 file2
//对 file1 文件建立名称为 file2 的符号链接,如果不加任何参数,则默认建立的是硬链接
```

5.2.6　查找文件

Linux 提供了功能强大的 find 命令,用来查找文件。

find 命令格式如下:

```
find [路径] [匹配表达式]
```

匹配表达式是 find 命令最重要的内容，常见的匹配表达式如下：

-name<文件名> 查找指定文件名的文件或目录（可以使用通配符）。

-amin<分钟> 查找在指定时间曾被存取过的文件或目录，单位以分钟计算。

-atime<24 小时数> 查找在指定时间曾被存取过的文件或目录，单位以 24 小时计算。

-cmin<分钟> 查找在指定时间曾被更改的文件或目录。

-ctime<24 小时数> 查找在指定时间被更改的文件或目录，单位以 24 小时计算。

-mmin<分钟> 查找在指定时间曾被更改过的文件或目录，单位以分钟计算。

-mtime<24 小时数> 查找在指定时间曾被更改过的文件或目录，单位以 24 小时计算。

-gid<GID> 查找符合指定群组识别码的文件或目录。

-group<群组名称> 查找符合指定群组名称的文件或目录。

-links<链接数目> 查找符合指定的硬链接数目的文件或目录。

-used<日数> 查找文件或目录被更改之后在指定时间曾被存取过的文件或目录，单位以日计算。

-user<用户名> 查找符合指定拥有者名称的文件或目录。

-uid<UID> 查找符合指定用户 ID 的文件或目录。

find 的匹配表达式较多，请读者查阅 man 手册，或者使用--help 选项查看。

例如：

```
[root@www ~]# find /etc -name "*.conf"
//查找/etc 目录下所有扩展名为*.conf 的文件
[root@www ~]# find ./ -name '*.txt' -exec rm {} \;
//查找/root 目录下所有 txt 文件并删除
```

5.2.7　打包和解包文件

为了方便传输，用户往往会将文件打包（压缩）后再传输，下面介绍如何在 Linux 中进行文件的打包（压缩）与解包（解压缩）。

常见的打包（压缩）命令是 tar，tar 命令的主要功能是将许多文件或目录进行归档（打包），生成一个单一的 tar 包文件，以便于保存，因此，归档之后的文件大小相当于归档之前的文件及目录容量的总和。在实际工作中，网上下载的源码安装包很多都是 .tar.gz 或 .tar.bz2 格式的，想要安装这样的软件，通常需要配合其他压缩命令（如 bzip2 或 gzip）来实现对 tar 包的压缩或解压缩。tar 命令内置了相应的选项，可以直接调用相应的压缩/解压缩命令，实现对 tar 包的压缩或解压缩。

1. 使用 tar 命令打包（压缩）

tar 命令格式如下：

```
tar -c[j|z]vf <目标（压缩）打包文件路径及名称> <源目录路径文件名>
```

常用选项说明如下：

-c 建立 tar 包。

-v 压缩的过程中显示档案。

-f 指定 tar 包文件名，f 后面立即接文件名。

-j 使用 bzip2 命令压缩/解压缩文件，在打包时使用该选项可以将文件压缩，但在解压缩还原时一定还要使用该选项。

-z 使用 gzip 命令压缩/解压缩文件，用法同-j 选项。

例如：

```
[root@www ~]# tar -cvf ./home.tar /home
//将整个/home 目录打包在当前目录下并命名为 home.tar
[root@www ~]# tar -czvf ./home.tar.gz /home
//在当前目录下将/home 目录压缩生成一个.gz 格式的文件并命名为 home.tar.gz
[root@www ~]# tar -cjvf ./home.tar.bz2 /home
//在当前目录下将/home 目录压缩生成一个.bz2 格式的文件并命名为 home.tar.bz2
```

2．使用 tar 命令解包（解压缩）

使用 tar 命令解包（解压缩）需配合-x 选项，命令格式如下：

```
tar -x[j|z]vf 需要解包的 tar 文件 [-C 目标路径]
```

常用选项说明如下：

```
-x 解包（解压缩）文件。
-C 指定解压缩到的目录，如果不指定，则解压缩到当前目录下。
如果还原的是.bz2 或者是.gz 格式的压缩包，则应配合使用-j 或-z 选项。
```

例如：

```
[root@www ~]# tar -xvf home.tar -C /tmp
//将当前目录下的 home.tar 文件解压缩到/tmp 目录下
[root@www ~]# tar -xzvf home.tar.gz -C /tmp
//将当前目录下的 home.tar.gz 文件解压缩到/tmp 目录下
```

3．查询 tar 包中的文件

如果想查询 tar 包中的内容，则需要使用-t 选项，命令格式如下：

```
tar -t[z|j]vf tar 包文件名
```

例如：

```
[root@www ~]# tar -xjvf home.tar.bz2
//查询 home.tar.bz2 文件的目录列表
```

5.3　Linux 文件权限管理

Linux 的强大在于支持多用户、多任务，在这种复杂的工作环境中，如何进行文件的权限管理显得非常关键。根据安全设计，Linux 把用户分为属主、属组和其他（既不是属主也不是同组其他用户的其他人）。用户是权限管理的最小单位，无论是文件还是进程，系统都会根据登录账号的属性来决定登录账号的权限。

5.3.1　权限概述

1．权限的分类

Linux 的文件权限有如下几种。

r（read），读取，对文件来说是读取内容，对目录来说是浏览目录内容。

w（write），写入，对文件来说是修改文件内容，对目录来说是删除和修改目录内文件。

x（execute），执行，对文件来说是执行文件，对目录来说是进入目录。

−，表示不具有该项权限。

这几种权限可以编为 3 组，分别是文件属主（user）的权限，与文件属主同组用户（group）的权限，其他用户（other）的权限，分别用 u、g、o 三个字母表示。

2．权限的表示

文件及目录的权限是通过 3 组"权限位"字符来表示属主、属组和其他用户的权限的。除了采用字符表示权限，还可以采用数字表示权限，只需 3 个八进制数字就可以分别代表属主、属组和其他的权限。Linux 权限代码如表 5-3 所示，该表说明了可能的权限组合。

表 5-3　Linux 权限代码对照表

八　进　制	二　进　制	权　限	八　进　制	二　进　制	权　限
0	000	---	4	100	r--
1	001	--x	5	101	r-x
2	010	-w-	6	110	rw-
3	011	-wx	7	111	rwx

按照以上规则，rwxrwxr-x 对应权限 775；rw-r--r--对应权限 644；rwx------对应权限 700。

3．查看权限信息

使用 ls 命令配合-l 选项（也可以写成 ll），即可查看当前目录下的文件或目录的详细信息，详见 5.1.1 节 "3.查看文件的详细信息" 部分。例如：

```
[root@www ~]# ll a.txt
-rw-r--r--. 1 root root 0 sep 1 10:53 a.txt
```

文件的权限位共 9 位，用来确定用户对文件可以执行什么样的操作。将用户分为属主、属组和其他 3 个访问权限集合，每个集合有 3 位：前面是读取位、中间是写入位、后面是执行位。

在文件的详细信息中，与权限相关的重要的 3 项是文件权限、文件所有者、文件所属组。

4．setuid 位和 setgid 位

setuid（set user ID upon execution）和 setgid（set group ID upon execution）是 UNIX 的访问权限标志位，它们允许用户以可执行文件 owner 或 group 的权限来运行这个可执行文件。八进制为 4000 和 2000 的两位是 setuid 位和 setgid 位。如果在可执行文件上设置这两位，就能让程序访问用户本来无权访问的文件和进程。如果给文件夹（路径）设置了 setgid 位，则会导致路径下新建的文件和子文件夹继承它的用户组权限，而不是创建文件或文件夹的用户的主用户组权限（已经存在的文件和文件夹不受影响，给文件夹（路径）设置 setuid 位，将会被忽略）。如果设置了 setuid 位，则表示属主执行权限的 x 将由一个 s 替代。如果 setgid 位已经被设置，则表示用户组执行权限的 x 也会被 s 所替代。例如：

```
[root@www ~]# ll /bin/umount
-rwsr-xr-x. 1 root root 32048 Oct 31  2018 /bin/umount
[root@www ~]# ll /bin/wall
-r-xr-sr-x. 1 root tty 15344 Jun 10  2014 /bin/wall
```

5.3.2　权限的修改

在 Linux 下，chmod 命令的主要作用是修改文件及目录的权限，并且只有文件的属主和 root 用户才能修改它的权限。因为权限有两种表示方法，所以 chmod 命令也有对应的两种指定方法。

chmod 命令格式如下：

```
chmod [选项] <对权限的设定> <文件或者目录>
```

常用选项说明如下：

-R 表示递归处理，当操作项是目录时，表示把目录中所有的文件及子目录的权限全部修改。

例如：

```
[root@www ~]# chmod g+w,o+w a.txt
//给 a.txt 文件同组用户、其他用户添加写入权限
[root@www ~]# chmod ug+s file
//给 file 文件设置 setuid 位和 setgid 位
[root@www ~]# chmod ug+s dir1
//给 dir1 文件夹设置 setgid 位，设置 setuid 位不会报错，但是系统会忽略
[root@www ~]# chmod o-rw a.txt
//给 a.txt 文件其他用户删除读写权限
[root@www ~]# chmod a+x a.sh
//给 a.sh 文件所有者、用户组和其他用户添加执行权限
[root@www ~]# chmod u=rwx,g=rw,o=r a.txt
//设定 a.txt 文件所有者拥有读写和执行权限、用户组拥有读写权限，以及其他用户拥有只读权限
[root@www ~]# chmod -R 755 /dir1
```

```
//设定/dir1目录及其文件和子目录所有者拥有读写和执行权限、用户组和其他用户拥有只读和执行
//权限
```

5.3.3　更改文件或目录所属用户和用户组

1．更改文件或目录的归属关系

有时需要改变一个文件或目录的属主和属组，而使用 chown（change owner）命令可以改变文件或目录的所有者。

chown 命令格式如下：

```
chown [-R] <user:group> <文件或者目录>
```

常用选项说明如下：

```
-R 表示递归处理，当操作项是目录时，表示把目录中所有的文件及子目录的所有者全部更改。
user:group 可以同时改变属主和属组。属主和属组都可以为空。如果没有属组，则可以不用冒号；如果
带上冒号，则 chown 命令会把 user 的属组设为默认组。若要改变一个文件的属组，则必须是该文件的属主且
属于目标属组的成员，或者必须是超级用户。只有超级用户才能改变文件的属主。
```

例如：

```
[root@www ~]# chown user1 a.txt
//将 a.txt 文件的所有者改为 user1
```

2．更改文件或目录的所属用户组

改变一个文件或目录的所属用户组也比较简单，使用 chgrp（change group）命令即可改变所属用户组。

chgrp 命令格式如下：

```
chgrp <组名> <文件或者目录>
```

例如：

```
[root@www ~]# chgrp grp1 a.txt
//将 a.txt 文件的所属用户组改为 grp1
```

5.3.4　默认权限 umask

在建立一个新的文件或目录时，新的文件或目录有一个默认权限，并且默认权限与 umask 有关。通常 umask 用来指定“当前用户在建立文件或目录时的权限默认值”。在查看默认的 umask 时，可以输入“umask”以数字形式查看；或者输入“umask -S”以符号类型的方式查看。

umask 通常采用一个三位数字的八进制值形式来指定，这个值代表要“剥夺”的权限，在创建文件时，它的权限就设置为创建程序请求的任何权限去掉 umask 禁止的权限。

例如，默认的 umask 是 022，这是什么意思呢？umask 指定的是需要减掉的权限，对

于 u、g、o 三组权限而言，文件默认没有执行权限，所以文件的默认满权限是 666，目录的默认满权限是 777。当 umask 为 022 时，默认建立的文件的权限就是 666 减去 022，即 644；目录的权限就是 777 减去 022，即 755。

umask 可以修改，例如，要求创建的新目录的默认权限是创建者为 rwx，同组其他用户为 r-x，其他用户为 r--，可执行如下命令：

```
[root@www ~]# umask 023
```

第 6 章
磁盘与分区管理

目前，虽然芯片、网络和软件都有了长足的进步，但是几十年来数据存储技术的原理并没有发生大的改变，当然不是数据存储技术没有发展，实际上几十年来数据存储密度已经提高了几个数量级，单位存储容量的价格也降低了很多。

随着技术的发展，我们已经进入了大数据时代，每天都会产生海量的数据，在许多情况下磁盘空间依然不够用，所以磁盘空间管理仍然和以前一样重要。本章首先介绍磁盘的文件存储原理、文件系统，然后介绍磁盘格式化、分区的大体机制及文件系统初始化的过程。

6.1 磁盘和分区简介

几十年来磁盘存储技术原理一直没有发生大的变化，掌握磁盘的工作原理和分区结构有助于理解和掌握磁盘的各种操作。

6.1.1 磁盘的结构和工作原理

图 6-1 显示了磁盘的内部结构和工作原理，多年以来磁盘的工作原理仍以此为基础。在实际使用时，软件不需要知道磁盘驱动器的物理细节。

图 6-1　磁盘原理图

磁盘由磁盘驱动器和镀上磁性薄膜的一组圆形盘片组成，数据是通过改变盘片表面磁性微粒方向的一个小磁头来进行读取和写入的。盘片完全密封，任何微尘和杂质都无法进入，因而硬盘比其他的存储介质更加可靠。

盘片以恒定的高速度旋转，如 7200RPM（转/分）。每个盘片表面都有一个磁头，磁头会沿着径向移动且悬浮在磁盘表面非常近的距离，并不接触盘片。如果因为震动或者暴力破坏等使得磁头接触了盘片，则将导致不可逆的物理损伤。

在盘片上，按照同心圆划分为磁道，磁道还可以进一步划分为扇区，通常大小为 512 字节。磁头移动到正确的位置并读取一段数据称为寻道。在不同盘片表面上距离马达主轴相同距离的同一磁道称为柱面。如果所有磁头一起移动（一般市面上的硬盘都是这么设计的），则不需要额外的任何移动，就能够读写存储在同一柱面上的数据。因为磁头的移动速度总是慢于盘片的旋转速度，所以任何不需要磁头移动来寻找新位置的访问都会快一些。

6.1.2 Linux 磁盘分区

Linux 将磁盘看作一个大的字节序列，可以将其分割以发挥不同用途。Linux 和大多数现代操作系统相同，将磁盘分割为多个分区（Partition），每个分区实际被当作一个独立的磁盘，创建分区的过程叫作磁盘分区。

Linux 通过不同的设备节点来区分各个分区，节点名称由磁盘名和分区号组成。例如，驱动器/dev/hda 的第 1 个分区就叫作/dev/hda1，驱动器/dev/hdb 的第 6 个分区就叫作/dev/hdb6。

不同的操作系统有其固定的记录磁盘分区的方式。最常见的分区方案是 DOS 分区。传统的 Linux 分区方案与 DOS 分区方案类似，图 6-2 显示了一个典型的 Linux 分区方案，其构成说明如下所述。

1. 主引导记录

每个磁盘的头部分（512 字节）为主引导记录（MBR，Master Boot Record）。MBR 包含以下内容。

引导程序（Bootloader）：在可引导磁盘的 MBR 中存放一个可执行文件，叫作引导程序。在引导时，BIOS 将控制权交给引导程序，并由引导程序负责装载然后将控制转交给合适的操作系统。

分区表（Partition Table）：在每个磁盘上，主引导记录的 64 字节被保留为分区表。这个分区表最多记录 4 个分区的信息，这 4 个分区叫作主分区（Primary Partition）。分区表会记录每个分区的开始位置、结束位置和分区类型。

2. 主分区

每个磁盘最多可以分为 4 个主分区，其属性记录在 MBR 的分区表中。习惯上 Linux 将主分区编号为 1～4。主分区的编号可以手动指定，也就是说，用户看到一个分区的编号为 3，并不意味着前面已经有两个主分区了。

3. 扩展分区

为了方便用户有更多的分区可以使用，DOS 分区允许将扩展分区（Extended Partition）建在任何一个主分区上。扩展分区可以划分成更多的逻辑分区（Logical Partition）。主分区一旦用作扩展分区，就不能再用作其他分区了。

扩展分区可有可无，如果觉得 4 个分区够用，就无须建立扩展分区。若有必要，一般会选择前 3 个分区作为主分区，剩下的第 4 个分区作为扩展分区。

4. 逻辑分区

在扩展分区里可以建立多个逻辑分区。IDE 硬盘逻辑分区不能多于 63 个，SCSI 硬盘不能多于 15 个。Linux 总是把第 1 个逻辑分区从 5 开始编号，无论前面有几个主分区。

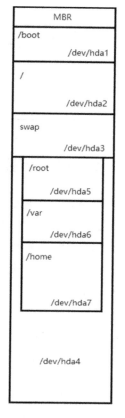

图 6-2　典型 Linux 分区方案

6.1.3　Linux 常见设备命名

在 Linux 中，一切设备都是文件，硬件也不例外。既然是文件，就必然有文件名称。系统内核中的 udev 设备管理器会自动规范硬件名称，让用户可以通过设备文件的名称知道设备的大致属性和分区信息等，这对陌生的设备来说非常方便。在 Linux 中，常见的硬件设备及文件名称如表 6-1 所示。

表 6-1　Linux 常见硬件设备及文件名称

硬 件 设 备	文 件 名 称
IDE 设备	/dev/hd[a-d]
SCSI/SATA/U 盘	/dev/sd[a-p]
软驱	/dev/fd[0-1]
打印机	/dev/lp[0-15]
光驱	/dev/cdrom 或者/dev/sr0

6.1.4　Linux 分区命名

Windows 使用 C、D、E 等来命名分区。而 Linux 使用"设备名称＋分区编号"表示硬盘的各个分区，主分区或扩展分区的编码为 1～4，逻辑分区的编码则从 5 开始。这样的命名方式显得更加清晰，可以避免增加或者卸载硬盘造成的盘符混乱。

IDE 硬盘和光驱设备将由内部连接来区分。第 1 个 IDE 信道的主（master）设备标识为/dev/hda，第 1 个 IDE 信道的从（slave）设备标识为/dev/hdb。按照这个原则，第 2 个 IDE 信道的主、从设备用/dev/hdc 和/dev/hdd 来标识。

SCSI 硬盘或光驱设备依赖于设备的 ID 号码，不考虑遗漏的 ID 号码。比如，3 个 SCSI 设备的 ID 号码分别是 0、2、5，设备名称分别是/dev/sda、/dev/sdb、/dev/sdc。如果现在再添加一个 ID 号码为 3 的设备，那么这个设备将以/dev/sdc 来命名，ID 号码为 5 的设备将以/dev/sdd 来命名。

分区的号码不依赖于 IDE 或 SCSI 设备的命名，号码 1～4 为主分区或扩展分区，从 5 开始才用来为逻辑分区命名。比如：第 1 块硬盘的主分区为 hda1，扩展分区为 hda2，扩展分区下的一个逻辑分区为 hda5；ID 号码为 0 的 SCSI 硬盘的第 1 个分区为 /dev/sda1。

6.2　Linux 文件系统概述

Linux 最有特色的就是 Linux 文件系统，它从不同的操作系统中吸收了许多特性，一直在快速演变。Linux 的发行版可以支持种类丰富的基于磁盘的文件系统，如 SGI 的 XFS，常见的 EXT3、EXT4，较老的 ReiserFS，以及 IBM 的 JFS 等。Linux 还支持许多外来的文件系统，比如，在 Windows 上使用的 FAT 和 NTFS，以及在 CD-ROM 上使用的 ISO-9660 文件系统。Linux 支持的文件系统数量超过任何其他的 UNIX 变体，使得用户具有较大的灵活性，而且更易于和其他系统共享文件。

6.2.1　Linux 支持的文件系统类型

1．XFS

XFS 最初是由美国硅图公司（SGI，Silicon Graphics Inc.）于 20 世纪 90 年代初开发的。2000 年 5 月，SGI 以 GNU（通用公共许可证）发布这套系统的源代码，之后被移植到 Linux 内核中。随处可见的分层寻址机制，可以让系统更快、更高效地处理指定文件。同时，XFS 在寻址上大量运用位操作，这使得 XFS 特别擅长处理大文件，同时提供平滑的数据传输。

2．EXT2、EXT3、EXT4

EXT（Extended file System，扩展文件系统）是专为 Linux 设计的文件系统，由于其在稳定、兼容、速度等方面的问题，现在已经很少使用。

为解决 EXT 的不足，EXT2 于 1993 年发布，它在速度和 CPU 利用率等方面具有较为突出的优势。

EXT3 在 EXT2 的基础上增加了文件系统日志管理功能，还增加了可靠性，但实际上 EXT3 的日志功能一般，在意外宕机、文件系统损坏时，EXT3 在日志的检验、还原方面做得不是很好，所以从存储安全的角度来说不推荐使用。

EXT4 是针对 EXT3 的扩展日志式文件系统，它修改了 EXT3 中部分重要的数据结构，提供了更加良好的性能和可靠性。Linux 自 2.6.28 内核版本之后开始支持该文件系统。

3．ReiserFS

ReiserFS 的名称来源于它的开发者 Hans Reiser。SuSE Linux 默认使用该文件系统。ReiserFS 也是一种日志文件系统，能够很好地维护文件系统的一致性，其日志功能比 EXT3 要好。该文件系统采用树形结构，索引和遍历的适应范围大，这种结构决定了它在处理少量文件时的优势并不明显，因此该文件系统适合大量小文件的使用环境（如邮件系统、大量文件的网站服务器）。

4．SWAP

SWAP 用于 Linux 的交换分区。交换分区一般为系统物理内存的 2 倍，类似于 Windows 的虚拟内存功能。

5．VFAT

VFAT 是 Linux 对 DOS、Windows 下的 FAT（包括 FAT16 和 FAT32）的统称。CentOS 支持 FAT16 和 FAT32 分区，也可以在系统中通过命令创建 FAT 分区。

6．NFS

NFS 是网络文件系统，一般用于类 UNIX 操作系统间的文件共享，用户可将 NFS 的共享目录挂载到本地目录中，从而可以像操作本地系统的目录一样操作共享目录。

7．SMB

SMB 是另外一种网络文件系统，主要用于 Windows 和 Linux 之间共享文件和打印机。SMB 也可以用于 Linux 和 Linux 之间的共享。

8．ISO-9660 文件系统

ISO-9660 文件系统是 CD-ROM 所使用的标准文件系统，Linux 对该文件系统也有很好的支持，不仅支持读取光盘和 ISO 映像文件，还支持刻录。

6.2.2　XFS 的优点

CentOS 从 7.0 版本开始使用 XFS 替代 EXT4 作为默认的文件系统，EXT4 作为传统的文件系统确实非常成熟、稳定，但是随着时代的发展，存储的需求越来越大，这使得 XFS 相比于 EXT4 的优点逐渐凸显出来，概括为以下几点。

1．数据完整性

XFS 的日志功能比较强，当系统崩溃或者意外重启等发生时，文件系统可以根据日志记录，在短时间内迅速恢复磁盘文件内容，而且磁盘上的文件不会因意外宕机而遭到破坏。

2．传输特性

XFS 采用优化算法，日志记录对整体文件操作影响非常小。XFS 在搜索与分配存储空间方面的速度非常快，能持续提供快速的反应时间。有人曾经对 XFS、JFS、EXT3、ReiserFS 等文件系统进行过测试，XFS 的性能表现相当出众。

3．支持大文件

EXT4 目录索引采用 Hash Index Tree，限制高度为 2。有人曾经进行过测试，当 EXT4 的单个目录文件超过 200 万个时，其性能下降得厉害。XFS 使用的表结构（B+树），保证了文件系统可以快速搜索和分配存储空间。XFS 能够持续支持高速操作，文件系统的性能不受目录中目录及文件数量的限制。

由于历史磁盘结构，EXT4 支持 1EB（1EB=1024PB，1PB=1024TB）的文件系统，以及 16TB 的单个文件。

XFS 是一个全新的高性能 64 位文件系统，可支持的最大文件大小为 9EB，最大文件系统大小为 18EB。

注：数据来源于 http://xfs.org/docs/xfsdocs-xml-dev/XFS_User_Guide//tmp/en-US/html/ch02s04.html，读者可自行查阅。

4．传输带宽

XFS 能以接近裸设备 I/O 的性能存储数据。在单个文件系统的测试中，其每秒吞吐量最高可达 7GB 左右，对于单个文件的读写操作，其每秒吞吐量可达 4GB 左右。

6.3　使用 fdisk 分区

在 Linux 下，最常使用的分区工具是 fdisk，这个工具简单高效，可以在最基本的环境下使用。只有 root 用户才可以使用 fdisk 命令。

注：硬盘的相关实验也是在虚拟机下进行的，对于初学者来说，这样比较容易保障数据安全。在虚拟机中添加硬盘非常容易，限于篇幅，此处不再赘述。

6.3.1　查看硬盘及分区信息

使用 fdisk 命令配合-l 选项可以查看磁盘信息，并列出所有已知磁盘的分区表。从下面的示例可以看出，/dev/sdb 是新添加的硬盘，是没有经过分区和格式化的；/dev/sda 共有 4 个主分区（其中一个是扩展分区）和 1 个逻辑分区，其中/dev/sda1 是引导分区。

```
[root@www ~]# fdisk -l

Disk /dev/sda: 53.7 GB, 53687091200 bytes, 104857600 sectors
Units = sectors of 1 * 512 = 512 bytes
Sector size (logical/physical): 512 bytes / 512 bytes
I/O size (minimum/optimal): 512 bytes / 512 bytes
Disk label type: dos
Disk identifier: 0x000b15d0

Device     Boot    Start        End       Blocks   Id  System
/dev/sda1   *        2048    1026047       512000   83  Linux
/dev/sda2         1026048   21997567     10485760   83  Linux
/dev/sda3        21997568   30386175      4194304   82  Linux swap / Solaris
/dev/sda4        30386176  104857599     37235712    5  Extended
/dev/sda5        30388224  104857599     37234688   83  Linux

Disk /dev/sdb: 64.4 GB, 64424509440 bytes, 125829120 sectors
Units = sectors of 1 * 512 = 512 bytes
Sector size (logical/physical): 512 bytes / 512 bytes
I/O size (minimum/optimal): 512 bytes / 512 bytes
```

fdisk 分区的各列及其功能如表 6-2 所示。

表 6-2　fdisk 分区的各列及其功能

列	功　能
Device	该分区的设备节点，也作为名称使用
Boot	代表可引导分区
Start End	分区开始和结束的柱面
Blocks	以大小为 1024 字节（即 1KB）的块为计算单位的分区大小

续表

列	功 能
Id	一个两位的十六进制数,代表分区类型(用途)
System	Id 定义的分区类型的文本名称

在表 6-2 中可以看到,分区表包括一个字节的标识符,这个标识符分配给分区一个 Id(分区的"类型")。利用这个 Id 可以识别分区的用途。常见的 Linux 分区类型如表 6-3 所示。

表 6-3　常见的 Linux 分区类型

Id	标　签	标 签 说 明
b	Win95 FAT32	FAT32 文件系统
7	HPFS/NTFS	HPFS 或 NTFS 文件系统
5	Extended	扩展分区
83	Linux	Linux EXT2、EXT3、EXT4、XFS 文件系统
82	Linux SWAP	Linux 交换空间
fd	Linux raid auto	Linux 软件 RAID 分区
8e	Linux LVM	Linux 逻辑卷管理物理卷

6.3.2　使用 fdisk 编辑分区表

1. fdisk 简介

fdisk 的主要功能是修改分区表(Partition Table)。fdisk 命令后面跟的是设备,设备后面不加数字。在第 1 次使用 fdisk 命令时,可以输入"m"获得命令列表。例如:

```
[root@www ~]# fdisk /dev/sdb
Welcome to fdisk (util-linux 2.23.2).

Changes will remain in memory only, until you decide to write them.
Be careful before using the write command.

Device does not contain a recognized partition table
Building a new DOS disklabel with disk identifier 0x91266b35.

Command (m for help): m
Command action
   a   toggle a bootable flag
   b   edit bsd disklabel
   c   toggle the dos compatibility flag
   d   delete a partition
   g   create a new empty GPT partition table
   G   create an IRIX (SGI) partition table
   l   list known partition types
   m   print this menu
   n   add a new partition
   o   create a new empty DOS partition table
```

```
p   print the partition table
q   quit without saving changes
s   create a new empty Sun disklabel
t   change a partition's system id
u   change display/entry units
v   verify the partition table
w   write table to disk and exit
x   extra functionality (experts only)
```

fdisk 常用命令简介如下：

```
d 删除一个分区。
l 列出已知分区类型。
m 列出帮助菜单。
n 添加一个新分区。
p 显示分区表。
q 不保存退出。
t 更改分区类型 Id。
w 写入并退出。
```

2．添加新分区

当确认磁盘还有未使用的空间时，可以添加新的分区。添加磁盘分区的顺序一般是先创建主分区（Primary Partition），再创建扩展分区（Extended Partition），最后创建逻辑分区（Logical Partition）。

在使用 fdisk 命令时，系统会根据目前的分区情况，提示可以创建的分区类型。fdisk 使用 p 代表主分区，e 代表扩展分区，l 代表逻辑分区。

如果添加的是主分区或扩展分区，则输入 1～4 这 4 个数字中的一个（必须输入未被使用的数字，可以不按顺序）；如果添加的是逻辑分区，则编号自动从 5 开始。

1）添加主分区

添加两个 10GB 大小的主分区，编号分别为 1 和 2，命令如下：

```
Command (m for help): n ①
Partition type:
   p   primary (0 primary, 0 extended, 4 free)
   e   extended
Select (default p): p ②
Partition number (1-4, default 1): 1 ③
First sector (2048-125829119, default 2048):  ④
Using default value 2048
Last sector, +sectors or +size{K,M,G} (2048-125829119, default 125829119):
+10G ⑤
Partition 1 of type Linux and of size 10 GiB is set

Command (m for help): n
Partition type:
   p   primary (1 primary, 0 extended, 3 free)
```

```
   e   extended
Select (default p): p
Partition number (2-4, default 2): 2
First sector (20973568-125829119, default 20973568):
Using default value 20973568
Last sector, +sectors or +size{K,M,G} (20973568-125829119, default 125829119):
+10G
Partition 2 of type Linux and of size 10 GiB is set
```

① 输入 "n"，添加新分区。

② 输入 "p"，创建主分区。

③ 输入分区编号，若使用默认编号，则按 Enter 键即可。

④ 输入起始柱面号，若使用默认编号，则按 Enter 键即可。

⑤ 新分区的结束柱面号，或者输入的新分区空间大小，使用 "+大小单位"（KB、MB、GB）表示，本例输入 "+10G"。若将剩余空间都分配给该分区，则直接按 Enter 键即可。

2）添加扩展分区

创建编号为 4 的扩展分区，将剩余空间全部分配给扩展分区，在起始柱面和结束柱面中全部选择默认，按 Enter 键即可，命令如下：

```
Command (m for help): n
Partition type:
   p   primary (2 primary, 0 extended, 2 free)
   e   extended
Select (default p): e
Partition number (3,4, default 3): 4
First sector (41945088-125829119, default 41945088):
Using default value 41945088
Last sector, +sectors or +size{K,M,G} (41945088-125829119, default 125829119):
Using default value 125829119
Partition 4 of type Extended and of size 40 GiB is set
```

3）添加逻辑分区

在扩展分区上创建两个 10GB 大小的逻辑分区，逻辑分区无须指定编号，命令如下：

```
Command (m for help): n
Partition type:
   p   primary (2 primary, 1 extended, 1 free)
   l   logical (numbered from 5)
Select (default p): l
Adding logical partition 5
First sector (41947136-125829119, default 41947136):
Using default value 41947136
Last sector, +sectors or +size{K,M,G} (41947136-125829119, default 125829119):
+10G
Partition 5 of type Linux and of size 10 GiB is set
```

```
Command (m for help): n
Partition type:
   p   primary (2 primary, 1 extended, 1 free)
   l   logical (numbered from 5)
Select (default p): l
Adding logical partition 6
First sector (62920704-125829119, default 62920704):
Using default value 62920704
Last sector, +sectors or +size{K,M,G} (62920704-125829119, default 125829119):
+10G
Partition 6 of type Linux and of size 10 GiB is set
```

4）查看分区表

在全部分区完成后，可以使用 p 命令查看分区表，同时在分区完成后，记得输入"w"，将新的分区表写入磁盘，否则新的分区表不起任何作用，命令如下：

```
Command (m for help): p

Disk /dev/sdb: 64.4 GB, 64424509440 bytes, 125829120 sectors
Units = sectors of 1 * 512 = 512 bytes
Sector size (logical/physical): 512 bytes / 512 bytes
I/O size (minimum/optimal): 512 bytes / 512 bytes
Disk label type: dos
Disk identifier: 0x31e97489

   Device Boot      Start         End      Blocks   Id  System
/dev/sdb1            2048    20973567    10485760   83  Linux
/dev/sdb2        20973568    41945087    10485760   83  Linux
/dev/sdb4        41945088   125829119    41942016    5  Extended
/dev/sdb5        41947136    62918655    10485760   83  Linux
/dev/sdb6        62920704    83892223    10485760   83  Linux

Command (m for help): w
The partition table has been altered!

Calling ioctl() to re-read partition table.
Syncing disks.
```

3. 删除分区

使用 d 命令，然后输入需要删除的分区编号即可删除该分区，注意不能直接删除扩展分区，只有将逻辑分区全部删除后才可删除扩展分区，命令如下：

```
Command (m for help): d
Partition number (1,2,4-6, default 6): 6
Partition 6 is deleted

Command (m for help): w
The partition table has been altered!
```

```
Calling ioctl() to re-read partition table.
Syncing disks.
```

4．查看分区结果

使用 fdisk 命令配合-l 选项可以查看最终的分区结果，命令如下：

```
[root@www ~]# fdisk -l /dev/sdb

Disk /dev/sdb: 64.4 GB, 64424509440 bytes, 125829120 sectors
Units = sectors of 1 * 512 = 512 bytes
Sector size (logical/physical): 512 bytes / 512 bytes
I/O size (minimum/optimal): 512 bytes / 512 bytes
Disk label type: dos
Disk identifier: 0x31e97489

   Device Boot      Start         End      Blocks   Id  System
/dev/sdb1            2048    20973567    10485760   83  Linux
/dev/sdb2        20973568    41945087    10485760   83  Linux
/dev/sdb4        41945088   125829119    41942016    5  Extended
/dev/sdb5        41947136    62918655    10485760   83  Linux
```

6.4   文件系统管理

在分区完成后，硬盘仍然无法使用，需要格式化之后才能使用。格式化就是在指定的磁盘创建文件系统。

6.4.1   创建文件系统

创建文件系统使用 mkfs（make file system）命令。在终端中输入"mkfs"后，按两次 Tab 键，执行结果如下：

```
[root@www ~]# mkfs
mkfs         mkfs.cramfs  mkfs.ext3   mkfs.fat    mkfs.msdos  mkfs.xfs
mkfs.btrfs   mkfs.ext2    mkfs.ext4   mkfs.minix  mkfs.vfat
```

mkfs 命令把常用的文件系统用后缀的方式保存成多个命令文件，使用起来非常简单，格式如下：

```
mkfs [-t 文件系统类型] [选项] 分区名称
```

常用选项说明如下：

```
-V 显示详细信息
```

在/dev/sdb1 上创建 XFS，命令如下：

```
[root@www ~]# mkfs.xfs /dev/sdb1
meta-data=/dev/sdb1              isize=512    agcount=4, agsize=655360 blks
         =                      sectsz=512    attr=2, projid32bit=1
         =                      crc=1         finobt=0, sparse=0
data     =                      bsize=4096    blocks=2621440, imaxpct=25
         =                      sunit=0       swidth=0 blks
naming   =version 2             bsize=4096    ascii-ci=0 ftype=1
log      =internal log          bsize=4096    blocks=2560, version=2
         =                      sectsz=512    sunit=0 blks, lazy-count=1
realtime =none                  extsz=4096    blocks=0, rtextents=0
```

在/dev/sdb2 上创建 EXT4，命令如下：

```
[root@www ~]# mkfs -t ext4 /dev/sdb2
mke2fs 1.42.9 (28-Dec-2013)
Filesystem label=
OS type: Linux
Block size=4096 (log=2)
Fragment size=4096 (log=2)
Stride=0 blocks, Stripe width=0 blocks
655360 inodes, 2621440 blocks
131072 blocks (5.00%) reserved for the super user
First data block=0
Maximum filesystem blocks=2151677952
80 block groups
32768 blocks per group, 32768 fragments per group
8192 inodes per group
Superblock backups stored on blocks:
    32768, 98304, 163840, 229376, 294912, 819200, 884736, 1605632

Allocating group tables: done
Writing inode tables: done
Creating journal (32768 blocks): done
Writing superblocks and filesystem accounting information: done
```

6.4.2 挂载与卸载

在完成分区和格式化操作后，就需要挂载并使用设备了，这个操作过程非常简单：首先创建一个目录作为挂载点，然后使用 mount 命令将存储设备与挂载点进行关联。当挂载的磁盘不再使用时，若要恢复挂载点目录的原有功能，则可以使用 umount 命令卸载设备。

1. 挂载设备

挂载设备使用 mount 命令，在挂载前必须确认挂载点目录存在，并且挂载点目录目前没有被使用，在挂载后目录内原来的文件会隐藏。mount 命令格式如下：

```
mount [选项] 设备 挂载点
```

常用选项说明如下：

-t type 指定文件系统的类型，通常不必指定，mount 会自动选择正确的类型。
-a 挂载 fstab 文件中所有的文件系统。
-r 以只读方式挂载。
-o options 主要用来描述设备或档案的挂载方式。

常用参数说明如下：

loop 用来把一个文件当成硬盘分区挂载到系统上。
ro 采用只读方式挂载设备。
rw 采用读写方式挂载设备。

注：loop 设备是一种伪设备（pseudo-device），或者说是仿真设备，它能使用户像块设备一样访问一个文件。挂载就是将一个 loop 设备和一个文件进行连接，给用户提供一个类块设备文件的接口。

例如：

```
[root@www ~]# mount -o loop,ro -t iso9660 /dev/sr0 /mnt
//将光盘挂载到/mnt 挂载点
[root@www ~] mount -t vfat /dev/sdc1 /mnt/usb
//将U盘挂载到/mnt/usb 挂载点，U盘为FAT32格式
```

创建 3 个挂载点，并将设备挂载到挂载点，命令如下：

```
[root@www ~]# mkdir /newxfs1
[root@www ~]# mount /dev/sdb1 /newxfs1
[root@www ~]# mkdir /newxfs2
[root@www ~]# mount /dev/sdb5 /newxfs2
[root@www ~]# mkdir /newext4
[root@www ~]# mount /dev/sdb2 /newext4
```

2．卸载设备

卸载设备使用 umount 命令，在卸载前必须确认磁盘不再使用。umount 命令格式如下：

```
umount [选项] [文件系统]
```

常用选项及参数说明如下：

-a 卸载/etc/mtab 中记录的所有文件系统。
-n 在卸载时不将信息存入/etc/mtab 文件中。
-r 若无法成功卸载，则尝试以只读的方式重新挂载文件系统。
-v 在执行时显示详细的信息。
[文件系统]除了直接指定文件系统，也可以使用设备名称或挂载点来表示文件系统。

将前面挂载的 3 个磁盘分区分别卸载，在卸载时有的使用设备名称，有的使用挂载点，命令如下：

```
[root@www ~]# umount -v /dev/sdb5
umount: /newxfs2 (/dev/sdb5) unmounted
[root@www ~]# umount /newxfs1
[root@www ~]# umount -v /newext4
umount: /newext4 (/dev/sdb2) unmounted
```

3. df 命令

df 命令的作用是列出文件系统的整体磁盘空间使用情况，显示系统中包含每个文件名参数的磁盘使用情况。如果没有文件名参数，则显示所有当前已挂载文件系统的磁盘空间使用情况。df 命令格式如下：

```
df [选项] [文件名]
```

常用选项说明如下：

```
-a 显示所有的文件系统，包括虚拟文件系统。
-h 以人们易读的 GB、MB、KB 等格式显示。
-H 和 -h 选项一样，是以 1000 为换算单位的，不是以 1024 为换算单位的，即 1KB=1000B，而不是
1KB=1024B。
-B 指定单位大小。比如 1K、1M 等。
-k 以 KB 的容量显示各文件系统，相当于--block-size=1K。
-m 以 MB 的容量显示各文件系统，相当于--block-size=1M。
-i 不用硬盘容量，而是以 inode 的数量来显示。
```

例如：

```
[root@www ~]# df -h /bin
Filesystem     Size      Used      Avail     Use%     Mounted on
/dev/sda5      36G       4.1G      32G       12%      /
[root@www ~]# df -H /bin
Filesystem     Size      Used      Avail     Use%     Mounted on
/dev/sda5      39G       4.4G      34G       12%      /
[root@www ~]# df -m /bin
Filesystem     1M-blocks    Used      Available    Use%     Mounted on
/dev/sda5      36345        4125      32220        12%      /
```

查看系统当前已挂载设备和容量使用情况，命令如下：

```
[root@www ~]# df -h
Filesystem     Size      Used      Avail     Use%     Mounted on
/dev/sda5      36G       4.1G      32G       12%      /
devtmpfs       895M      0         895M      0%       /dev
tmpfs          910M      0         910M      0%       /dev/shm
tmpfs          910M      19M       892M      3%       /run
tmpfs          910M      0         910M      0%       /sys/fs/cgroup
/dev/sda1      497M      167M      330M      34%      /boot
/dev/sda2      10G       106M      9.9G      2%       /home
tmpfs          182M      4.0K      182M      1%       /run/user/42
tmpfs          182M      36K       182M      1%       /run/user/0
/dev/sr0       4.3G      4.3G      0         100%     /run/media/root/CentOS 7 x86_64
/dev/loop0     4.3G      4.3G      0         100%     /mnt
/dev/sdb1      10G       33M       10G       1%       /newxfs1
/dev/sdb2      9.8G      37M       9.2G      1%       /newext4
/dev/sdb5      10G       33M       10G       1%       /newxfs2
```

注：tmpfs 是 Linux/UNIX 系统上的一种基于内存的文件系统。tmpfs 可以使用内存或 SWAP 分区来存储文件。

6.4.3 设置自动挂载

使用 mount 命令挂载的文件系统，当计算机重启或者关机再开时仍然需要再次挂载才可使用，这对于使用频率较高的分区来说有些不方便。如果希望文件系统在计算机重启时自动挂载，则可以通过修改/etc/fstab 文件来实现。下面的命令和结果是本例的 fstab 文件内容，限于篇幅，去掉了注释行，请读者注意。

```
[root@www ~]# grep -v '^#' /etc/fstab
UUID=989da195-afe1-4902-ac9e-b7a8c0bce3b3 /       xfs      defaults      0 0
UUID=fcc9b46a-de6b-4a60-b012-b6ce76247ff7 /boot   xfs      defaults      0 0
UUID=2b4dea7b-5d00-4002-bdd2-130b6c74aa5f /home   xfs      defaults      0 0
UUID=afc8f555-ab9b-4b7d-a25b-ea1b2473b24b swap    swap     defaults      0 0
```

在/etc/fstab 文件中，每行从左向右有 6 个由空格隔开的字段，每行描述了一个文件系统，各字段说明如表 6-4 所示。

表 6-4　/etc/fstab 文件的各字段说明

字　段	示　例	说　明
1	/dev/sda2	要挂载的设备（分区号），有卷标可以使用卷标
2	/home	文件系统的挂载点
3	xfs	所挂载文件系统的类型，可使用 auto 让系统自动检测
4	defaults	文件系统的挂载选项，用逗号隔开，例如：async（异步写入），dev（允许建立设备文件），auto（自动载入），rw（读写权限），exec（可执行），nouser（普通用户不可 mount），suid（允许含有 suid 文件格式），defaults 表示同时具备以上参数，所以默认使用 defaults。另外，还包括 usrquota（用户配额），grpquota（组配额）等
5	0	提供 dump 功能来备份系统，0 表示不使用 dump，1 表示使用 dump，2 也表示使用 dump 但重要性比 1 小
6	0	指定计算机启动时文件系统的 fsck（文件系统检查）次序，0 表示不检查，1 表示最先检查，2 表示检查但操作比 1 迟

例如，在以后系统每次运行时，将上述/dev/sdb1 分区自动以 defaults 方式挂载到/newxfs1 挂载点，可以在/etc/fstab 文件的末行添加如下内容：

```
[root@www ~]# cat >>/etc/fstab
/dev/sdb1 /newxfs1 xfs defaults 0 0
[Ctrl+D]
```

在系统重启后，会发现/dev/sdb1 分区已经自动挂载，mount -a 命令会逐行读取/etc/fstab 文件，并挂载所有该文件内的分区设备，同时 mount -a 命令在系统启动时会自动执行。

注：Linux 下还有一个/etc/mtab 文件，用来记录当前系统的挂载信息，每次系统执行 mount 和 umount 命令都会更新/etc/mtab 文件的内容，读者可自行验证。

6.5　磁盘配额

Linux 是一个多用户、多任务的操作系统，但是磁盘空间资源是有限的，并且每个用户的喜好不同。假设一个用户喜欢到网上下载一些比较大的文件，那么/home 所在分区就会被占满，这势必影响其他用户的正常使用。顾名思义，磁盘配额就是对用户或用户组所能使用的磁盘空间进行分配和限制。磁盘配额分为软限制和硬限制，磁盘配额必须针对整个分区进行限制。

1. 使分区支持磁盘配额

以 root 用户身份登录，编辑/etc/fstab 文件，根据需要在进行磁盘配额的磁盘上添加 uquota（用户配额）或 gquota（用户组配额）选项，命令如下：

```
UUID=2b4dea7b-5d00-4002-bdd2-130b6c74aa5f        /home    xfs defaults,uquota
0 0
```

在修改完成后，重启系统，命令如下：

```
[root@www ~]# reboot
```

在重启后使用 mount 命令查看，就会发现/home 目录已经支持磁盘配额技术了，命令如下：

```
[root@www ~]# mount |grep home
/dev/sda2 on /home type xfs (rw,relatime, seclabel,attr2,inode64,usrquota,
grpquota)
```

挂载 XFS 系统分区到指定目录，并通过 uquota、gquota 选项开启文件系统配额，命令如下：

```
[root@www ~]# umount /dev/sdb1
[root@www ~]# mount -o uquota,gquota /dev/sdb1 /newxfs1
[root@www ~]# chmod 777 /newxfs1
[root@www ~]# mount |grep sdb1
/dev/sdb1 on /newxfs1 type xfs (rw,relatime,seclabel,attr2,inode64,usrquota,
grpquota)
```

2. xfs_quota 命令

xfs_quota 命令是专门针对 XFS 管理 quota 磁盘容量配额服务而设计的命令。命令格式如下：

```
xfs_quota [-x] [-c cmd] [文件系统]
```

参数说明如下：

```
-x 专家模式，让运维人员能够对 quota 服务进行更多复杂的设置。
-c 后跟以参数的形式设置的要执行的指令，指令有 report、limit、timer、state 等。
```

例如：

```
xfs_quota -x -c 'report [-gpu] [-bir]' 文件系统
xfs_quota -x -c 'state' 文件系统
xfs_quota -x -c 'limit [-g|-p|-u] bsoft=N | bhard=N | isoft=N | ihard=N -d |
id | username' 文件系统
xfs_quota -x -c 'timer [-g|-p|-u] [-bir] 值' 文件系统
xfs_quota -x -c 'enable [-gpu] [-v]' 文件系统
xfs_quota -x -c 'disable [-gpu] [-v]' 文件系统
xfs_quota -x -c 'off [-gpu] [-v]' 文件系统
```

在上述案例中，u 指的是 user，g 指的是 group，p 指的是 project。文件系统可以是挂载点也可以是磁盘分区。

使用 xfs_quota 命令查看配额信息，默认查看所有配额信息，包括用户（-u）、组（-g）和工程（-p）配额。若仅查看用户配额信息，命令如下：

```
[root@www ~]# xfs_quota -x -c "report -u" /home
User quota on /home (/dev/sda2)
                              Blocks
User ID        Used       Soft       Hard      Warn/Grace
----------  ---------------------------------------------------
root           0          0          0         00 [--------]
admin          20         0          0         00 [--------]
liumeng        74664      0          0         00 [--------]
```

使用 xfs_quota 命令查看配额状态，若仅查看用户配额状态，命令如下：

```
[root@www ~]# xfs_quota -x -c "state -u" /home
User quota state on /home (/dev/sda2)
  Accounting: ON
  Enforcement: ON
  Inode: #6930 (2 blocks, 2 extents)
Blocks grace time: [7 days]
Inodes grace time: [7 days]
Realtime Blocks grace time: [7 days]
```

使用 xfs_quota 命令进行磁盘配额，若仅对 admin 用户进行磁盘配额限制，并设定 blocks 软限制为 90MB，设定 blocks 软限制为 100MB，命令如下：

```
[root@www ~]# xfs_quota -x -c "limit -u bsoft=90m bhard=100m admin" /home
[root@www ~]# xfs_quota -x -c "report -u" /home
User quota on /home (/dev/sda2)
                              Blocks
User ID        Used       Soft       Hard      Warn/Grace
----------  ---------------------------------------------------
root           0          0          0         00 [--------]
admin          20         92160      102400    00 [--------]
liumeng        74664      0          0         00 [--------]
```

使用 xfs_quota 命令设置宽限时间，若仅对用户设置宽限时间为 3 天，命令如下：

```
[root@www ~]# xfs_quota -x -c "timer -u 3days" /home
[root@www ~]# xfs_quota -x -c "state -u" /home
User quota state on /home (/dev/sda2)
  Accounting: ON
  Enforcement: ON
  Inode: #6930 (2 blocks, 2 extents)
Blocks grace time: [3 days]
Inodes grace time: [3 days]
Realtime Blocks grace time: [3 days]
```

使用 **xfs_quota** 命令设置禁用并关闭磁盘配额，注意状态由 ON 变成了 OFF，命令如下：

```
[root@www ~]# xfs_quota -x -c "disable" /home
[root@www ~]# xfs_quota -x -c "off" /home
[root@www ~]# xfs_quota -x -c "state -u" /home
User quota state on /home (/dev/sda2)
  Accounting: OFF
  Enforcement: OFF
  Inode: #6930 (2 blocks, 2 extents)
Blocks grace time: [3 days]
Inodes grace time: [3 days]
Realtime Blocks grace time: [3 days]
```

注：经测试，像早期的版本一样在/etc/fstab 文件中添加 usrquota 和 grpquota 选项，也可以使磁盘分区支持磁盘配额服务，edquota 命令仍然可以继续用来编辑磁盘配额和宽限时间，从旧版本转来的用户读者可自行验证。

第 7 章

Linux 软件包管理

Linux 的发行版都采用了某种形式的软件包系统来简化配置管理工作。与 .tar 和 .gz 等安装包相比，优势就是软件包的操作步骤很简单，万一出错，可以卸载软件包，或者重新安装软件包。

Linux 的软件更新不同于 UNIX 的补丁机制，Linux 发行商会利用他们的标准软件包管理机制，发布新的软件包，客户在安装新的软件包后会自动替换旧版本。在更新软件包时，一般不会覆盖管理员已经设置好的本地配置信息，即使在特殊情况下，也会以一个新的文件名存放配置文件。软件包系统还规定了软件包的依赖模型，要求一个软件包在安装时，必须正确安装所依赖的库和软件。

常用的软件包格式有两种。Red Hat、CentOS、SuSE 及其他几个版本使用 RPM 包，即 Red Hat Package Manager（Red Hat 软件包管理器）。Debian 和 Ubuntu 使用 DEB 包，管理工具分别是 rpm 和 dpkg，功能一般包含安装、卸载、查询及升级等。

在 rpm 和 dpkg 工具之上的就是可以自动在网络上查找软件包，自动进行更新或升级，以及方便分析管理软件包间的依赖关系的软件管理系统。配合 rpm 工具使用的是 YUM（Yellow dog Updater，Modified），配合 dkpg 工具使用的是 APT（Advanced Package Tool，高级软件包工具）。

7.1　RPM 软件包管理

RPM 是 Red Hat 公司开发的一套软件包管理机制，安装、升级、查询、验证与卸载都非常方便，也适用于网络传输，下面介绍 RPM 包及常见的一些操作。

7.1.1　RPM 简介

RPM 是 Red Hat Package Manager 的简称，由于其原始设计理念是开放式的，包括 Red Hat 系列（RHEL、CentOS、Fedora 等），以及 OpenLinux、SuSE、Turbo Linux 等 Linux 的发行版都在采用。

RPM 管理机制主要是以数据库的方式管理所有 RPM 类型的软件包。它需要将软件的源代码编译并打包成 RPM 软件包，通过编译时在软件包中设置好的数据库记录这个软件包在安装时必备的条件，这就是软件包的依赖性，即在安装某软件时必须先安装其他软件包才能完成安装过程。如果系统符合软件包的依赖条件，就开始安装该软件包，并将软件包的信息写入 RPM 数据库，以便用于以后的查询、验证、升级和卸载。

RPM 软件包分为两种，即 rpm 和 srpm：rpm 是编译封装好的，可以直接用于安装，扩展名是.rpm；srpm 提供的是没有编译好的源程序，扩展名是.src.rpm，需要使用 rpm 工具进行编译封装才能进行安装。

RPM 软件包的名称格式通常为"软件包名称-软件包版本-软件包修订次数.适用的平台.扩展名"，例如，yum-utils-1.1.31-50.el7.noarch.rpm 和 mdadm-4.1-rc1_2.el7.x86_64.rpm。

其中，x86_64 指的是 64 位 CPU 平台，当前主流平台通常属于这一类型，noarch 这种软件没有平台限制，i386 指的是适用于所有 x86 平台的 CPU。

7.1.2　rpm 命令与操作

rpm 命令的选项很多，配合不同的选项可以完成不同的功能。一般来说，rpm 命令可以实现五大功能：软件包查询、软件包安装、软件包升级、软件包验证和软件包删除。

命令格式如下：

```
rpm [选项] [软件包名称]
```

常用选项说明如下：

```
-v 表示显示详细的安装信息。
-h 在安装过程中，通过"#"来显示安装进度。
```

1．查询

查询已经安装的软件包，一般使用-q 选项，-q 代表 query（查询），可配合-q 选项一起使用的选项如下：

-a 查询所有已安装的软件包。

-i 显示已安装软件包的概要描述信息。

-l 显示已安装软件包的文件安装位置。

-c 显示已安装软件包的配置文件列表。

-d 显示已安装软件包文档文件列表。

-s 显示已安装软件包中的文件列表并显示每个文件的状态。

例如：

```
[root@www ~]#rpm -qa | more
//查询当前系统安装的全部软件包，由于安装的软件包很多，所以一般配合管道操作符"|"及 more（或
less）命令实现翻页浏览
[root@www ~]#rpm -q vsftpd
//查询 vsftp 软件包是否安装
[root@www ~]#rpm -qa |grep rpm
//在已安装的软件包里查询包含 rpm 关键字的软件包
[root@www ~]#rpm -qi vsftpd
//查看 vsftpd 软件包的描述信息
[root@www ~]#rpm -ql vsftpd
//查看 vsftpd 软件包相关文件的安装位置
//限于篇幅，不列出执行结果，请读者自行尝试
```

2．安装

准备安装指定的软件包，一般使用-i 选项，-i 代表 install（安装）。

例如：

```
[root@www ~]#rpm -ivh vsftpd-3.0.2-25.el7.x86_64.rpm
//安装 vsftpd-2.2.2-11.el6_3.1.i686.rpm，并显示详细安装信息和过程，若软件包已经安装
//则会提示 package XXXX is already installed
```

3．升级

如果要将系统中已经安装的某个软件包升级到较高版本，可以采用升级安装的方法实现。升级使用-U 选项，-U 代表 Update（升级）。系统会自动卸载旧版本，安装新版本。若无旧版本，则会直接安装新版本。

例如：

```
[root@www ~]#rpm -Uvh httpd-2.4.6-89.el7.centos.1.x86_64.rpm
//更新 RPM 软件包，CentOS 7.6 镜像中的版本是 httpd-2.4.6-88.el7.centos.x86_64.rpm
//可使用浏览器访问 http://www.rpmfind.net/linux/rpm2html/search.php?query=httpd
//(x86-64),选择需要下载的版本链接即可
```

4．验证

系统的 RPM 数据库保存了与已安装的软件包有关的每个文件。然而，除文件的名称以外，文件的其他信息，如用户和用户组拥有者、文件模式（权限）、文件长度及文件内容

的 MD5 验证码等是否被修改过，我们不得而知。在软件包安装后，可以使用-V 选项"校验"软件包，软件包所拥有的每个文件将与保存在 RPM 数据库中的属性进行比较，有任何偏差都会被列出来。

例如：

```
[root@www ~]#rpm -Va
....L.... c /etc/pam.d/fingerprint-auth
…
.....UG.. g /var/run/avahi-daemon
…
...D.... g /var/named/chroot/dev/zero
…
S.5....T. c /root/.bashrc
…
.M....G.. g /run/lsm/ipc
//校验所有软件包，因结果较长，限于篇幅，未全部列出，以省略号表示。如果发现/usr/bin/passwd
//或/usr/sbin/sshd 被修改了，就要关注是否异常，否则可能被入侵
```

RPM 常见校验标记如表 7-1 所示。

表 7-1　RPM 常见校验标记

标　　记	相　关　属　性
S	大小
M	模式（权限）
5	MD5 校验和
L	符号链接状态
U	用户拥有者
G	用户组拥有者
T	修改时间
C	SELinux 环境

5．删除

要想删除已经安装的软件包，可以使用-e 选项，-e 代表 erase（删除）。

例如：

```
[root@www ~]#rpm -e vsftpd
//删除 vsftpd 软件包
```

7.2　YUM 软件包管理

YUM（全称为 Yellow dog Updater，Modified）是一个在 Red Hat（含 Fedora 和 CentOS）及 SuSE 中的 Shell 前端软件包管理器。基于 RPM 软件包管理，YUM 可以从指定的服务

器自动下载并安装 RPM 软件包，可以自动处理依赖性关系，并且可以一次性安装所有依赖的软件包，无须烦琐地一次次下载、安装。YUM 提供了查找、安装、删除某一个、一组甚至全部软件包的命令，并且命令既简洁又好记。

　　YUM 的工作原理也不复杂，每个 RPM 软件的头（header）都会记录该软件的依赖关系，通过分析头即可获得软件安装的依赖信息。因此 YUM 的工作流程也很容易理解：服务器端存放了所有的 RPM 软件包，通过分析每个 RPM 文件的依赖性关系，可以将这些信息记录成文件并将其存放在服务器上；客户端如果需要安装某个软件，则可以先下载服务器上面记录的依赖性关系文件，并进行分析，然后将获得的所有相关软件一次性下载下来并进行安装。

7.2.1　YUM 配置文件

　　YUM 配置文件主要有两种：一种是/etc/yum.conf 文件；另一种是/etc/yum.repos.d/目录下的 repo 文件。

1. yum.conf 文件

yum.conf 文件是 YUM 的主配置文件，位于/etc 目录下，部分配置信息解析如下：

```
[main]
cachedir=/var/cache/yum/$basearch/$releasever
#cachedir: YUM 在更新软件时的缓存目录
keepcache=0
#keepcache: 是否保留缓存内容，0 表示安装后删除软件包，1 表示安装后保留软件包
debuglevel=2
#debuglevel: 排错信息输出等级，范围为 0~10，默认为 2，记录安装和删除信息
logfile=/var/log/yum.log
#logfile: 存放系统更新软件的日志，记录更新的具体内容
exactarch=1
#设置为 1，则 YUM 只会安装和系统架构匹配的软件包，例如，YUM 不会将 i686 的软件包安装在不适合
#i386 的系统中。默认为 1
obsoletes=1
#此选项在进行发行版跨版本升级时会用到
gpgcheck=1
#有 1 和 0 两个选择，分别代表是否进行 gpg 校验
plugins=1
#是否启用插件，默认为 1，表示允许，0 表示不允许
installonly_limit=5
#允许保留的内核包数量
bugtracker_url=http://bugs.centos.org/set_project.php?project_id=23&ref=http
://bugs.centos.org/bug_report_page.php?category=yum
#Bug 跟踪 URL 地址
distroverpkg=centos-release
#用于获得 YUM 配置文件中$releasever 的值，即系统的发行版本
```

2. repo 文件

repo 文件是 YUM 源（软件仓库）的配置文件，通常一个 repo 文件会定义一个或多个

软件仓库的细节内容，比如，将从哪里下载需要安装或升级的软件包，repo 文件中的设置内容将被 YUM 读取和应用。

　　常见的 repo 文件一般包括如下内容：

```
[base]
#该选项用于定义软件源的名称，该名称可以自定义，同时在该服务器上的所有 repo 文件中是唯一的
#注意：方括号里面不能有空格
name=CentOS-$releasever - Base
#该选项用于定义软件仓库的名称，$releasever 变量定义了发行版本
mirrorlist=http://mirrorlist.centos.org/?release=$releasever&arch=$basearch&
repo=os&infra=$infra
#指定镜像服务器的地址列表，通常是开启的
baseurl=http://mirror.centos.org/centos/$releasever/os/$basearch/
#第 1 个字符是 "#" 表示该行已经被注释，将不会被读取，这一行的意思是指定一个 baseurl（源的镜
#像服务器地址）
#baseurl 通常可以配置 4 种常见 YUM 源，分别是 http、ftp、rsync、file。例如：
#baseurl= http://mirrors.aliyun.com/centos/$releasever/os/$basearch/
#baseurl= ftp://localhost/pub
#baseurl= rsync://mirror.zol.co.zw/centos/
#baseurl= file:///mnt/cdrom
#注意：在一个 repo 文件中可以定义多个软件源
gpgcheck=1
#该选项表示对通过该软件源下载的 RPM 软件包进行 gpg 校验，如果 gpgcheck 的值为 0，则表示不进行
#gpg 校验
enabled=1
#该选项表示在这个 repo 文件中启用这个软件源，默认该选项可以不写。但是如果 enabled 的值为 0，
#则表示禁用这个软件源
gpgkey=file:///etc/pki/rpm-gpg/RPM-GPG-KEY-CentOS-7
#该选项用于定义校验的 gpg 密钥文件
```

7.2.2　配置本地 YUM 源

　　在 repo 文件中，可以配置多个 YUM 源。如果为了方便管理 RPM 软件包，避免复杂的依赖关系，则可以配置本地 YUM 源。配置本地 YUM 源的步骤如下所述。

1．挂载 CentOS 光盘

```
[root@www ~]#mount -t iso9660 /dev/srv0 /mnt
//将光盘挂载到/mnt 目录下
```

2．进入/etc/yum.repos.d 目录

```
[root@www ~]#cd /etc/yum.repos.d
```

3．修改 CentOS-Media.repo 文件

　　在 yum.repos.d 目录下有 7 个文件，分别为 CentOS-Base.repo、CentOS-CR.repo、CentOS--Debuginfo.repo、CentOS-fasttrack.repo、CentOS-Media.repo、CentOS-Sources.repo、CentOS-Vault.repo 文件，保留 CentOS-Media.repo 文件，并对其备份，然后将其他的文件改名或者移动到其他位置，命令如下：

```
[root@www yum.repos.d]# cp -p CentOS-Media.repo CentOS-Media.repo.bak
```

使用 vi 将 CentOS-Media.repo 文件打开，命令如下：

```
[root@www yum.repos.d]# vi CentOS-Media.repo
```

该文件未修改前的内容如下：

```
[c7-media]
name=CentOS-$releasever - Media
baseurl=file:///media/CentOS/
        file:///media/cdrom/
        file:///media/cdrecorder/
gpgcheck=1
enabled=0
gpgkey=file:///etc/pki/rpm-gpg/RPM-GPG-KEY-CentOS-7
```

将该文件的两处内容进行修改，其他保持不变，在修改好后保存并退出，修改内容如下：

```
baseurl=file:///mnt
        file:///media/cdrom/
#将 baseurl 修改为光盘的挂载点或者光盘内容的拷贝目录，可将 file:///media/cdrecorder/一
#行删除
enabled=1
#将 enabled 修改为 1，表示开启本地源
```

经过以上步骤，本地 YUM 源就配置好了。

7.2.3　yum 命令详解

yum 命令功能强大，并且数量很多，不熟悉的用户可使用 yum help 命令来获取帮助，下面简单介绍 yum 命令。

yum 命令格式如下：

```
yum [选项] [操作] [软件或者软件包名称]
```

常用选项及参数说明如下：

```
-y 在安装过程中的提示全部选择"yes"。
-v 显示安装过程详细信息。
[操作] 指定使用 yum 命令来完成的操作，如 list、install、remove、update 等。
```

常用操作说明如下：

```
check 检查 RPM 数据库。
check-update 检查是否有可用的软件包更新。
clean 删除缓存数据。
deplist 列出软件包的依赖关系。
downgrade 降级软件包。
remove 从系统中移除一个或多个软件包。
help 显示帮助。
history 显示或使用事务历史。
info 显示关于软件包或组的详细信息。
```

```
install 向系统中安装一个或多个软件包。
list 列出一个或一组软件包。
reinstall 覆盖安装软件包。
repolist 显示已配置的源。
update 更新系统中的一个或多个软件包。
```

1. 列举软件包

使用 list 操作可以列出资源库中特定的可以安装或更新，以及已经安装的 RPM 软件包。

例如：

```
[root@www ~]#yum list gcc
//列出名为 gcc 的软件包
[root@www ~]#yum list *bind*
//列出包含字符 bind 的软件包
[root@www ~]#yum list installed
//列出已经安装的所有 RPM 软件包
```

2. 显示软件包详细信息

使用 info 操作可以列出特定的可以安装或更新，以及已经安装的 RPM 软件包的详细信息。

例如：

```
[root@www ~]#yum info gcc
//列出 gcc 软件包信息
[root@www ~]#yum info perl*
//列出以 "perl" 开头的所有软件包的信息
[root@www ~]#yum info installed
//列出已经安装的所有的 RPM 软件包的信息
```

3. 安装包

（1）使用 install 操作可以安装指定的软件包。

例如：

```
[root@www ~]#yum install gcc
//安装 gcc 软件包
//软件包的安装一般会经历如下步骤
//Resolving Dependencies          正在解决依赖关系
//Dependencies Resolved           依赖关系解决
//Transaction Summary             传输统计
//Downloading packages:           下载软件包
//Importing GPG key               导入 GPG key
//Running transaction check       运行传输检查
//Running transaction test        运行传输测试
//Transaction test succeeded      传输测试成功
//Running transaction             运行传输
//Installed:                      安装软件包
//Dependency Installed:           安装依赖包
```

```
//Complete!                         安装完毕
[root@www ~]#yum install perl*
//安装以 "perl" 开头的软件包
```

（2）使用 groupinstall 操作可以安装指定的系列软件包，在安装软件包时，如果要做开发，则可能需要安装 gcc、cmake、glibc 等一系列软件包；如果要做 Web Server，则可能需要安装 httpd、mysql、php 软件包等，但不管是初学者还是 Linux 资深用户，都不可能记清所有相关软件包，这时使用 groupinstall 操作可以直接安装系列环境或软件包。

例如：

```
[root@www ~]#yum grouplist hidden
//查询所有可用的环境组和软件组，添加hidden可以真正显示所有的软件包
[root@www Packages]# yum groupinfo "GNOME Desktop"
//查看 GNOME 桌面环境组的详细信息
[root@www ~]#yum groupinstall "GNOME Desktop" -y
//安装 GNOME 桌面环境
[root@www ~]#yum groupinstall "Web Server" -y
//安装软件包组 Web Server
```

4. 删除 RPM 软件包

使用 remove 操作可以删除软件包，使用 groupremove 操作可以删除系列软件包。

例如：

```
[root@www ~]#yum remove perl*
//删除以 "perl" 开头的所有软件包
[root@www ~]#yum groupremove "GNOME Desktop Environment"
//删除 GNOME 桌面环境
[root@www ~]#yum groupremove "Web Server"
//删除软件包组 Web Server
```

5. 更新

使用 check-update 操作可以检查可更新软件包，使用 update 操作可以更新软件包。

例如：

```
[root@www ~]#yum check-update
//检查可更新的 RPM 软件包
[root@www ~]#yum update httpd
//更新指定的 RPM 软件包，如更新 httpd
```

6. 清除缓存

使用 clean 操作可以清除缓存中的软件包。

例如：

```
[root@www ~]#yum clean all
//清除缓存中的所有软件包
[root@www ~]#yum clean expire-cache
//清除过期缓存
```

7. 查看日志和历史记录

使用 history 操作可以查看安装和删除操作记录的摘要，查看 yum.log 文件中所有软件包的操作记录。

例如：

```
[root@www ~]#tail /var/log/yum.log
//查看 yum.log 文件的后 10 行
[root@www ~]#yum history
//查看安装和删除操作记录的摘要
Loaded plugins: fastestmirror, langpacks
ID      | Login user          | Date and time      | Action(s)  | Altered
-------------------------------------------------------------------------------
    7 | root <root>          | 2019-09-21 17:17 | Erase      |    5
    6 | root <root>          | 2019-09-21 17:17 | Install    |    9
    5 | root <root>          | 2019-09-21 17:13 | Erase      |    1
    4 | root <root>          | 2019-09-21 17:13 | Install    |    1
    3 | root <root>          | 2019-09-21 17:13 | Erase      |    1
    2 | root <root>          | 2019-09-21 16:54 | Install    |    2
    1 | System <unset>      | 2019-03-29 17:35 | Install    | 1435
history list
[root@www ~]#yum history undo 7
//撤销上述查询结果中 ID 为 7 的操作
```

## 第 8 章

Systemd 概述与进程管理

Red Hat 自 RHEL 7 开始就已经替换了熟悉的初始化进程服务 SysVinit，采用全新的 Systemd 初始化进程服务。如果用户是从 5 系列或 6 系列一直学习过来的，就会很不习惯。这是因为虽然 Systemd 初始化进程服务有很多新特性和优势，但其变化太大，相关的参考文档不多，给初学者带来了较大困扰。

8.1　Systemd 概述

在 CentOS 7 之后，Systemd 代替 init 成了系统的第 1 个进程，其 PID 为 1，其他所有的进程都是它的子进程。Systemd 的优点是功能强大，使用方便；缺点是体系庞大，非常复杂。事实上，现在还有很多人反对使用 Systemd，理由就是它过于复杂，与操作系统的其他部分强耦合，违反 "keep simple, keep stupid" 的 UNIX 哲学。但是无论如何在 CentOS 7 中引入了 Systemd 机制已经是不争的事实，我们应当掌握它的工作原理，了解它和 SysVinit 的区别，掌握它的操作。

8.1.1　CentOS 6 和 CentOS 7 启动流程的区别

1. CentOS 6 启动流程

（1）BIOS 开机自检，硬件检查。

（2）加载 MBR（Master Boot Record）分区表。MBR 是使用非常广泛的分区结构，被称为 DOS 分区结构，广泛应用于 Windows、Linux 及基于 X86 的 UNIX 等系统平台。它位于磁盘的 0 磁道的第 1 个扇区（共 512 字节，其中主引导记录为 446 字节，4 个磁盘分区表共 64 字节，结束标志为 2 字节）。

（3）加载 GRUB（GRand Unified Bootloader）。GRUB 是一个多操作系统启动管理器，用来引导不同的系统，如 Windows、Linux。基本引导装载程序所做的事情就是装载第二引导装载程序。第二引导装载程序会根据系统的安装情况，弹出选择菜单，允许用户装载特定的操作系统。

（4）加载内核 Kernel。读取 grub.conf 文件，确定内核参数，准备启动内核。

（5）Linux 启动 init 进程。Linux 首先读取/etc/inittab 文件，按照定义的默认运行级别；然后执行/etc/rc.d/rc.sysinit 脚本；接下来执行/etc/rc#.d/文件（服务）；最后执行/etc/rc.d/rc.local 文件，这里可以定义一些开机自动启动的命令。

2. CentOS 7 启动流程

CentOS 7 也是从 BIOS 开始，进入 Bootloader 加载系统内核的，然后系统内核开始进行初始化，启动 Systemd 初始化进程。不同之处在于，CentOS 7 使用 GRUB2 进行引导，使用 Systemd 进行进程初始化。GRUB2 相较于 GRUB 更健壮、可移植、更强大；支持 BIOS、EFI 和 OpenFirmware，支持 GPT 和 MBR 分区表；支持非 Linux 系统的文件系统，如苹果的 HFS 和 Windows 的 NTFS 等文件系统。

3．init 和 Systemd

从启动流程来看，二者的主要区别在于初始化进程的不同，一个是 initd，一个是 Systemd，init 的启动时间长，这是因为 init 是串行启动的，只有前一个进程启动完，才会启动下一个进程。init 的启动脚本复杂，这是因为 init 进程只是执行启动脚本，需要脚本自己完成很多工作，所以脚本往往很复杂。/sbin/init 是系统中的第 1 个进程，PID 永远为 1。Systemd 会按需启动服务，可以减少系统资源消耗，并且 Systemd 进程服务采用了并发机制，大大提升了开机速度。/usr/lib/systemd/systemd 也是系统中的第 1 个进程，PID 永远为 1。下文会详细介绍 Systemd，读者可以从中体会二者的区别。

8.1.2　Systemd 简介

1．Systemd 的由来

Systemd 是 Linux 下的一种 init 软件，由 Lennart Poettering 带头开发，并在 LGPL2.1（GNU Lesser General Public License，GNU 宽通用公共许可证）及其后续版本中许可发布。Lennart 是 Red Hat 公司的员工，但 Systemd 不是 Red Hat 公司的项目。Systemd 的开发目标是提供更优秀的框架以表示系统服务间的依赖关系，并实现系统初始化时服务的并行启动，同时达到降低 Shell 的系统开销的效果，最终代替现在常用的 SystemV 与 BSD 风格的 init 程序。

Systemd 被设计用来改进 SysVinit 的缺点，与 Ubuntu 的 upstart 形成技术竞争。Systemd 的很多概念来源于苹果的 launchd，目标是尽可能启动更少的进程；尽可能将更多的进程并行启动（这是性能优于 SysVinit 的理念基础）；尽可能减少对 Shell 脚本的依赖。传统的 SysVinit 使用 inittab 来决定运行哪些 Shell 脚本，大量使用 Shell 脚本被认为是效率低下、无法并行启动的原因。Systemd 使用了 Linux 专属技术，不再考虑 POSIX 兼容，所以基于 kFreeBSD 分支的软件源无法纳入 Systemd。

Systemd 这一名字源于 UNIX 中的一个惯例：在 UNIX 中常以 d 作为系统守护进程的后缀标识（英文 daemon，如 httpd、vsftpd 等的 d 也是这个含义）。

2．Systemd 的特点

与大多数发行版使用的 SysVinit 相比，Systemd 采用了一些新技术，因而具有一些新特性。

（1）使用 socket 支持并行化任务。在系统初始化时，先为所有守护进程创建监听 socket，再启动所有的守护进程。这样在初始化时，就可以一次性开启所有的 socket，不存在因进程的依赖、等待而导致的堵塞，使得更多的进程可以并行启动，加速了系统启动。

（2）同时采用 socket 式与 D-Bus 总线式激活服务。使用总线激活策略，可以在接入时马上启动服务。dbus 是 freedesktop 下开源的 LinuxIPC 通信机制，现在很多开源的项目使用 dbus 来进行通信和交互，详细原理不再赘述。

（3）按需启动守护进程（daemon）。

（4）保留了使用 Linux cgroups 监视进程的特点。子进程在创建之初与其父进程处于同一个 cgroups 的控制组。cgroups 是 control groups 的简称，它为 Linux 内核提供了一种聚集和划分任务的机制，通过一组参数集合将一些任务组织成一个或多个子系统。

（5）支持快照和系统状态恢复。快照可以用来保存（恢复）系统初始化时所有的服务和 unit 的状态。

（6）维护挂载和自挂载点。Systemd 监视所有挂载点的情况，也可以用来挂载或卸载挂载点。

（7）各服务间基于依赖关系进行精密控制。Systemd 支持 unit 间的多种依赖关系。在 unit 配置文件中使用 After/Before、Requires 和 Wants 选项可以固定 unit 激活的顺序。

8.1.3　Systemd 的使用和配置

1．Systemd 的使用单元

Systemd 有很多不同类型的使用单元（unit），主要包括：系统服务（.service）、挂载点（.mount）、sockets（.sockets）、系统设备（.device）、交换分区（.swap）、文件路径（.path）、启动目标（.target）。比较常用的是.service 和.target 等，如表 8-1 所示。

表 8-1　常用 unit 类型表

名　　称	扩　展　名	作　　用	示　　例
系统服务单元	.service	用于定义系统服务	/usr/lib/systemd/system/vsftpd.service
启动目标单元	.target	模拟实现"运行级别"	/usr/lib/systemd/system/poweroff.target
挂载点单元	.mount	定义文件系统挂载点	/usr/lib/systemd/system/tmp.mount
自动挂载单元	.automount	文件系统自动挂载点设备	/usr/lib/systemd/system/proc-sys-fs-binfmt_misc.automount
文件路径单元	.path	定义文件系统中的文件或目录	/usr/lib/systemd/system/cups.path
套接字单元	.socket	用于标识进程间通信涉及的 socket 文件	/usr/lib/systemd/system/dbus.socket
系统快照单元	.snapshot	管理系统快照	
系统设备单元	.device	定义内核识别的设备	
交换分区单元	.swap	用于标识 SWAP 分区	

Systemd 在启动后，首先会在 3 个目录下查找相应的配置文件，按优先级从高到低为 /etc/systemd/、/usr/lib/systemd/和/lib/systemd/，优先级高的配置文件会覆盖优先级低的配置文件，/etc/systemd/为系统管理员安装的单元，/usr/lib/systemd/为软件包安装的单元。

2．unit 配置文件介绍

unit 配置文件很复杂，篇幅有限，不能详尽介绍，本文仅列举几个比较有代表性的案例。

切换到/usr/lib/systemd/system 目录，然后查看 multi-user.target，内容如下（为节省篇

幅，将注释部分隐去）：

```
[root@www system]# pwd
/usr/lib/systemd/system
[root@www system]# cat multi-user.target
[Unit]
Description=Multi-User System
Documentation=man:systemd.special(7)
Requires=basic.target
Conflicts=rescue.service rescue.target
After=basic.target rescue.service rescue.target
AllowIsolate=yes
```

工作目录不变，查看 graphical.target，内容如下（为节省篇幅，将注释部分隐去）：

```
[root@www system]# cat graphical.target
[Unit]
Description=Graphical Interface
Documentation=man:systemd.special(7)
Requires=multi-user.target
Wants=display-manager.service
Conflicts=rescue.service rescue.target
After=multi-user.target rescue.service rescue.target display-manager.service
AllowIsolate=yes
```

工作目录不变，查看 sshd.service，内容如下：

```
[root@www system]# cat sshd.service
[Unit]
Description=OpenSSH server daemon
Documentation=man:sshd(8) man:sshd_config(5)
After=network.target sshd-keygen.service
Wants=sshd-keygen.service

[Service]
Type=notify
EnvironmentFile=/etc/sysconfig/sshd
ExecStart=/usr/sbin/sshd -D $OPTIONS
ExecReload=/bin/kill -HUP $MAINPID
KillMode=process
Restart=on-failure
RestartSec=42s

[Install]
WantedBy=multi-user.target
```

从上面的查看结果可以看出，配置文件一般由 3 部分组成：[Unit]、[Service]和[Install]。

[Unit]部分内容解释如下：

Description 字段定义对 unit 的描述。

Documentation 字段定义参考文档列表。

Requires 字段指定依赖关系，multi-user.target 依赖于 basic.target，如果 multi-user.target 被激活，则 Requires 后面的 target 或者 service 也会被激活。

Conflicts 字段指定依赖冲突，如果 rescue.target 启动，则 multi-user.target 被关闭。

After 字段表示启动 basic.target 后，再启动 multi-user.target，如果配置有 Before，则表示在启动完本目标后再启动 Before 后面定义的目标，比如 graphical.target。

Wants 字段比 Requires 相对弱一些，如果无法启动 display-manager.service，也并不影响 graphical.target 的启动。

AllowIsolate 字段是布尔值，默认为 false，如果为 true，则此服务可以使用 systemctl isolate 命令切换到该 target。

[service]部分定义如何启动当前服务，内容解释如下：

EnvironmentFile 字段指定当前服务的环境参数文件。

ExecStart 字段定义启动进程时执行的命令，与其类似的还有如下几个字段。

ExecReload 字段定义重启服务时执行的命令。

ExecStop 字段定义停止服务时执行的命令。

ExecStartPre 字段定义启动服务之前执行的命令。

ExecStartPost 字段定义启动服务之后执行的命令。

ExecStopPost 字段定义停止服务之后执行的命令。

type 字段定义启动类型，可设置的值如下所述。

✓　simple（默认值）：Systemd 认为该服务将立即启动。ExecStart 字段启动的进程为主进程，服务进程不会 fork。如果该服务要启动其他服务，则不要使用此类型启动，除非该服务是 socket 激活型。

✓　forking：ExecStart 字段将以 fork() 方式启动，此时父进程会退出，子进程会成为主进程。使用此启动类型应同时指定 PIDFile，以便 Systemd 能够跟踪服务的主进程。

✓　oneshot：这一选项适用于只执行一项任务、随后立即退出的服务。可能需要同时设置 RemainAfterExit=yes，使得 systemd 在服务进程退出之后仍然认为服务处于激活状态。

✓　notify：与 simple 相同，但约定服务会在就绪后向 Systemd 发送通知信号，Systemd 再启动其他服务。这一通知的实现由 libsystemd-daemon.so 提供。

✓　dbus：若以此方式启动，则当指定的 BusName 出现在 DBus 系统总线上时，Systemd 才会启动服务。

KillMode 字段定义 Systemd 如何停止相关服务，可设置的值如下所述。

✓　control-group（默认值）：当前控制组里面的所有子进程，都会被杀掉。

✓　process：只杀主进程。

✓　mixed：主进程会收到 SIGTERM 信号，子进程会收到 SIGKILL 信号。

✓　none：没有进程会被杀掉，只是执行服务的 stop 命令。

Restart 字段定义了在该服务退出后，Systemd 的重启方式，可设置的值如下所述。

✓　no（默认值）：退出后不会重启。

✓　on-success：只有在正常退出时（退出状态码为 0），才会重启。

✓　on-failure：只有在非正常退出时（退出状态码非 0），包括被信号终止和超时，才会重启。

✓　on-abnormal：只有被信号终止和超时，才会重启。

✓　on-abort：只有在收到没有捕捉到的信号终止时，才会重启。

✓　on-watchdog：超时退出，才会重启。

✓　always：不管退出原因是什么，总是重启。

RestartSec 字段表示在 Systemd 重启该服务之前，需要等待的秒数。

[Install]部分定义内容服务的安装信息。它不在 Systemd 的运行期间使用。只在使用 systemctl enable 和 systemctl disable 命令启用/禁用服务时有用。其内容解释如下：

Alias 字段定义安装服务的别名，名称必须和该 unit 本身的类型一致，即扩展名必须一样。

WantedBy 或 RequiredBy 字段定义该服务所在的 target，在 .wants/ 或 .requires/ 子目录中为服务建立相应的链接。案例中表示 vsftpd 服务所在的 target 为 multi-user.target，在执行 systemctl enable vsftpd.service 命令时，vsftpd.service 的一个符号链接会放在 /etc/systemd/system 目录下面的 multi-user.target.wants 子目录中。

Also 字段定义此服务在安装时同时需要安装的附加服务。如果用户请求安装的服务中配置了此项，则在执行 systemctl enable 命令时会自动安装此处所指定的服务。

8.1.4 Systemd 与 SysVinit

Systemd 使用目标（target）代替了 SysVinit 中运行级别的概念，二者的对照如表 8-2 所示。

表 8-2　Systemd 目标与 SysVinit 运行级别对照表

SysVinit 运行级别	Systemd 目标	作　　用
0	runlevel0.target，poweroff.target	关机
1	runlevel1.target，rescue.target	单用户模式
2	runlevel2.target，multi-user.target	等同于级别 3
3	runlevel3.target，multi-user.target	多用户的文本界面
4	runlevel4.target，multi-user..target	等同于级别 3
5	runlevel5.target，graphical.target	多用户的图形界面
6	runlevel6.target，reboot.target	重启
emergency	emergency.target	紧急 Shell

Systemd 使用 systemctl 命令启动服务，与 SysVinit 使用的 service 命令的对应关系如表 8-3 所示。

表 8-3　Systemd 的 systemctl 命令与 SysVinit 的 service 命令对应关系表

SysVinit 的 service 命令	Systemd 的 systemctl 命令	功　　能
service example start	systemctl start example.service	启动服务
service example stop	systemctl stop example.service	停止服务
service example restart	systemctl restart example.service	重启服务
service example reload	systemctl reload example.service	重新加载服务
service example status	systemctl status example.service	查看服务状态
service example condrestart	systemctl condrestart example.service	在服务启动情况下重启服务，否则不进行任何操作
chkconfig example on	systemctl enable example.service	在开机时，系统自动启动服务
chkconfig example off	systemctl disable example.service	在开机时，系统禁止启动服务
chkconfig example	systemctl is-enabled dummy.service	检查在开机时服务是否启动

对于系统重启、停止挂起、休眠等系统命令，Systemd 与 SysVinit 系统命令对应如表 8-4 所示，注意 SysVinit 系统命令在 CentOS 7 下仍可以使用。

表 8-4 Systemd 与 SysVinit 系统命令对应关系表

SysVinit 系统命令	Systemd 系统命令	功　　能
halt	systemctl halt	系统关闭
poweroff	systemctl poweroff	系统关机
reboot	systemctl reboot	系统重启
pm-suspend	systemctl suspend	系统挂起
pm-hibernate	systemctl hibernate	系统休眠
	systemctl hybrid-sleep	系统混合休眠
tail -f /var/log/messages 或 tail -f /var/log/syslog	journalctl -f	查看系统日志

Systemd 有一些特有的命令，这里简单列举一些，如表 8-5 所示。读者也可以自行查阅相关资料，此处不再赘述。

表 8-5 Systemd 特有的命令及功能

Systemd 特有的命令	功　　能
systemctl example.service start -H user@host	在远程主机上启动服务
systemd-analyze 或 systemd-analyze time	检测系统启动时间
systemd-analyze blame	分析在启动时各个进程花费的时间
systemd-analyze critical-chain example.service	分析某个服务的关键链
systemctl kill example	杀掉所有与服务相关的进程
journalctl --since=today	查看当日的日志
hostnamectl	查看主机名、OS 版本、Kernel 版本等相关信息
timedatectl	日期、时间和时区等其他信息
systemd-cgls	按等级列出控制组
systemd-cgtop	按 CPU、内存、输入和输出列出控制组

8.1.5　systemctl 命令简介

systemctl 是一个系统管理守护进程、工具和库的集合，用于取代 System V、service 和 chkconfig 命令，初始进程主要负责控制 Systemd 系统和服务管理器。通过 systemctl --help 命令可以看到，systemctl 命令主要分为：查询或发送控制命令给 Systemd 服务、管理单元服务的命令，服务文件的相关命令，任务、环境、快照相关命令，Systemd 服务的配置重载、关机、重启等相关的命令。

systemctl 命令格式如下：

```
systemctl [选项] 命令 [服务……]
```

例如：

```
[root@www ~]# systemctl list-unit-files
//列出所有可用单元
```

```
[root@www ~]# systemctl list-units
```
//列出所有运行中单元
```
[root@www ~]# systemctl --failed
```
//列出所有失败单元
```
[root@www ~]# systemctl list-unit-files --type=service
```
//列出所有系统服务及状态
```
[root@www ~]# systemctl start httpd.service
[root@www ~]# systemctl restart httpd.service
[root@www ~]# systemctl stop httpd.service
[root@www ~]# systemctl reload httpd.service
[root@www ~]# systemctl status httpd.service
```
//启动、重启、停止、重新加载服务,以及检查服务状态,本例为 httpd
```
[root@www ~]# systemctl is-active vsftpd.service
[root@www ~]# systemctl enable vsftpd.service
[root@www ~]# systemctl disable vsftpd.service
```
//如何激活服务并在开机时启用或禁用服务,本例为 vsftpd
```
[root@www ~]# systemctl kill vsftpd
```
//使用 systemctl 命令杀死服务相关进程
```
[root@www ~]# systemctl is-enabled httpd.service
```
//检查某个单元是否启用,本例为 httpd
```
[root@www ~]# systemctl show vsftpd
```
//检查某个服务的所有细节
```
[root@www ~]# systemctl list-dependencies vsftpd
```
//获取某个服务的依赖性列表
```
[root@www ~]# systemctl get-default
```
//列出当前使用的运行等级
```
[root@www ~]# systemctl isolate runlevel5.target
[root@www ~]# systemctl isolate graphical.target
```
//以上两条都是启动运行等级 5,即图形模式,只在当前有效,在重启后无效
```
[root@www ~]# systemctl set-default runlevel3.target
```
//设置多用户模式为默认运行等级
```
[root@www ~]# systemctl set-default runlevel5.target
```
//设置图形模式为默认运行等级
```
[root@www ~]# systemctl list-unit-files --type=mount
```
//列出所有系统挂载点及状态
```
[root@www ~]# systemctl start tmp.mount
[root@www ~]# systemctl stop tmp.mount
[root@www ~]# systemctl restart tmp.mount
[root@www ~]# systemctl reload tmp.mount
[root@www ~]# systemctl status tmp.mount
```
//挂载、卸载、重新挂载、重载系统挂载点并检查系统中挂载点的状态
```
[root@www ~]# systemctl is-active tmp.mount
[root@www ~]# systemctl enable tmp.mount
[root@www ~]# systemctl disable tmp.mount
```
//在启动时激活、启用或禁用挂载点(系统启动时自动挂载)

```
[root@www ~]# systemctl rescue
//切换至 rescue 模式
[root@www ~]# systemctl emergency
//切换至 emergency 模式
```

systemctl 命令的体系庞杂，限于篇幅，无法一一列举，读者可通过 man systemctl 自行查阅，或者登录一些 Linux 论坛、学习网站进行学习。

8.2　认识进程

进程是 Linux 完成工作任务的基本单位，Linux 在对外提供服务时，无论什么服务都是通过进程完成的，因此要管理 Linux，必须了解进程和进程管理。从本质上来说，Linux 就是一个内核，其他程序和应用都是附加在内核之上的。本节将介绍进程的概念、状态及优先级，并掌握与之相关的操作。

8.2.1　进程简介

1．进程的概念

简单来说，进程就是一个程序执行一次的过程，它是一个动态的概念。进程是程序执行的实例，是 Linux 进行资源分配和调度的基本单位。对于程序员来说，最重要的就是区分进程和程序的区别。程序是指一段完成功能的代码，或者说是一个工具，它是一个静态的概念，而进程是动态的。

在 Linux 中，内核使用进程来控制对 CPU 和其他系统资源的访问，并且使用进程来决定在 CPU 上运行的程序，以及该程序的运行时间和运行特性。内核的调度器负责在所有的进程间分配 CPU 执行时间，或者称为时间片（timeslice），它会在每个进程分得的时间片用完后从进程那里抢回控制权。系统会为每个进程分配一个唯一的整型 ID 作为进程的标识号（PID）。

Systemd 引入了 cgroup 来跟踪管理服务进程所衍生的所有进程，cgroup 将进程分组和对分组的资源控制分得很清楚。无论服务如何启动新的子进程，所有的相关进程都属于一个 cgroup，Systemd 只需要遍历相应 cgroup 的文件系统目录下的文件，就可以找到所有的相关进程。cgroup 让进程管理变得简单，甚至不需要维护 PID 文件，但是 Linux 系统管理员必须理解并熟练掌握进程和进程管理。

2．进程的状态

运行状态（TASK_RUNNING）：当进程正在被 CPU 执行，或者已经准备就绪、随时可由调度程序执行时，则称该进程处于运行状态。在 Linux 中用 R 表示。

可中断休眠状态（TASK_INTERRUPTIBLE）：当进程处于可中断休眠状态时，系统不会调度该进程执行。当系统产生了一个中断，或者释放了进程正在等待的资源，或者进程收到了一个信号，都可以唤醒进程并转换到就绪状态（运行状态）。在 Linux 中用 S 表示。

不可中断休眠状态（TASK_UNINTERRUPITIBLE）：与 TASK_INTERRUPTIBLE 状态类似，进程处于休眠状态，但是此进程是不可中断的。不可中断并不是指 CPU 不响应外部硬件的中断，而是指进程不响应异步信号。在 Linux 中用 D 表示。

暂停状态（TASK_STOPPED）：又称挂起状态，进程会暂时停止运行。当进程收到一些特殊信号时，就会进入暂停状态。在 Linux 中用 T 表示。

僵死状态（TASK_DEAD-EXIT_ZOMBIE）：当进程已停止运行，但其父进程还没有询问其状态时，则称该进程处于僵死状态。在 Linux 中用 Z 表示。

3．进程的优先级

进程的 CPU 和内存资源分配取决于进程的优先级。优先级高的进程有优先执行的权利。进程的优先级有两个，即静态值和动态值：静态值即 niceness，除非用户指定，否则无法改变；动态值即 priority，这个值会根据实际情况不断变化，不可控制。

我们平时所讨论的优先级一般是指静态优先级。这个优先级在 Linux 内由"谦让度"（niceness）来确定，表示对待系统上其他用户的谦让程度，高谦让值表示进程具有低优先级，低谦让值或负谦让值表示进程具有高优先级。谦让值的允许范围是-20～+19，这也是数值越小，优先级越高的原因。

在一般情况下，新创建的进程会从它的父进程继承谦让值。进程的属主可以增加其谦让值，但不可以降低其谦让值，即使让进程返回到默认的谦让值也不行。超级用户可以任意设置谦让值。

4．作业的概念

正在执行的一个或多个相关进程称为作业，一个作业可以包含一个或多个进程。

作业分为两类：前台作业和后台作业。前台作业可与用户进行交互操作，对用户可见；后台作业运行于后台，不与用户交互，但是可以输出结果。需要注意的是，在同一时间只能有一个前台作业。

8.2.2　进程管理

1．进程的启动

进程的启动分为前台启动和后台启动。其实只要用户在 Shell 命令提示符下输入命令后按 Enter 键即可进行前台启动。而如果输入 Shell 命令后加上符号"&"再按 Enter 键，则可以进行后台启动，此时进程在后台运行，前台可以继续运行和处理其他程序。还有一种进程启动是系统调度启动，比如，设置了 at 和 cron 等调度，则在指定的时间会自动执行指定的任务。

2. 查看进程

查看系统正在运行的进程和程序可以使用 ps 和 top 命令来实现。

1）ps 命令

ps 命令用于查看系统正在运行的进程。

ps 命令格式如下：

```
#ps [选项]
```

常用选项说明如下：

```
a 显示所有终端下的所有进程，包括其他用户的进程。
u 以用户为主的格式来显示进程状况。
x 显示所有进程，不以终端机来区分。
-A 显示所有进程。
-l 显示进程的较为详细的信息。
```

例如：

```
[root@www ~]#ps aux
[root@www ~]# ps aux
USER       PID %CPU %MEM    VSZ   RSS TTY      STAT START   TIME COMMAND
root         1  0.0  0.3 193796  6944 ?        Ss   04:50   0:02 /usr/lib/systemd/systemd --switched-root --system --d
root         2  0.0  0.0      0     0 ?        S    04:50   0:00 [kthreadd]
root         3  0.0  0.0      0     0 ?        S    04:50   0:00 [ksoftirqd/0]
root         5  0.0  0.0      0     0 ?        S<   04:50   0:00 [kworker/0:0H]
root         7  0.0  0.0      0     0 ?        S    04:50   0:00 [migration/0]
root         8  0.0  0.0      0     0 ?        S    04:50   0:00 [rcu_bh]
root         9  0.0  0.0      0     0 ?        S    04:50   0:04 [rcu_sched]
root        10  0.0  0.0      0     0 ?        S<   04:50   0:00 [lru-add-drain]
```

//以用户为主列出所有终端下的所有进程（部分）

```
[root@www ~]#ps -Al
[root@www ~]# ps -Al
F S   UID   PID  PPID  C PRI  NI ADDR SZ WCHAN  TTY          TIME CMD
4 S     0     1     0  0  80   0 - 48449 ep_pol ?        00:00:02 systemd
1 S     0     2     0  0  80   0 -     0 kthrea ?        00:00:00 kthreadd
1 S     0     3     2  0  80   0 -     0 smpboo ?        00:00:00 ksoftirqd/0
1 S     0     5     2  0  60 -20 -     0 worker ?        00:00:00 kworker/0:0H
1 S     0     7     2  0 -40   - -     0 smpboo ?        00:00:00 migration/0
1 S     0     8     2  0  80   0 -     0 rcu_gp ?        00:00:00 rcu_bh
1 S     0     9     2  0  80   0 -     0 rcu_gp ?        00:00:04 rcu_sched
1 S     0    10     2  0  60 -20 -     0 rescue ?        00:00:00 lru-add-drain
```

//列出所有终端下的所有进程并显示详细信息

```
[root@www ~]#ps -au admin
```

//查看 admin 用户的进程

```
[root@www ~]# ps -au admin
  PID TTY          TIME CMD
17772 tty2     00:00:00 bash
17814 tty2     00:00:00 vim
17819 pts/0    00:00:00 ps
```

```
[root@www ~]#ps -aux|grep admin
```

//查看包含 admin 字符的进程

```
[root@www ~]# ps -aux|grep admin
root     17767  0.2  0.2 136532  4092 ?        Ss   17:50   0:00 login -- admin
admin    17772  0.1  0.1 116360  3148 tty2     Ss+  17:50   0:00 -bash
admin    17814  0.0  0.2 148876  4572 tty2     T    17:50   0:00 vim a.txt
```

2）top 命令

top 命令也可以用于显示系统正在运行的进程，但与 ps 命令不同的是，它可以实时监控进程的状况，每 5 秒刷新一次，输入 "q" 即可退出，top 命令的执行结果如图 8-1 所示。

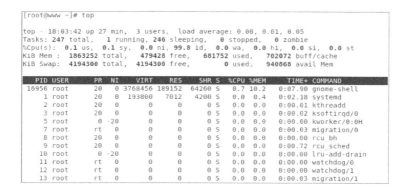

图 8-1　top 命令的执行结果

使用 ps 或 top 命令查看进程的执行结果及含义，如表 8-6 所示。

表 8-6　执行结果及含义（部分）

信　　息	含　　义
USER（UID）	进程所属用户（所属用户 UID）
PID	进程 ID
PPID	父进程 ID
C	短期 CPU 使用因子
PRI（PR）	动态优先级 priority
NI	静态优先级或谦让度 niceness
%CPU	CPU 使用率
%MEM	内存使用率
VSZ（VIRT）	虚拟内存占用大小
RES（SZ）	进程占用的物理内存大小，单位为 KB
RSS	占用内存大小
TTY	终端号，若不是从终端启动的，则显示为?
STAT（S）	进程状态 D　不可中断 R　正在运行，或在队列中的进程 S　处于休眠状态 T　停止或被追踪 Z　僵尸进程 <　高优先级 N　低优先级 l　有些页被锁进内存中 s　包含子进程 +　位于后台的进程组
START	进程启动时间
TIME	消耗 CPU 的时间总计，单位为秒
TIME+	使用 CPU 时间总计，单位为 1/100 秒
COMMAND（CMD）	命令的名称或参数

3．结束进程

在 Linux 的运行过程中，常常需要对某个异常的进程进行终止操作，通常终止一个前台进程可以使用 Ctrl+C 组合键，终止一个后台进程就需要使用 kill 命令。可以先使用 ps/pidof/pstree/top 等工具获取进程 PID，再使用 kill 命令杀掉该进程。另外管理员还需要强行终止疑似不安全的进程，这时可以使用 kill 和 killall 命令。

1）kill 命令

kill 命令的作用是向指定的进程 PID 发送终止运行信号，进程在收到信号后，会自动结束本进程，并处理好结束前的相关事务。默认信号代码会直接终止进程。超级用户可以终止所有的进程，而普通用户只能终止自己启动的进程。

kill 命令格式如下：

```
kill [参数] [PID]
```

常用参数与信号代码说明如下：

-l 列出所有信号的名称和代码，代码范围为 1~64，各有其含义，常用的是 9 和 15。
2 发送 SIGINT 信号。相当于在执行进程时按 CTRL+C 组合键。
3 发送 SIGQUIT 信号。相当于在执行一些进程时，输入"q"。
9 发送 SIGKILL 信号。在无信号的 kill 命令（kill 命令后不跟任何信号代码）不能终止时，可强制终止指定进程。
15 发送 SIGTERM 信号。一般在使用 -9 信号无效的情况下使用。
17 发送 SIGSTOP 信号。无条件停止进程，但不是终止进程，相当于按 CTRL+Z 组合键。

例如：

```
[root@www ~]# ps |grep vi
 18226 pts/0    00:00:00 vi
[root@www ~]# kill -9 18226
[1]+  Killed                  vi a.txt
```
//使用 ps 命令查找名称为 vi 的进程，在查到该进程 PID 后，向该 PID 发送 -9 信号，杀死该进程

2）killall 命令

killall 命令使用进程名来结束指定进程的运行。若系统存在同名的多个进程，则这些进程会全部结束运行。该命令使用的信号代码与 kill 命令相同。

killall 命令格式如下：

```
killall [参数] [信号] <进程名>
```

常用参数说明如下：

-I 忽略小写。
-g 杀死进程组而不是进程。
-i 交互模式，在杀死进程前先询问用户。
-l 列出所有的已知信号名称。
-q 不输出警告信息。
-s 发送指定的信号。
-v 如果信号成功发送，则返回报告。

例如：

```
[root@www ~]# killall -i vi
//杀死 vi 进程，在杀死前会询问用户，如果回复 y，则杀死进程
```

8.2.3 作业管理

1．查看作业

查看作业可以使用 jobs 命令，jobs 命令格式如下：

```
jobs [选项]
```

常用选项说明如下：

```
-p 仅显示进程号。
-l 同时显示进程号和作业号。
```

例如：

```
[root@www ~]#jobs -l
//显示所有作业，并同时显示作业号和进程号
```

2．作业前后台切换

在终端或控制台工作时，可能不希望由于运行一个作业而占用整个屏幕，此时可以使这些进程在后台运行，同时可以使用 bg 和 fg 命令实现前台作业和后台作业的相互转换。

1）后台执行命令&和 nohup

以后台模式运行脚本或命令非常简单，只需要在命令后面加一个符号"&"即可。适合在后台运行的命令有 find、费时的排序和一些 Shell 脚本。

例如：

```
[root@www ~]# vi a.txt&
[1] 18602

[1]+  Stopped                 vi a.txt
//编辑 a.txt 文件并切换到后台执行
[root@www ~]# sh a.sh&
[2] 23104
//后台运行 Shell 脚本
[root@www ~]# ping -c 3 127.0.0.1 > ping1.txt&
[3] 23112
//后台运行 ping 命令，并重定向到 ping1.txt 文件
[root@www ~]# jobs -l
[1]+ 18602 Stopped                 vi a.txt
[2]  23104 Running                 sh a.sh &
[3]- 23112 Done                    ping -c 3 127.0.0.1 > ping1.txt
[root@www ~]# exit
logout
```

```
There are stopped jobs.
//退出当前账号, 提示有作业被停止
```

在使用&命令后, 作业会被提交到后台运行, 当前控制台并没有被占用, 但是一旦把当前控制台关掉(退出账户时), 作业就会停止运行。nohup 命令可以在用户退出账户之后继续运行相应的进程。nohup 的含义是不挂起(no hang up)。该命令的一般格式如下:

```
[root@www ~]# nohup sh a.sh&
[root@www ~]# nohup ping -c 3 127.0.0.1 > ping1.txt&
//用户可以登出当前用户, 然后使用 ps 命令配合 grep 命令查看, 作业是否还在运行
```

注: 需要和用户交互的命令不要放在后台执行, 因为计算机会在后台等待指令或数据, 这样就会失去后台运行的意义。另外, 如果后台运行的作业会产生大量的输出, 则最好将输出结果重定向到某个文件中。

使用 nohup 后台执行命令之后, 需要使用 exit 命令正常退出当前账户, 这样才能保证命令一直在后台运行。

2) bg 命令

使用 bg 命令可以将挂起的作业切换到后台运行。若未指定作业号, 则会将挂起的作业队列中的第 1 个作业切换到后台。

bg 命令格式如下:

```
bg [作业号]
```

例如:

```
[root@www ~]# vi a.txt
<ctrl+z>
[1]+  Stopped                 vi a.txt
[root@www ~]# bg 1
[1]+ vi a.txt &

[1]+  Stopped                 vi a.txt
[root@www ~]# jobs -l
[1]+ 23601 Stopped (tty output)    vi a.txt
//使用 vi 编辑 a.txt 文件, 然后使用 Ctrl+Z 组合键将 vi 进程挂起, 再切换至后台, 并查看作业
```

3) fg 命令

使用 fg 命令可以将后台作业调入前台继续执行。例如:

```
[root@www ~]# fg 1
//将上例的作业 1 切换到前台继续执行
```

3. 设置优先级

优先级决定了 CPU 的使用时间, 优先级越高的进程, 系统就会为其提供越多的 CPU 使用时间, 从而缩短执行时间。在系统管理中, 如果需要调整进程的优先级, 则可以通过 nice 和 renice 命令进行设置。

1）nice 命令

nice 命令用来指定优先级数值，启动指定进程。若执行进程时没有指定优先级数值，则默认的优先级为 0，只有管理员才可以设置-1～-20 的优先级数值。

nice 命令格式如下：

```
nice [- 优先级数值] 命令
```

例如：

```
[root@www ~]# vi a.txt&
[root@www ~]#nice -10 vi b.txt&
[root@www ~]#nice --10 vi c.txt&
[root@www ~]#ps -l
[root@www ~]# ps -l
F S   UID    PID   PPID  C PRI  NI ADDR SZ WCHAN  TTY          TIME CMD
4 S     0  23946  23939  0  80   0 - 29589 do_wai pts/0    00:00:00 bash
0 T     0  23997  23946  0  80   0 - 31014 do_sig pts/0    00:00:00 vi
0 T     0  24035  23946  0  90  10 - 31014 do_sig pts/0    00:00:00 vi
4 T     0  24069  23946  0  70 -10 - 31014 do_sig pts/0    00:00:00 vi
```

//从结果来看，NI 值分别是 0、10 和-10，验证了结果

2）renice 命令

renice 命令用来修改正在运行的进程的优先级数值，也可以指定用户和用户组的进程优先级。

renice 命令格式如下：

```
renice 优先级数值 选项
```

常用选项说明如下：

```
-p 进程号，修改指定进程的优先级，-p 可以省略。
-u 用户名，修改指定用户所启用进程的默认优先级。
-g 用户组 ID 号，修改指定用户组中所有用户所启用进程的默认优先级。
```

例如：

```
[root@www ~]# renice -8 24035
24035 (process ID) old priority 10, new priority -8
[root@www ~]# renice 9 24069
24069 (process ID) old priority -10, new priority 9
//将 PID 为 24035 的进程的优先级改为-8，将 PID 为 24069 的进程的优先级改为 9
[root@www ~]# ps -l
F S   UID    PID   PPID  C PRI  NI ADDR SZ WCHAN  TTY          TIME CMD
4 S     0  23946  23939  0  80   0 - 29589 do_wai pts/0    00:00:00 bash
0 T     0  23997  23946  0  67 -13 - 31014 do_sig pts/0    00:00:00 vi
0 T     0  24035  23946  0  72  -8 - 31014 do_sig pts/0    00:00:00 vi
4 T     0  24069  23946  0  89   9 - 31014 do_sig pts/0    00:00:00 vi
[root@www ~]# renice -8 -u admin
//将 admin 用户的所有进程优先级设置为-8
```

注：使用 nice 命令指定优先级的数值前需要加上一个符号"-"，如果等级设置为-10，则应使用 nice --10；但是使用 renice 命令指定优先级的数字前不需要加上符号"-"，如果等级设置为-10，则应使用 renice -10。

8.2.4　任务调度

Linux 允许用户在指定的时间自动运行进程，也允许用户将非常消耗资源和时间的进程（如备份、扫描病毒等）安排在系统比较空闲的时间来完成，这种让系统在特定的时间执行指定任务的方法就是任务调度。这里主要介绍 Linux 的任务调度，包括一次性执行的 at 调度和周期性执行的 cron 调度。

1．at 调度

用户可以使用 at 命令在指定时刻执行指定的命令序列。也就是说，该命令至少需要指定一个命令、一个执行时间才可以正常运行。at 命令可以只指定时间，也可以同时指定时间和日期。

at 命令格式如下：

```
at [-f 文件名] [选项] <时间>
```

常用选项说明如下：

```
-m 在作业结束后发送邮件给执行 at 命令的用户。
-f file，使用该选项将使命令从指定的 file 读取，而不是从标准输入中读取。
-l atq 命令的一个别名。该命令用于查看安排的作业序列，它将列出用户排在队列中的作业，如果用户
是超级用户，则列出队列中的所有作业。
-d 删除指定的调度作业。
时间的表达方式（时间可以使用绝对时间，也可以使用相对时间）如下：
绝对时间可以采用"hh:mm"和"hh:mm 日期"表达形式，时间可以使用 24 小时制，也可以使用 12 小
时制，如果使用 12 小时制，则要加上 am 或 pm 代表上午（am）或下午（pm）。日期格式可以表达为"month
day"、"mmddyy"、"mm/dd/yy"或"dd.mm.yy"等。日期必须放在时间之后，可以使用 today 代表今天的
日期，使用 tomorrow 代表明天的日期。
相对时间是以 now(当前时间)为基准的，然后递增若干个时间单位，时间单位可以是 minutes、hours、
days、weeks 等，表达式是"now+时间间隔"。
```

例如，指定在今天下午 6:30 执行某命令。假设现在时间是 13:30，2019 年 5 月 2 日，其时间可以采用如下表达形式：

```
6:30pm
18:30
18:30 today
now + 5 hours
now + 300 minutes
18:30 2.5.2019
18:30 5/2/2019
18:30 May 2
```

在输入 at 命令后，系统会出现 at>提示符，等待用户输入将要执行的命令。在命令输入完成后，按 Ctrl+D 组合键结束，系统将在屏幕上显示 at 调度执行时间。例如：

```
[root@www ~]# at 23:59 12/31/2019
at>who
at>wall Happy New Year!
```

```
at><ctrl+D>
job 1 at 2019-12-31 23:59
//在 2019 年 12 月 31 日 13 点 59 分，向所有登录系统用户发送"Happy New Year!"信息
```

2．cron 调度

at 调度会在一定时间内完成一定任务，但是只能执行一次。也就是说，在指定运行命令后，系统会在指定时间完成任务，然后一切就结束了。但是在很多情况下需要不断重复一些命令，比如公司每周一自动以邮件方式向员工通知本周公司的工作安排，或者每天例行的数据备份工作，这时就需要使用 cron 调度来完成任务了。

cron 调度依靠 crond 进程进行监控，crond 进程会在系统启动时自动启动，并在后台运行。crond 进程每隔 1 分钟就检测一次 crontab 配置文件，并按照设置内容，定期重复执行指定的 cron 调度工作。

1）crontab 配置文件

crontab 配置文件所在的路径是/etc/crontab，/etc/crontab 文件内容如图 8-2 所示，crontab 配置文件包含 6 个字段，依次为分钟、小时、日期、月份、星期和命令名称，具体说明如表 8-7 所示。

```
SHELL=/bin/bash
PATH=/sbin:/bin:/usr/sbin:/usr/bin
MAILTO=root

# For details see man 4 crontabs

# Example of job definition:
# .---------------- minute (0 - 59)
# |  .------------- hour (0 - 23)
# |  |  .---------- day of month (1 - 31)
# |  |  |  .------- month (1 - 12) OR jan,feb,mar,apr ...
# |  |  |  |  .---- day of week (0 - 6) (Sunday=0 or 7) OR sun,mon,tue,wed,thu,fri,sat
# |  |  |  |  |
# *  *  *  *  * user-name  command to be executed




"/etc/crontab" 15L, 451C
```

图 8-2　/etc/crontab 文件内容

在 crontab 文件中，需要注意的内容如下所述。

（1）所有字段不能为空，字段之间使用空格隔开。

（2）如果不指定字段内容，则需要输入通配符"*"，表示全部。比如，在 day（日期）字段输入"*"，表示每天都执行。

（3）可以使用"-"表示一段时间，比如在 day（日期）字段输入"6-9"，则每个月的6—9 日都要执行指定的命令。

（4）如果不是连续的日期，则时间可用“,”隔开，比如，在 day（日期）字段输入“6,9”表示每个月 6 日和 9 日执行。

（5）可以使用“*/”来表示每次执行的时间间隔。比如，在 minute（分钟）字段输入“*/5”表示每 5 分钟执行一次命令。

（6）日期和星期只需要有一个匹配即可执行指定命令，但是其他字段必须完全匹配才可以执行相关命令。

表 8-7　crontab 文件字段说明

字 段 名 称	作　　用	取 值 范 围
分钟	每小时的第几分钟执行	0～59
小时	每天的第几小时执行	0～23
日期	每月的第几天执行	1～31
月份	每年的第几月执行	1～12（或者使用英文简写，如 jan、feb、mar……）
星期	每周几执行	0～6（星期日用 0 或 7 表示，或者用英文简写，如 sun、mon、tue、wen……）
命令名称	所执行的 Shell 命令	可以执行的 Shell 命令

2）crontab 命令

crontab 命令的功能是管理用户的 crontab，每个用户在定制例行性任务时，会先以用户身份登录然后执行 crontab 命令。

crontab 命令格式如下：

```
crontab [选项]
```

常用选项说明如下：

```
-e 创建、编辑配置文件。
-l 显示配置文件内容。
-r 删除配置文件。
```

例如：

admin 用户需要设置 cron 调度，要求在每周星期一、星期三早上 5 点，将/home/admin 目录中的所有文件打包并压缩至/bak 目录下，取名为 admin.tar.gz。

首先以 admin 身份登录系统，然后进行如下设置：

```
[admin@www ~]$ crontab -e
```

在输入“crontab -e”命令后，系统会自动启动 vi 编辑器，用户输入如下配置内容后，保存并退出：

```
0 5 * * 1,3 tar -czf /bak/admin.tar.gz /home/admin
```

此时在/var/spool/cron 目录下会出现一个名称为 admin 的文件，文件内容同上，系统会根据设置的时间执行指定命令，如图 8-3 所示。

```
[root@www ~]# su admin
[admin@www root]$ cd
[admin@www ~]$ crontab -e
crontab: installing new crontab
[admin@www ~]$ exit
exit
[root@www ~]# cat /var/spool/cron/admin
0 5 * * 1,3 tar -czf /bak/admin.tar.gz /home/admin
```

图 8-3　cron 调度创建及查看全过程

管理员需要在每天零点将系统日志输出到/root/syslog 目录中。

管理员以 root 身份登录，执行 crontab -e 命令，输入如下内容，保存并退出：

```
0 0 * * * /usr/bin/journalctl -r>/root/syslog
```

第 9 章

磁盘高级管理

　　磁盘高级管理主要涉及两部分——LVM 和 RAID。LVM 是一个强大的动态磁盘管理工具，实现了在线增减磁盘容量，还具有磁盘镜像功能，可实现数据的动态热备份。目前，在安装 Linux 时，默认的分区类型就是 LVM，所以合格的管理员应该学会如何动态管理 LVM 分区。而 RAID 技术则提供了非常好的数据冗余备份功能，同时提高了成本支出，但是"硬盘有价，数据无价"。RAID 技术有效降低了硬盘设备损坏后丢失数据的几率，增加了硬盘设备的读写速度，所以 RAID 在绝大多数运营商或大中型企业中被广泛部署和应用。

9.1 逻辑卷管理

LVM 逻辑卷管理的主要原理是在物理硬盘上添加一个逻辑层，这个逻辑层是虚拟的、抽象的。LVM 可以让管理员方便地扩展或减少逻辑卷的容量，使用灵活方便的名称对逻辑卷命名，获得更快的存储速度。

9.1.1 LVM 简介

1. LVM 模型和基本概念

LVM 模型如图 9-1 所示，物理硬盘或分区转变为 PV，一个或多个 PV 组成 VG，LV 创建在 VG 上。

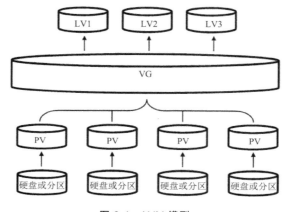

图 9-1　LVM 模型

（1）物理存储介质（The Physical Media）：指真实的物理硬盘或分区。

（2）物理卷（Physical Volume）：简称 PV，是 LVM 的基本存储逻辑块，通常是某个磁盘的分区。在创建 PV 时，系统会把 LVM 相关的管理参数写到 PV 中，这也是它与普通分区最大的区别。

（3）卷组（Volume Group）：简称 VG，它由一个或多个 PV 组成，在逻辑上类似于一个大的物理硬盘，可以在上面创建分区（逻辑卷）。

（4）逻辑卷（Logical Volume）：简称 LV，是在 VG 上创建的分区。逻辑卷在格式化后就可以直接使用了。

（5）物理扩展（Physical Extents）：简称 PE，PE 是 PV 中可用于分配的最小存储单元，它的大小可根据实际情况在建立 VG 时指定，但是它的大小一旦确定就不能更改了，默认为 4MB。同一 VG 中的所有 PE 大小需要一致。一个 VG 最多可以由 65536 个 PE 组成，所以 PE 的大小决定了 VG 的容量，默认一个 VG 的容量最多为 4 MB×65536=256GB。

（6）逻辑扩展（Logical Extents）：简称 LE，LE 是 LV 中可被寻址的基本单位，在同一个 VG 中，LE 和 PE 一一对应，大小完全相同。

2．LVM 相关软件包

查询 LVM 相关软件包的安装情况，一般所需的软件包都会随系统安装，不用额外安装。例如：

```
[root@www ~]# rpm -qa |grep lvm
…
lvm2-2.02.180-8.el7.x86_64
//lvm 主程序
lvm2-libs-2.02.180-8.el7.x86_64
//lvm 动态链接库
…
```

如果在查询后返回的结果为空，则要自行安装 LVM 软件包，命令如下：

```
[root@www ~]#yum -y install lvm2 lvm2-libs
```

9.1.2　LVM 的建立

LVM 的建立通常包括以下几个步骤。

1．添加硬盘

在"虚拟机设置"对话框中单击"添加"按钮，硬件类型选择"硬盘"，然后按照向导一步一步地完成硬盘添加即可，详细步骤不再赘述。

2．将分区转化为 LVM 分区

使用 fdisk 命令将物理分区的 ID 由 83 更改为 8e，即可将分区转化为 LVM 分区。将 /dev/sdb 中的主分区/dev/sdb1 指定为 LVM 分区，命令如下：

```
Command (m for help): t
Partition number (1,2,4-6, default 6): 1
Hex code (type L to list all codes): 8e
Changed type of partition 'Linux' to 'Linux LVM'
```

3．PV 管理

1）使用 pvcreate 命令建立 PV

pvcreate 命令格式如下：

```
pvcreate [选项] 物理卷
```

常用选项说明如下：

```
-f 强制创建物理卷，不需要用户确认。
-u 指定设备的 UUID。
-y 对所有的问题都回答"y"。
-Z 是否利用前 4 个扇区。
```

在分区/dev/sdb1 上创建 PV，需要注意 PV 的分区不能是被挂载或者被使用的分区。可以使用 "pvcreate 物理卷 1、物理卷 2 ……" 的形式连续创建多个 PV，也可以使用 "pvcreate 磁盘{1,2,3...}" 数组形式连续创建多个 PV，在创建完成后，可以使用 pvscan 命令扫描系统中的 PV，使用 pvdisplay 命令列出 PV 的详细信息。例如：

```
[root@www ~]# pvcreate /dev/sdb1
  Can't open /dev/sdb1 exclusively.  Mounted filesystem?
[root@www ~]# pvcreate /dev/sdb1
WARNING: xfs signature detected on /dev/sdb1 at offset 0. Wipe it? [y/n]: y
  Wiping xfs signature on /dev/sdb1.
  Physical volume "/dev/sdb1" successfully created.
[root@www ~]# pvcreate -fy /dev/sdb{1,2,5,6}
  Wiping xfs signature on /dev/sdb1.
  Wiping ext4 signature on /dev/sdb2.
  Wiping xfs signature on /dev/sdb5.
  Physical volume "/dev/sdb1" successfully created.
  Physical volume "/dev/sdb2" successfully created.
  Physical volume "/dev/sdb5" successfully created.
  Physical volume "/dev/sdb6" successfully created.
```

2）查看或扫描系统中的 PV

使用 pvs 与 pvscan 命令显示出来的内容几乎相同，不同之处在于使用 pvscan 命令会扫描系统中连接的所有硬盘，列出 PV 列表。例如：

```
[root@www ~]# pvs
  PV         VG    Fmt   Attr      PSize    PFree
  /dev/sdb1  vglm  lvm2 a--    9.98g    9.98g
  /dev/sdb2        lvm2 ---   10.00g   10.00g
  /dev/sdb5        lvm2 ---   10.00g   10.00g
  /dev/sdb6        lvm2 ---   10.00g   10.00g
  /dev/sdc1  vglm  lvm2 a--    9.98g    9.98g
[root@www ~]# pvscan
  PV /dev/sdb1   VG vglm                lvm2 [9.98 GiB / 9.98 GiB free]
  PV /dev/sdc1   VG vglm                lvm2 [9.98 GiB / 9.98 GiB free]
  PV /dev/sdb6                          lvm2 [10.00 GiB]
  PV /dev/sdb2                          lvm2 [10.00 GiB]
  PV /dev/sdb5                          lvm2 [10.00 GiB]
  Total: 5 [<49.97 GiB] / in use: 2 [<19.97 GiB] / in no VG: 3 [30.00 GiB]
```

3）查看 PV 的详细信息

使用 pvdisplay 命令可以非常详细地显示各 PV 的情况。例如：

```
[root@www ~]# pvdisplay
  --- Physical volume ---
  PV Name               /dev/sdb1
  VG Name               vglm
  PV Size               10.00 GiB / not usable 16.00 MiB
  Allocatable           yes
  PE Size               16.00 MiB
```

```
 Total PE               639
 Free PE                639
 Allocated PE           0
 PV UUID                cXRLwf-Msri-WK9W-iiqW-cGCi-eHI2-cH9j06
  …
```

4）删除 PV

```
[root@www ~]# pvremove /dev/sdb1
  Labels on physical volume "/dev/sdb1" successfully wiped.
```

4. VG 管理

1）利用 PV 创建 VG

使用 vgcreate 命令可以创建 VG。VG 可以将多个物理卷组织成一个整体，屏蔽了底层物理卷细节。

vgcreate 命令格式如下：

```
vgcreate [选项] 卷组名 物理卷列表
```

常用选项说明如下：

-l 卷组上允许创建的最大逻辑卷数。
-p 卷组中允许添加的最大物理卷数。
-s 卷组上的物理卷的 PE 大小，默认为 4MB，PE 大小必须为 2^nMB。

例如，创建 VG，名称为 vglm，并且指定 PE 大小为 16MB，命令如下：

```
[root@www ~]# vgcreate -s 16 vglm /dev/sdb1 /dev/sdc1
  Physical volume "/dev/sdc1" successfully created.
  Volume group "vglm" successfully created
///dev/sdc1 还不是 PV，在创建 VG 之前，先将 /dev/sdc1 转化为 PV
```

2）查看或者扫描系统中的 VG

使用 vgs 和 vgscan 命令可以查看或扫描系统中的 VG。例如：

```
[root@www ~]# vgs
  VG      #PV     #LV     #SN     Attr      VSize     VFree
  vglm    2       0       0       wz--n-    <19.97g   <19.97g
[root@www ~]# vgscan
  Reading volume groups from cache.
  Found volume group "vglm" using metadata type lvm2
```

3）查看 VG 的详细信息

使用 vgdisplay 命令可以非常详细地显示各 VG 的情况。例如：

```
[root@www ~]# vgdisplay
  --- Volume group ---
  VG Name               vglm
  System ID
  Format                lvm2
  Metadata Areas        2
  Metadata Sequence No  1
```

```
VG Access              read/write
VG Status              resizable
MAX LV                 0
Cur LV                 0
Open LV                0
Max PV                 0
Cur PV                 2
Act PV                 2
VG Size                <19.97 GiB
PE Size                16.00 MiB
Total PE               1278
Alloc PE / Size        0 / 0
Free  PE / Size        1278 / <19.97 GiB
VG UUID                q1O2NR-1PRp-8gMU-niwk-pr20-ToPv-h31R08……
```

4）删除 VG

使用 vgremove 命令可以删除 VG，例如，需要删除名称为 vglm 的 VG，命令如下：

```
[root@www ~]# vgremove vglm
 Volume group "vglm" successfully removed
```

如果准备删除的 VG 上已经创建了 LV，则在删除该 VG 时会把在它上面创建的所有 LV 一并删除。

5．LV 管理

1）在 VG 上创建 LV

使用 lvcreate 命令可以创建 LV。逻辑卷 LV 位于 VG 之上，LV 对应的设备文件保存在 VG 目录下。

lvcreate 命令格式如下：

```
lvcreate [选项] -n 逻辑卷名 卷组名
```

常用选项说明如下：

```
-L 指定逻辑卷的大小，单位为 "kKmMgGtT" 字节。
-l 指定逻辑卷的大小（LE 数）。
-n 指定逻辑卷名称。
-s 创建快照。
```

例如，在 vglm 上创建一个名称为 lvlm、大小为 100MB 的 LV，命令如下：

```
[root@www ~]#lvcreate -L 100M -n lvlm vglm
 Rounding up size to full physical extent 112.00 MiB
 Logical volume "lvlm" created.
//从结果可以看出，想创建的 LV 大小为 100MB，系统提示实际创建出来的 LV 大小为 112MB。原来，LV
//的大小由 "LE 的大小×LE 的个数" 决定，而 LE 的大小由 PE 大小决定，由于前面已经把 VG 的 PE 设
//定为 16MB，所以 LE 也应该是 16MB，而 lvlm 有 7 个 LE，所以 lvlm 的大小为 16MB×7=112MB，而
//不是设定的 100MB
```

2）查看或扫描系统中的 LV

使用 lvs 和 lvscan 命令可以查看或扫描系统中的 LV。

```
[root@www ~]# lvs
  LV   VG  Attr    LSize Pool Origin Data% Meta% Move Log Cpy%Sync Convert
  lvlm vglm -wi-a----- 112.00m
[root@www ~]# lvscan
  ACTIVE            '/dev/vglm/lvlm' [112.00 MiB] inherit
```

3）查看 LV 的详细信息

使用 lvdisplay 命令可以非常详细地显示各 LV 的情况。例如：

```
[root@www ~]# lvdisplay
  --- Logical volume ---
  LV Path                /dev/vglm/lvlm
  LV Name                lvlm
  VG Name                vglm
  LV UUID                osP6fd-FMWS-PkDg-Pr3q-nbRJ-QKp8-l5poBD
  LV Write Access        read/write
  LV Creation host, time www.db.com, 2019-10-17 15:14:12 +0800
  LV Status              available
  # open                 0
  LV Size                112.00 MiB
  Current LE             7
  Segments               1
  Allocation             inherit
  Read ahead sectors     auto
  - currently set to     8192
  Block device           253:0
```

4）删除 LV

使用 lvremove 命令可以删除 LV。

lvremove 命令格式如下：

```
lvremove [选项] [逻辑卷路径]
```

常用选项说明如下：

```
-f 强制删除。
```

例如：

```
[root@www ~]# lvremove /dev/vglm/lvlm
Do you really want to remove active logical volume vglm/lvlm? [y/n]: y
  Logical volume "lvlm" successfully removed
//如果在 lvremove 命令后面加上--yes 选项，则不需要用户输入"y"
```

5）创建逻辑卷镜像

逻辑卷镜像（LVM Mirror）是双磁盘系统数据同步复制机制，是基于 IBM 主机系统和 IBM 存储系统相互配合的方式，是目前技术成熟度高、实施快速简便、行之有效的数据冗余方式。例如：

```
[root@www ~]# vgcreate vgmirror /dev/sdb2 /dev/sdb5 /dev/sdb6 /dev/sdc2
  Volume group "vgmirror" successfully created
```

```
[root@www ~]# lvcreate -L 10G -n lvmirror -m1 vgmirror
  Logical volume "lvmirror" created.
[root@www ~]# lvdisplay /dev/vgmirror/lvmirror
  --- Logical volume ---
  LV Path                /dev/vgmirror/lvmirror
  LV Name                lvmirror
  VG Name                vgmirror
  LV UUID                00UqMe-1OUF-BZBe-T51w-oiwq-x6RC-VjUhmL
  LV Write Access        read/write
  LV Creation host, time www.db.com, 2019-10-17 20:56:26 +0800
  LV Status              available
  # open                 0
  LV Size                10.00 GiB
  Current LE             2560
  Mirrored volumes       2
  Segments               1
  Allocation             inherit
  Read ahead sectors     auto
  - currently set to     8192
  Block device           253:5
[root@www ~]# lvs -a -o +devices
```

```
[root@www ~]# lvs -a -o +devices
  LV                   VG       Attr       LSize  Pool Origin Data%  Meta%  Move Log Cpy%Sync Convert Devices
  lvlm                 vglm     -wi-a----- 10.00g                                                     /dev/sdb1(0)
  lvlm                 vglm     -wi-a----- 10.00g                                                     /dev/sdc1(0)
  lvmirror             vgmirror rwi-a-r--- 10.00g                              100.00                 lvmirror_rimage_0(0),lvmirror_rimage_1(0)
  [lvmirror_rimage_0]  vgmirror iwi-aor--- 10.00g                                                     /dev/sdb2(1)
  [lvmirror_rimage_0]  vgmirror iwi-aor--- 10.00g                                                     /dev/sdb6(0)
  [lvmirror_rimage_1]  vgmirror iwi-aor--- 10.00g                                                     /dev/sdc2(1)
  [lvmirror_rimage_1]  vgmirror iwi-aor--- 10.00g                                                     /dev/sdb5(1)
  [lvmirror_rmeta_0]   vgmirror ewi-aor---  4.00m                                                     /dev/sdb2(0)
  [lvmirror_rmeta_1]   vgmirror ewi-aor---  4.00m                                                     /dev/sdb5(0)
```

在 VGRoot 上创建 10GB 的镜像逻辑卷 lvmirror，并且使用/dev/sdb2 作为数据磁盘，使用/dev/sdc2 作为/dev/sdb2 的镜像，使用/dev/sdb5 作为日志，/dev/sdb6 备用。创建镜像逻辑卷需要用到-m 参数，-m1 表示有一个镜像盘。

6. LV 的格式化和挂载

LV 分区的格式化和挂载与普通的分区是一样的，此处不再赘述，本例可以使用如下命令：

```
[root@www ~]# mkdir /lvmnt
[root@www ~]# mkfs.xfs /dev/vglm/lvlm
[root@www ~]# mkfs.xfs /dev/vglm/lvlm
meta-data=/dev/vglm/lvlm       isize=512    agcount=4, agsize=655360 blks
         =                     sectsz=512   attr=2, projid32bit=1
         =                     crc=1        finobt=0, sparse=0
data     =                     bsize=4096   blocks=2621440, imaxpct=25
         =                     sunit=0      swidth=0 blks
naming   =version 2            bsize=4096   ascii-ci=0 ftype=1
log      =internal log         bsize=4096   blocks=2560, version=2
         =                     sectsz=512   sunit=0 blks, lazy-count=1
realtime =none                 extsz=4096   blocks=0, rtextents=0
[root@www ~]# mount /dev/vglm/lvlm /lvmnt
[root@www lvmnt]# df
```

```
[root@www lvmnt]# df
Filesystem          1K-blocks    Used Available Use% Mounted on
/dev/sda5           37216508 4375716 32840792  12% /
devtmpfs              915820       0   915820   0% /dev
tmpfs                 931624   10816   920808   2% /run
tmpfs                 931624       0   931624   0% /sys/fs/cgroup
tmpfs                 186328       8   186320   1% /run/user/42
tmpfs                 186328      28   186300   1% /run/user/0
/dev/mapper/vglm-lvlm 10475520   32992 10442528   1% /lvmnt
```

　　注：在创建逻辑卷时也可以使用百分比来控制逻辑卷的大小，使用的参数是-l。例如，想要创建一个 LV，大小为所在 VG 的 80%，则可以在创建时使用-l 80%VG 参数。注意，VG 是关键字，不能被省略或更改。

7. LV 和 RAID 的转换

　　在 CentOS 7.3 后，可以将 raid1 卷转换为镜像卷，并且可以使用 lvconvert 命令进行转换。命令格式如下：

```
lvconvert --type [磁盘类型]
```

　　例如：

```
[root@www ~]# lvconvert --yes --type raid1 /dev/vgmirror/lvmirror
  Logical volume vgmirror/lvmirror successfully converted.
//将镜像卷转换为 raid1 卷，若使用--yes 选项，则不需要输入"y"
[root@www ~]# lvconvert --type mirror /dev/vgmirror/lvmirror
Are you sure you want to convert vgmirror/lvmirror back to the older mirror
type? [y/n]: y
  Logical volume vgmirror/lvmirror successfully converted.
//将 raid1 卷转换为镜像卷
```

9.1.3　LVM 的管理

　　如前文所述，LVM 的最大好处就是可以动态管理磁盘空间，实现在线不停机地扩展磁盘的容量。下面主要介绍如何动态管理 VG 和 LV 的磁盘空间。

1. VG 的动态管理

　　1）扩展 VG 容量

　　如果想扩展 VG 的容量，则可以使用 **vgextend** 命令来增加该 VG 中的 PV 个数。

　　命令格式如下：

```
vgextend VG 名 [PV 名或分区]
```

　　例如，扩展/dev/sdc3 的容量，命令如下：

```
[root@www ~]# vgs
  VG        #PV   #LV   #SN   Attr    VSize    VFree
  vglm        2     1     0   wz--n- <19.97g  <9.97g
  vgmirror    4     1     0   wz--n-  39.98g  19.98g
[root@www ~]# vgextend vglm /dev/sdc3
  Physical volume "/dev/sdc3" successfully created.
  Volume group "vglm" successfully extended
```

```
//扩展 VG—vglm 的容量，由于/dev/sdc3 不是 PV，因此需要先将/dev/sdc3 转化为 PV
[root@www ~]# vgs
  VG           #PV   #LV   #SN   Attr    VSize    VFree
  vglm          3     1     0    wz--n-  29.95g   19.95g
  vgmirror      4     1     0    wz--n-  39.98g   19.98g
//扩展后的 VG—vglm 容量增加 10GB
```

2）减少 VG 容量

如果想减少 VG 的容量，则可以使用 vgreduce 命令来减少该 VG 中的 PV 个数。

命令格式如下：

```
vgreduce VG 名 PV 名
```

例如：

```
[root@www ~]# vgreduce vglm /dev/sdb1
  Physical volume "/dev/sdb1" still in use
[root@www ~]# vgreduce vglm /dev/sdc3
  Removed "/dev/sdc3" from volume group "vglm"
//可以不卸载正在使用的 LV。另外，只能减少没有被使用的 PV 容量，否则会提示"Physical volume
//"/dev/sdb1" still in use"
```

2．LV 的动态管理

1）扩展 LV 容量

如果想扩展 LV 的容量，则可以使用 lvextend 命令来实现。

命令格式如下：

```
lvextend -L 容量大小 LV
```

例如：

```
[root@www ~]# lvextend -L 15g /dev/vglm/lvlm
  Size of logical volume vglm/lvlm changed from 10.00 GiB (640 extents) to
15.00 GiB (960 extents).
  Logical volume vglm/lvlm successfully resized.
//将逻辑卷的容量由 10GB 扩展到 15GB，可使用 lvs 命令查看
```

2）缩减 LV 容量

如果想缩减 LV 的容量，则可以使用 lvreduce 命令来实现。

命令格式如下：

```
lvreduce -L 容量大小 LV
```

例如：

```
[root@www ~]# lvreduce -L 12g /dev/vglm/lvlm
  WARNING: Reducing active logical volume to 12.00 GiB.
  THIS MAY DESTROY YOUR DATA (filesystem etc.)
Do you really want to reduce vglm/lvlm? [y/n]: y
  Size of logical volume vglm/lvlm changed from 15.00 GiB (960 extents) to
12.00 GiB (768 extents).
```

```
Logical volume vglm/lvlm successfully resized.
```
//将逻辑卷的容量由 15GB 缩减到 12GB

由命令执行结果可以看出，在扩展容量时不会提示数据可能损坏，而在减少容量时则会提示可能会破坏磁盘上的数据，虽然在实际生产中扩展用得比较多，但如果真的需要减少逻辑卷的容量，那么必须在操作之前做好备份，以免数据丢失。一般顺序是检查文件系统，缩减文件系统的大小，缩减逻辑卷的大小。

3）同步磁盘信息

在扩展后，使用 df 命令查看磁盘容量，更改后的容量还没有被应用到系统中，如图 9-2 所示。

```
[root@www ~]# df
Filesystem              1K-blocks      Used Available Use% Mounted on
/dev/sda5               37216508   4370224  32846284  12% /
devtmpfs                  915820         0    915820   0% /dev
tmpfs                     931624     10756    920868   2% /run
tmpfs                     931624         0    931624   0% /sys/fs/cgroup
tmpfs                     186328         8    186320   1% /run/user/42
tmpfs                     186328        32    186296   1% /run/user/0
/dev/mapper/vglm-lvlm   10475520     32992  10442528   1% /lvmnt
```

图 9-2　查看同步前的磁盘容量

在格式化和挂载时我们选择了 XFS 文件系统，所以需要使用 xfs_growfs 命令对挂载目录实现在线扩容，如图 9-3 所示。

```
[root@www ~]# xfs_growfs /dev/vglm/lvlm
meta-data=/dev/mapper/vglm-lvlm  isize=512    agcount=4, agsize=655360 blks
         =                       sectsz=512   attr=2, projid32bit=1
         =                       crc=1        finobt=0 spinodes=0
data     =                       bsize=4096   blocks=2621440, imaxpct=25
         =                       sunit=0      swidth=0 blks
naming   =version 2              bsize=4096   ascii-ci=0 ftype=1
log      =internal               bsize=4096   blocks=2560, version=2
         =                       sectsz=512   sunit=0 blks, lazy-count=1
realtime =none                   extsz=4096   blocks=0, rtextents=0
data blocks changed from 2621440 to 3145728
```

图 9-3　使用 xfs_growfs 命令

注：xfs_growfs 命令要求 LV 必须是已经挂载的，实现在线动态管理磁盘空间。

再次使用 df 命令查看磁盘容量，更改后的容量已经被应用到系统中，如图 9-4 所示。

```
[root@www ~]# df
Filesystem              1K-blocks      Used Available Use% Mounted on
/dev/sda5               37216508   4370224  32846284  12% /
devtmpfs                  915820         0    915820   0% /dev
tmpfs                     931624     10756    920868   2% /run
tmpfs                     931624         0    931624   0% /sys/fs/cgroup
tmpfs                     186328         8    186320   1% /run/user/42
tmpfs                     186328        32    186296   1% /run/user/0
/dev/mapper/vglm-lvlm   12572672     33040  12539632   1% /lvmnt
```

图 9-4　查看同步后的磁盘容量

注：如果 LV 被格式化为 EXT2、EXT3 或 EXT4，则应先使用 e2fsck 命令检查文件系统，再使用 resize2fs -f 命令同步最新的磁盘容量。由旧版本 Linux 转过来的读者要注意此处区别。

9.2　RAID 管理

提高硬盘的数据可靠性一般通过 RAID 来实现，RAID 包括 RAID 0、RAID 1、RAID 4、RAID 5、RAID 6、RAID 10。一般来说，常用的 RAID 有 RAID 0、RAID 5 等，RAID 0 需要两块硬盘即可提高硬盘读写性能，但是不能容错。RAID 5 需要三块硬盘，可以提高读写性能且允许一块硬盘出错。本节重点介绍如何创建 RAID 0 和 RAID 5。

9.2.1　RAID 简介

磁盘阵列（Redundant Arrays of Independent Drives，RAID）有"独立磁盘构成的、具有冗余能力的阵列"之意。磁盘阵列是由很多块独立的磁盘组合成的一个容量巨大的磁盘组。它将数据切割成许多区段，分别存放在各个磁盘上，然后利用分散读写技术所产生的加成效果来提升整个磁盘系统效能，同时把多个重要数据的副本同步到不同的物理设备上，从而起到数据冗余和备份的作用。磁盘阵列还能利用同位检查（Parity Check）的观念，在数组中任意一个硬盘发生故障时，仍可读出数据，并在数据重构时将经计算后的数据重新置入新硬盘中。但缺点也很明显，那就是利用率低。

RAID 技术有很多，常见的有 RAID 0、RAID 1、RAID 5、RAID 10 等，下面简单介绍一下。

1．RAID 0

RAID 0 是最早出现的 RAID 模式，即数据分条（Data Stripping）技术。RAID 0 是磁盘阵列中最简单的一种形式，只需要两块以上的硬盘即可，成本低，可以提高整个磁盘的性能和吞吐量。RAID 0 没有提供冗余或错误修复能力，但实现成本是最低的，如图 9-5 所示。

RAID 0 可以提供更多的空间和更好的性能，但是整个系统是非常不可靠的，如果出现故障，则无法进行任何补救。所以，RAID 0 一般只在对数据安全性要求不高的情况下才会被人们使用。

2．RAID 1

RAID 1 称为磁盘镜像，原理是把一个磁盘的数据镜像到另一个磁盘上，它可以将数据完全一致地分别写到工作磁盘和镜像磁盘中。只要系统中任何一对镜像磁盘中至少有一块磁盘可以使用，甚至在一半数量的磁盘出现问题时，系统都可以正常运行。当一块磁盘失效时，系统会忽略该磁盘，转而使用剩余的镜像磁盘读写数据，具备很好的磁盘冗余能力，在不影响性能的情况下最大限度地保证了系统的可靠性和可修复性。RAID 1 示意图如图 9-6 所示。

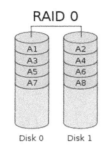

图 9-5　RAID 0 示意图

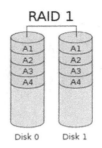

图 9-6　RAID 1 示意图

RAID 1 对于数据而言绝对安全，但是成本也会明显增加，磁盘利用率为 50%，另外如果 RAID 1 系统出现磁盘故障，则会变得不再可靠，所以一定要及时更换损坏的磁盘。在更换为新的磁盘后，原有数据需要很长时间同步镜像，但外界对数据的访问不会受到影响，只是这时整个系统的性能有所下降。因此，RAID 1 多用于保存关键数据的场合。

3．RAID 5

RAID 5 是目前最常见的 RAID 等级，它的校验数据分布在阵列中的所有磁盘上，没有专门的校验磁盘。对于数据和校验数据，它们的写操作可以同时发生在完全不同的磁盘上。如图 9-7 所示。RAID 5 还具备很好的扩展性，当阵列磁盘数量增加时，并行操作量的能力也随之增长，可支持更多的磁盘，从而拥有更高的容量及更高的性能。

RAID 5 的磁盘上会同时存储数据和校验数据，数据块和对应的校验信息会保存在不同的磁盘上，当一个数据盘损坏时，系统可以根据同一条带的其他数据块和对应的校验数据来重建损坏的数据。与其他的 RAID 等级一样，在重建数据时，RAID 5 的性能会受到较大影响。

RAID 5 兼顾存储性能、数据安全和存储成本等各方面因素，它可以被理解为 RAID 0 和 RAID 1 的折中方案，是目前综合性能最佳的数据保护解决方案。RAID 5 基本上可以满足大部分的存储应用需求，数据中心大多采用它作为应用数据的保护方案。

4．RAID 10

RAID 10 是一个 RAID 1 与 RAID 0 的组合体，它利用奇偶校验实现条带集镜像，所以它继承了 RAID 0 的快速和 RAID 1 的安全，也被称为 RAID 1+0，如图 9-8 所示。在连续地以位或字节为单位分割数据且并行读/写多个磁盘的同时，为每块磁盘制作磁盘镜像，进行冗余。RAID 10 最少需要 4 个磁盘，虽然既快速又安全，但是 CPU 占用率更高，磁盘的利用率比较低，只有 50%。

由于兼具 RAID 0 极高的读写效率和 RAID 1 较高的数据保护、恢复能力，RAID 10 成了一种性价比较高的等级，目前几乎所有的 RAID 控制卡都支持这一等级。RAID 10 能提供比 RAID 5 更好的性能。这种解决方案被广泛应用，但是这种新结构的可扩充性不好，使用此方案比较昂贵。

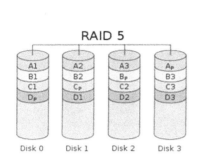

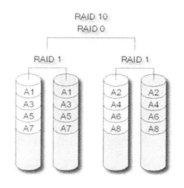

图 9-7　RAID 5 示意图　　　　　　　图 9-8　RAID 10 示意图

注：RAID 10 又称为 RAID 1+0，先进行镜像（RAID 1），再进行条带存放（RAID 0）。还有一种方式为 RAID 01，又称为 RAID 0+1，先进行条带存放（RAID 0），再进行镜像（RAID 1）。

9.2.2　准备创建 RAID 的环境

1. 确认 mdadm 命令是否安装

Linux 默认已经安装 mdadm 命令，可以使用如下命令查询安装情况（如果未安装，请自行安装，可参考第 7 章的内容）：

```
[root@www ~]# rpm -qa |grep mdadm
mdadm-4.1-rc1_2.el7.x86_64
```

注：在 Linux 中，目前以 MD（Multiple Devices）虚拟块设备的方式实现软件 RAID，利用多个底层的块设备虚拟出一个新的虚拟设备，利用条带化（Stripping）技术将数据块均匀分布到多个磁盘上来提高虚拟设备的读写性能，利用不同的数据冗余算法来保护用户数据不会因为某个块设备的故障而完全丢失，并且还能在设备被替换后将丢失的数据恢复到新的设备上。目前 MD 支持 RAID 0（Stripping）、RAID 1（Mirror）、RAID 4、RAID 5、RAID 6、RAID 10 等不同的冗余级别和集成方式。

2. mdadm 命令简介

mdadm 是 multiple devices admin 的简称，是 Linux 下的一款标准的软件 RAID 管理工具，mdadm 命令格式如下：

```
mdadm [模式] [选项]
```

常用选项说明如下：

```
-C 创建一个新的阵列。
-l 设定 RAID 等级，比如 0、1、5 等。
-n 指定阵列中可用 device 数目。
-x 指定初始阵列的富余 device 数目。
-a 自动创建对应的设备，可以提供 no、yes、md、mdp、part、p 等选择。
-D 打印一个或多个虚拟块设备（MD device）的详细信息。
```

-f 使一块磁盘发生故障。
-a 增加一块磁盘。
-r 移除一块故障 RAID 盘。
-s 扫描配置文件或者在/proc/mdstat 中搜寻丢失的信息。
-S 停止磁盘阵列。

3. 添加磁盘

添加几块磁盘，分别用来创建 RAID 0 和 RAID 5。单击"编辑虚拟机设置"按钮，在弹出的"虚拟机设置"对话框中单击"添加"按钮，在弹出的"添加硬件向导"对话框内设置"硬件类型"为"硬盘"，若创建 RAID 0，则至少添加 2 块硬盘，若创建 RAID 5，则至少添加 4 块硬盘，此处不再赘述。

9.2.3　创建 RAID 0

1. 格式化磁盘

使用 fdisk 命令将两个磁盘格式化，创建分区（将整个磁盘空间都分配给该分区），并转化为 RAID 格式系统，Id（分区类型）为 fd（创建分区等操作见第 6 章，此处不再赘述），命令如下：

```
[root@www ~]# fdisk -l|grep sd[b-c]
Disk /dev/sdb: 64.4 GB, 64424509440 bytes, 125829120 sectors
/dev/sdb1        2048   125829119          62913536   fd  Linux raid autodetect
Disk /dev/sdc: 64.4 GB, 64424509440 bytes, 125829120 sectors
/dev/sdc1        2048   125829119          62913536   fd  Linux raid autodetect
```

2. 创建 RAID 0

使用 mdadm 命令将 sdb1 和 sdc1 合并为 RAID 0，命令如下：

```
[root@www ~]# mdadm -C /dev/md0 -a yes -l 0 -n 2 /dev/sd[b-c]1
mdadm: Defaulting to version 1.2 metadata
mdadm: array /dev/md0 started.
```

3. 查看 RAID 0

在创建完成后，可以查看 RAID 的详细情况和状态，命令如下：

```
[root@www ~]# mdadm -D /dev/md0
[root@www ~]# mdadm -D /dev/md0
/dev/md0:
           Version : 1.2
     Creation Time : Sat Nov 23 02:40:25 2019
        Raid Level : raid0
        Array Size : 125759488 (119.93 GiB 128.78 GB)
      Raid Devices : 2
     Total Devices : 2
       Persistence : Superblock is persistent

       Update Time : Sat Nov 23 02:40:25 2019
             State : clean
    Active Devices : 2
   Working Devices : 2
    Failed Devices : 0
     Spare Devices : 0
```

```
            Chunk Size : 512K

Consistency Policy : none

              Name : www.db.com:0  (local to host www.db.com)
              UUID : 26d74b2f:95be7fff:9b2883c9:c4d89eef
            Events : 0

   Number   Major   Minor   RaidDevice State
      0       8      17         0      active sync   /dev/sdb1
      1       8      33         1      active sync   /dev/sdc1
[root@www ~]# cat /proc/mdstat
Personalities : [raid0]
md0 : active raid0 sdc1[1] sdb1[0]
     125759488 blocks super 1.2 512k chunks

unused devices: <none>
```

4. 格式化并挂载 RAID 0

将刚创建的 RAID 0 格式化，并使用 mount 命令挂载 RAID 0，命令如下：

```
[root@www ~]# mkfs.xfs /dev/md0
[root@www ~]# mkfs.xfs /dev/md0
meta-data=/dev/md0               isize=512    agcount=16, agsize=1964928 blks
         =                       sectsz=512   attr=2, projid32bit=1
         =                       crc=1        finobt=0, sparse=0
data     =                       bsize=4096   blocks=31438848, imaxpct=25
         =                       sunit=128    swidth=256 blks
naming   =version 2              bsize=4096   ascii-ci=0 ftype=1
log      =internal log           bsize=4096   blocks=15352, version=2
         =                       sectsz=512   sunit=8 blks, lazy-count=1
realtime =none                   extsz=4096   blocks=0, rtextents=0
[root@www ~]# mkdir /mnt/md0
//创建挂载点
[root@www ~]# mount /dev/md0 /mnt/md0
//挂载 RAID 0 到挂载点
[root@www ~]# df |grep md0
/dev/md0        125693984  33568 125660416   1% /mnt/md0
//查看磁盘空间及挂载情况
```

9.2.4 创建 RAID 5

1. 准备创建 RAID 5 的分区

使用 fdisk 命令将 4 个磁盘格式化，创建分区（将整个磁盘空间都分配给该分区），并转化为 RAID 格式系统，Id（分区类型）为 fd，命令如下：

```
[root@www ~]# fdisk -l |grep sd[b-e]
Disk /dev/sdb: 10.7 GB, 10737418240 bytes, 20971520 sectors
/dev/sdb1        2048    20971519          10484736   fd  Linux raid autodetect
Disk /dev/sdc: 10.7 GB, 10737418240 bytes, 20971520 sectors
/dev/sdc1        2048    20971519          10484736   fd  Linux raid autodetect
Disk /dev/sdd: 10.7 GB, 10737418240 bytes, 20971520 sectors
/dev/sdd1        2048    20971519          10484736   fd  Linux raid autodetect
```

```
Disk /dev/sde: 10.7 GB, 10737418240 bytes, 20971520 sectors
/dev/sde1         2048    20971519         10484736  fd  Linux raid autodetect
```

2. 创建 RAID 5

使用 mdadm 命令将/dev/sd[b-e]1 四个磁盘合并为 RAID 5。在创建完成后，使用 mdadm
-D 命令查看 RAID 5 的详细情况。然后格式化并挂载 RAID 5，和 RAID 0 的格式化和挂载
方式相同，限于篇幅，不再赘述。命令如下：

```
[root@www ~]# mdadm -C /dev/md1 -a yes -l 5 -n 3 -x 1 /dev/sd[b-e]1
mdadm: Defaulting to version 1.2 metadata
mdadm: array /dev/md1 started.
[root@www ~]# mdadm -D /dev/md1
[root@www ~]# mdadm -D /dev/md1
/dev/md1:
           Version : 1.2
     Creation Time : Sat Nov 23 03:06:55 2019
        Raid Level : raid5
        Array Size : 20951040 (19.98 GiB 21.45 GB)
     Used Dev Size : 10475520 (9.99 GiB 10.73 GB)
      Raid Devices : 3
     Total Devices : 4
       Persistence : Superblock is persistent

       Update Time : Sat Nov 23 03:07:31 2019
             State : clean, degraded, recovering
    Active Devices : 2
   Working Devices : 4
    Failed Devices : 0
     Spare Devices : 2

            Layout : left-symmetric
        Chunk Size : 512K

Consistency Policy : resync

    Rebuild Status : 24% complete

              Name : www.bigdata.com:1  (local to host www.bigdata.com)
              UUID : 059dbac2:6233a721:c84f75e6:b05bb205
            Events : 4

    Number   Major   Minor   RaidDevice State
       0       8       17        0      active sync   /dev/sdb1
       1       8       33        1      active sync   /dev/sdc1
       4       8       49        2      spare rebuilding   /dev/sdd1

       3       8       65        -      spare   /dev/sde1
//查看新建的 RAID 5 的详细信息，可以看出处于激活状态的是 sdb1 和 sdc1，处于空闲状态的是 sde1
[root@www ~]# mkdir /mnt/md1
[root@www ~]# mkfs.xfs /dev/md1
meta-data=/dev/md1               isize=512    agcount=16, agsize=327296 blks
         =                       sectsz=512   attr=2, projid32bit=1
         =                       crc=1        finobt=0, sparse=0
data     =                       bsize=4096   blocks=5236736, imaxpct=25
         =                       sunit=128    swidth=256 blks
naming   =version 2              bsize=4096   ascii-ci=0 ftype=1
log      =internal log           bsize=4096   blocks=2560, version=2
         =                       sectsz=512   sunit=8 blks, lazy-count=1
realtime =none                   extsz=4096   blocks=0, rtextents=0
[root@www ~]# mount /dev/md1 /mnt/md1
//创建挂载点，格式化并挂载 RAID 5
```

3. 测试 RAID 5

切换到挂载点目录下，新建测试文件并复制，命令如下：

```
[root@www ~]# cd /mnt/md1
[root@www md1]# cat >test.txt
test1
test2
test3
test4
[root@www md1]# cp test.txt test.bak
 [root@www md1]# ll
total 8
-rw-r--r--. 1 root root 24 Nov 23 03:18 test.bak
-rw-r--r--. 1 root root 24 Nov 23 03:14 test.txt
```

使用 mdadm /dev/md1 -f /dev/sdb1 命令模拟一个活动磁盘损坏的情况，但是查看文件时发现文件并未丢失，命令如下：

```
[root@www md1]# mdadm /dev/md1 -f /dev/sdb1
mdadm: set /dev/sdb1 faulty in /dev/md1
[root@www md1]# ll
total 8
-rw-r--r--. 1 root root 24 Nov 23 03:18 test.bak
-rw-r--r--. 1 root root 24 Nov 23 03:14 test.txt
```

此时查看 RAID 5 的详细信息，发现备份磁盘/dev/sde1 已经自动替换了/dev/sdb1，这就是 RAID 5 的强大之处，命令如下：

```
[root@www md1]# mdadm -D /dev/md1
[root@www md1]# mdadm -D /dev/md1
/dev/md1:
           Version : 1.2
     Creation Time : Sat Nov 23 03:06:55 2019
        Raid Level : raid5
        Array Size : 20951040 (19.98 GiB 21.45 GB)
     Used Dev Size : 10475520 (9.99 GiB 10.73 GB)
      Raid Devices : 3
     Total Devices : 4
       Persistence : Superblock is persistent

       Update Time : Sat Nov 23 03:25:04 2019
             State : clean, degraded, recovering
    Active Devices : 2
   Working Devices : 3
    Failed Devices : 1
     Spare Devices : 1

            Layout : left-symmetric
        Chunk Size : 512K

Consistency Policy : resync

    Rebuild Status : 53% complete

              Name : www.bigdata.com:1  (local to host www.bigdata.com)
              UUID : 059dbac2:6233a721:c84f75e6:b05bb205
            Events : 28
```

```
Number   Major   Minor   RaidDevice State
   3       8       65        0       spare rebuilding   /dev/sde1
   1       8       33        1       active sync        /dev/sdc1
   4       8       49        2       active sync        /dev/sdd1

   0       8       17        -       faulty             /dev/sdb1
```
//此处发现 sdb1 的状态为 faulty, sde1 变为 rebuilding。

4. 移除损坏磁盘、添加新磁盘

在发现有磁盘的状态为 faulty 之后，需要马上将该磁盘移除，并添加新的磁盘作为备份磁盘，命令如下：

```
[root@www md1]# mdadm /dev/md1 -r /dev/sdb1
mdadm: hot removed /dev/sdb1 from /dev/md1
//将故障磁盘移除
[root@www md1]# mdadm /dev/md1 -a /dev/sdb1
mdadm: added /dev/sdb1
//添加一块新的磁盘，并在格式化之后，添加进磁盘阵列
[root@www md1]# mdadm -D /dev/md1
[root@www md1]# mdadm -D /dev/md1
/dev/md1:
             Version : 1.2
       Creation Time : Sat Nov 23 03:06:55 2019
          Raid Level : raid5
          Array Size : 20951040 (19.98 GiB 21.45 GB)
       Used Dev Size : 10475520 (9.99 GiB 10.73 GB)
        Raid Devices : 3
       Total Devices : 4
         Persistence : Superblock is persistent

         Update Time : Sat Nov 23 03:30:56 2019
               State : clean
      Active Devices : 3
     Working Devices : 4
      Failed Devices : 0
       Spare Devices : 1

              Layout : left- symmetric
          Chunk Size : 512K

  Consistency Policy : resync

                Name : www.bigdata.com:1  (local to host www.bigdata.com)
                UUID : 059dbac2:6233a721:c84f75e6:b05bb205
              Events : 39

      Number   Major   Minor   RaidDevice State
         3       8       65        0       active sync   /dev/sde1
         1       8       33        1       active sync   /dev/sdc1
         4       8       49        2       active sync   /dev/sdd1

         5       8       17        -       spare         /dev/sdb1
```
//此时发现新的磁盘/dev/sdb1 的状态变为 spare

9.2.5　删除 RAID

如果不想继续使用已经建立的 RAID，那么如何删除 RAID 呢？一般来说，删除 RAID 遵循以下步骤："备份重要数据"→"从挂载点卸载 RAID 设备"→"停止该 RAID"→"删除成员磁盘中的超级块信息"。下面以上一节中建立的 RAID 5 为例演示如何删除一个 RAID。

```
[root@www md1]# cd
[root@www ~]# umount /dev/md1
//卸载 RAID 5 设备
[root@www ~]# ll /dev/md1
brw-rw----. 1 root disk 9, 1 Nov 23 03:11 /dev/md1
//查看/dev/md1 的信息
[root@www ~]# mdadm -S /dev/md1
mdadm: stopped /dev/md1
//停止 RAID 5 设备
[root@www ~]# mdadm --zero-superblock /dev/sd[b-e]1
//删除成员磁盘中的超级块信息
[root@www ~]# ll /dev/md1
ls: cannot access /dev/md1: No such file or directory
//发现/dev/md1 已经不存在
```

第 10 章

Linux 网络基础与远程访问

　　本章主要介绍网络的基础知识，如 TCP/IP 协议、网络查询与连通性测试、Linux 网络参数的配置方法等。同时，为了方便远程管理 Linux，介绍了常用的远程访问服务 Telnet 和 SSH，并且介绍了在 Windows 下管理 Linux 的工具 WinSCP 和 SecureCRT。

10.1 网络相关概念

本节将介绍 TCP/IP 协议的基本概念，IP 地址的相关知识，协议端口的作用，以及 C/S 和 B/S 两种软件架构模式的工作原理。

10.1.1 TCP/IP 协议概述

通常所说的 TCP/IP 协议是指 TCP/IP 协议族，不仅包括 TCP 和 IP 两种协议，还包括 UDP、ICMP、ARP 等协议。它是一个在逻辑上可以分为 4 个层次的协议系统，每一层负责不同的功能，从下到上分别是链路层、网络层、运输层和应用层。

链路层也称网络接口层，主要负责网络接口的管理，通过传输介质，如双绞线、光纤等收发数据。本层重要的协议有 ARP（Address Resolution Protocol）地址解析协议和 RARP（Reverse Address Resolution Protocol）逆地址解析协议，其中 ARP 协议用来将 IP 层的 IP 地址映射到链路层的 MAC 地址，而 RARP 协议的作用与 ARP 协议相反。

网络层主要负责数据的传送，把数据从源地址发送到目的地址，这个过程会涉及不同网络之间的数据转发，所以该层也负责数据的路由。本层最重要的协议是 IP（Internet Protocol）网际协议，IP 协议定义了网络数据传输的基本单元、基本格式、路由选择和分组传送规则等，为网络数据传输奠定了基础。

运输层为主机间的应用程序提供端到端的通信。本层重要的两个协议是 TCP（Transmission Control Protocol）传输控制协议和 UDP（User Datagram Protocol）用户数据报协议。TCP 协议提供的是一种可靠的、基于连接的数据传输机制，而 UDP 协议提供的是非可靠的、无须连接的数据传输机制。

应用层为应用程序的网络通信提供支持，这些应用程序的数据包格式可能是应用程序专用的。该层中包含了一些常用的应用程序通信协议，如 Telnet、FTP 和 HTTP 协议等。

10.1.2 IP 地址

在现实生活中，寄快递需要填写正确的收发人地址，而在网络中，主机发送数据包同样需要指出收发主机的地址，这个地址就是通常所说的 IP 地址。在网络中，IP 地址是绑定在网卡上的，所以在逻辑上可以认为，IP 地址是唯一的、不能重复的。

1. IPv4 地址

IP 地址分为 IPv4 和 IPv6 两个版本，目前常用的是 IPv4 地址，IPv4 地址是由 32 位（4 字节）二进制数组成的，由于每个字节是 8 位，所以将每个字节的取值范围转换为十进制正整数为 0～255。通常 IPv4 地址会在每个字节之间用点号分隔，如 10.160.0.199，这种表示方法称为点分十进制表示法。

每个 IPv4 地址都由网络号和主机号两部分组成，如图 10-1 所示。

图 10-1　IPv4 地址结构

其中，网络号决定了该 IP 所在的网络，而主机号才是主机在该网络中真正的地址。这类似于电话号码，有区号和电话号之分。IPv4 地址可以分为 A、B、C、D、E 五类，如图 10-2 所示。

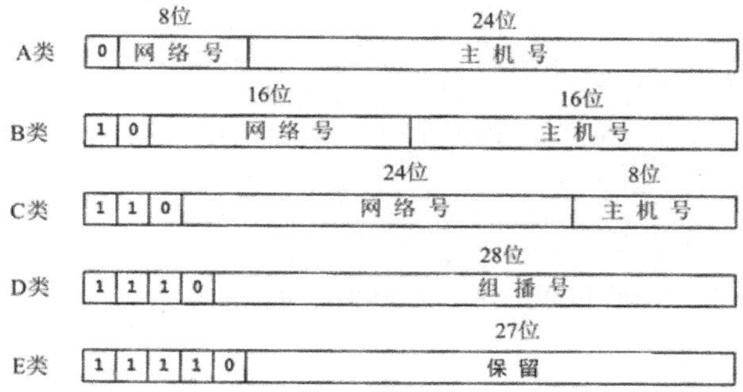

图 10-2　IPv4 地址分类

A 类 IPv4 地址由 8 位网络号和 24 位主机号组成，其中前一位被限定为 0。所以 A 类 IPv4 地址可以表示为 2^7 个网络号和 2^{24} 个主机号，由于规定二进制数全部为 0 的 IP 地址代表网络地址，全部为 1 的 IP 地址代表广播地址，所以实际有效可用的网络号和主机号都要减去全部为 0 和全部为 1 的 IP 地址，即有效网络号为 $2^7-2=126$ 个，有效主机号为 $2^{24}-2=16777214$ 个。A 类 IPv4 地址适用于大型网络。

B 类 IPv4 地址由 16 位网络号和 16 位主机号组成，其中前两位被限定为 10。所以 B 类 IPv4 地址的有效网络号为 $2^{14}-2=16382$ 个，有效主机号为 $2^{16}-2=65534$ 个。B 类 IPv4 地址适用于中型网络。

C 类 IPv4 地址由 24 位网络号和 8 位主机号组成，其中前三位被限定为 110。所以 C 类 IPv4 地址的有效网络号为 $2^{21}-2=2097150$ 个，有效主机号为 $2^8-2=254$ 个，C 类 IPv4 地址适用于小型网络。

D 类 IPv4 地址前四位被限定为 1110，用于支持组播通信，也称组播地址。

E 类 IPv4 地址前五位被限定为 11110，这类 IP 地址作为保留地址，一般不开放给个人主机使用。

2. IPv6 地址

随着物联网时代的到来，IPv4 地址的容量已经接近饱和，互联网世界需要更多的 IP 地址，IPv6 地址解决了这个问题。IPv6 地址采用 128 位二进制数，是 IPv4 地址容量的 4 倍，号称可以为全世界的每一粒沙子编上 IP 地址。

由于 IPv6 地址位数的增加，如果还使用 IPv4 地址的点分十进制法来表示，就会显得很冗长，因此最流行的 IPv6 地址表示法为冒分十六进制表示法。该方法把 128 位二进制数划分为 8 段，每段之间用冒号分隔，每段内部由 4 位十六进制数组成，例如：

ABCD:EF01:2345:6789:ABCD:EF01:2345:6789

为了更方便地表示 IPv6 地址，人们还制定了简化的 IPv6 地址表示规则，具体如下所述。

（1）如果某段 IPv6 地址为 0000，则可以简化为 0。

例如，ABCD:0000:2345:0000:ABCD:0000:2345:0000 可以简化为 ABCD:0:2345:0:ABCD:0:2345:0。

（2）如果连续多段 IPv6 地址为 0000，则可以简化为"::"，而"::"在一个 IPv6 地址中只能出现一次，不仅可以出现在 IPv6 地址的中间，也可以出现在 IPv6 地址的开头或者结尾。如果一个 IPv6 地址中有多段可以简化为"::"，则一般简化连续最长的那段"0000"或者简化左边第一段可简化的那段"0000"。

例如，ABCD:0000:0000:0000:ABCD:0000:2345:0000 可以简化为 ABCD::ABCD:0:2345:0。

IPv6 地址的分类还在完善中，有兴趣的读者可以查看 IANA 组织的官方网站，这里不再赘述。

10.1.3　协议端口

当主机从网络中收到数据包时，操作系统到底应该将该数据包交给哪个应用程序来处理呢？这就是协议端口的作用了。操作系统会通过数据包标识的端口号把数据包交给对应端口号的应用程序。事实上，网络间的通信除了需要用到 IP 地址，还需要用到端口号，否则操作系统就不知道该如何处理数据包了。

TCP/IP 协议采用 16 位二进制整数来表示端口号，即端口号范围是 1~65535。其中，0~1023 为公知端口（Well Known Ports），这些端口固定由一些使用广泛、知名度高的协议所使用，如 HTTP 协议使用 80 端口、FTP 协议使用 21 端口；1024~65535 为动态端口（Dynamic Ports），这些端口不固定由某些协议所使用，在某应用程序有需要时，系统会为其分配端口，在该应用程序关闭后，系统可回收端口并分配给其他应用程序。

10.1.4　两种软件架构模式

下面介绍 Linux 中两种常见的软件架构模式，分别是客户端/服务器端架构模式和浏览器/服务器架构模式。

1. 客户端/服务器端架构模式

顾名思义，客户端/服务器端架构模式是一种利用客户端（Client）和服务器端（Server）

一起为用户提供解决问题方案的软件架构模式，简称 C/S 架构模式。在 C/S 架构模式下，客户端除了负责展示内容，还参与一定的业务逻辑运算，这既能减轻服务器的运算压力，也能减轻网络的负担，但这会给软件的维护带来不便，因为在软件升级时，客户端往往也要跟着一起升级。

在日常生活和工作中，常用的 QQ 就属于 C/S 架构模式，计算机所打开的 QQ 就是客户端，只有通过网络连接到 QQ 服务器的用户才能使用 QQ 的所有功能，如果用户留意的话，就会发现 QQ 客户端参与了 QQ 软件系统中的大量运算工作，如信息管理、本地数据管理等，所以即使 QQ 用户处于离线的状态，QQ 客户端也能在本地运行部分的功能。

在 Linux 中，常见的使用 C/S 架构模式的软件有 FTP、DHCP、postfix 等。

2. 浏览器/服务器架构模式

浏览器/服务器架构模式是一种利用浏览器（Browser）和服务器（Server）一起为用户提供解决问题方案的软件架构模式，简称 B/S 架构模式。与 C/S 架构模式不同，在 B/S 架构模式下，浏览器只负责业务展示，几乎很少参与业务逻辑运算。由于不需要专用的客户端，所以这种模式部署灵活，维护也方便。

当用户使用浏览器打开某个网站时，浏览器就是一个客户端，其本身并没有网页的内容，它通过网络向 Web 服务器发出请求，然后由 Web 服务器处理请求并把包含网页内容的回应发回给浏览器，再由浏览器把内容展示出来，在这个过程中浏览器几乎不参与后端服务器的运算。当 Web 服务器升级时，浏览器并不需要跟着一起升级。

在 Linux 中，常见的使用 B/S 架构模式的软件有 httpd。

10.2　Linux 网络应用技术

本节将介绍 Linux 网络的简单应用技术。例如，如何查询 Linux 的网络状态，查询到的网络状态结果所代表的意义，以及如何测试网络之间的连通性和常用的 Linux 之间的文件传输工具。

10.2.1　网络查询与连通性测试

1. 查询本地网络接口（网卡）状态

在 CentOS 7 中，可以使用 ifconfig、ip addr 等命令来查询网络接口的状态，如果系统是最小化安装的，则默认没有安装 ifconfig 工具，用户必须自己安装 net-tools 软件包，安装命令如下：

```
[root@localhost ~]# yum -y install net-tools
```

1）使用 ifconfig 命令查询所有网络接口的状态

```
[root@localhost ~]# ifconfig
ens33: flags=4163<UP,BROADCAST,RUNNING,MULTICAST>  mtu 1500
        inet 10.160.0.199  netmask 255.255.255.0  broadcast 10.160.0.255
        ether 00:0c:29:34:da:f7  txqueuelen 1000  (Ethernet)
        RX packets 478  bytes 49388 (48.2 KiB)
        RX errors 0  dropped 0  overruns 0  frame 0
        TX packets 120  bytes 15961 (15.5 KiB)
        TX errors 0  dropped 0  overruns 0  carrier 0  collisions 0
lo: flags=73<UP,LOOPBACK,RUNNING>  mtu 65536
        ...
//本主机有两张网卡，名称分别是 ens33 和 lo，其中 lo 为本地回环网卡
//UP 表示网卡已经启动
//BROADCAST 表示支持广播
//RUNNING 表示网线已插上
//MULTICAST 表示支持多播
//LOOPBACK 表示支持本地回环
//mtu 1500 表示最大数据传输单元为 1500 字节
//inet 10.160.0.199  netmask 255.255.255.0  broadcast 10.160.0.255 指明网卡的 IP
//地址、子网掩码和广播地址
//ether 00:0c:29:34:da:f7 表示网卡的 MAC 地址
//txqueuelen 1000 表示网卡的传送队列长度
//Ethernet 表示连接类型为以太网
//RX packets 表示接收的正确数据包
//RX errors 表示接收的错误数据包
//TX packets 表示发送的正确数据包
//TX errors 表示发送的错误数据包
```

2）使用 ip addr 命令查询所有网络接口的状态

```
[root@localhost ~]# ip addr
1: lo: <LOOPBACK,UP,LOWER_UP> mtu 65536 qdisc noqueue state UNKNOWN group
default qlen 1000
        ...
2: ens33: <BROADCAST,MULTICAST,UP,LOWER_UP> mtu 1500 qdisc pfifo_fast state
UP group default qlen 1000
    link/ether 00:0c:29:34:da:f7 brd ff:ff:ff:ff:ff:ff
    inet 10.160.0.199/24 brd 10.160.0.255 scope global ens33
      valid_lft forever preferred_lft forever
//LOWER_UP 表示网线已插上
//qdisc 表示排队规则
//link/ether 00:0c:29:34:da:f7 表示网卡的 MAC 地址
//inet 10.160.0.199/24 brd 10.160.0.255 表示 IP 地址和广播地址
```

2. 查询主机网络连接状态

使用 netstat 命令可以查询主机的网络连接、端口使用、路由表、网络接口统计等信息。
netstat 命令格式如下：

```
[root@localhost ~]# netstat [参数]
```

netstat 命令常用参数及功能解析如表 10-1 所示。

表 10-1　netstat 命令常用参数及功能解析

参　　数	功　　能
-a	显示所有连接状态
-i	显示所有网络接口的信息
-l	只显示正在监听的连接状态
-n	不解析主机名，只显示 IP 地址
-p	显示进程 PID 和进程名称
-t	只显示 TCP 连接
-u	只显示 UDP 连接

例如，查询所有 TCP 连接的状态，并且显示连接的 IP 地址，命令如下：

```
[root@localhost ~]# netstat -atn
Active Internet connections (servers and established)
Proto Recv-Q Send-Q Local Address  Foreign Address     State
tcp    0      0    0.0.0.0:80        0.0.0.0:*          LISTEN
tcp    0      0    0.0.0.0:22        0.0.0.0:*          LISTEN
tcp    0      0    10.160.0.199:22  10.160.0.122:55295 ESTABLISHED
tcp6   0      0    :::22             :::*              LISTEN
//Proto 表示使用的协议，其中 tcp 为 IPv4 连接，tcp6 为 IPv6 连接
//Recv-Q Send-Q 表示收发队列的状态
//Local Address 表示本地连接地址和端口
//Foreign Address 表示外部连接地址和端口
//State 表示连接状态，其中 LISTEN 代表正在监听的，ESTABLISHED 代表已经建立连接的
```

10.2.2　网络连通性测试

与 Windows 一样，在 Linux 下可以使用 ping 命令来检测网络的连通性。ping 命令使用 ICMP 协议，从源主机发出要求回应的信息到目的主机或网络中，若目的主机或网络是连通的，就会给出回应。当然系统防火墙是可以禁止 ping 命令的，所以有时 ping 不通也不代表主机是不连通的，ping 命令格式如下：

```
[root@localhost ~]# ping [参数] [IP 或者主机名]
```

ping 命令常用参数及功能解析如表 10-2 所示。

表 10-2　ping 命令常用参数及功能解析

参　　数	功　　能
-c	发送数据包的个数，如果不设置此参数，则 ping 命令会一直工作，直到人工停止
-i	每次 ping 相隔的时间，单位是秒

例如，测试 10.160.0.122 的连通性，发送两个数据包，间隔为 2 秒，命令如下：

```
[root@localhost ~]# ping -c 2 -i 2 10.160.0.122
```

```
PING 10.160.0.122 (10.160.0.122) 56(84) bytes of data.
64 bytes from 10.160.0.122: icmp_seq=1 ttl=128 time=0.764 ms
64 bytes from 10.160.0.122: icmp_seq=2 ttl=128 time=0.800 ms
--- 10.160.0.122 ping statistics ---
2 packets transmitted, 2 received, 0% packet loss, time 2000ms
rtt min/avg/max/mdev = 0.764/0.782/0.800/0.018 ms
//第 3 行和第 4 行是每个数据包 ping 的结果，最后两行是整体统计结果
//icmp_seq=1 表示第 1 个数据包
//ttl 表示数据包的生存时间
//time=0.764 ms 表示数据包的到达时间，也称网络延时。如果网络延时大于 100 毫秒，则代表网络不通畅
//packets transmitted 表示发送的数据包
//received 表示收到的数据包
//packet loss 表示丢失的数据包，此值如果大于 0，则代表有丢包的现象，网络连通性不好
//time 2000ms 表示整个 ping 过程用时 2 秒
```

另外，ping 主机名是需要 DNS 支持的，如果没有域名解析，则是 ping 不通的，会返回未知域名的错误。例如：

```
[root@localhost ~]# ping www.baidu.com
ping: www.baidu.com: Name or service not known
```

在加上 DNS 支持以后，ping 命令会利用 DNS 寻找域名的 IP 地址，并在结果中显示出来。例如：

```
[root@localhost ~]# ping www.baidu.com
PING www.a.shifen.com (182.61.200.7) 56(84) bytes of data.
64 bytes from 182.61.200.7 (182.61.200.7): icmp_seq=1 ttl=51 time=43.4 ms
64 bytes from 182.61.200.7 (182.61.200.7): icmp_seq=2 ttl=51 time=43.8 ms
```

10.2.3 文件传输

在 Linux 中，常用的主机间的文件传输工具有 ftp 和 scp。ftp 历史悠久，其大部分命令在 Linux 和 Windows 下都可以使用；scp 只能在 Linux 中使用，在 Windows 中使用 WinSCP。

1. ftp 工具

ftp 工具采用客户端/服务器端（C/S）架构模式，所以整个系统会有客户端和服务器端，本节只介绍客户端的常用操作，而服务器端的搭建会在第 11 章中详细介绍。

1）安装 FTP 客户端

在最小化安装模式下，CentOS 7.6 默认没有安装 FTP 客户端，可以使用 rpm 命令进行安装，命令如下：

```
[root@localhost ~]# rpm -qa |grep ftp
```

或者使用 yum 命令进行安装，命令如下：

```
[root@localhost ~]# yum -y install ftp
```

2）登录和退出 FTP 服务器

登录 FTP 服务器有两种方式：一种是匿名登录；另一种是通过用户名和密码登录。在

匿名登录时，使用的用户名为 anonymous，密码任意。所以无论采用哪种方式登录都要在客户端输入用户名和密码，只是匿名登录的用户名是固定的。输入"ftp"，当看到提示符号"ftp>"时，就进入了 ftp 命令模式，这时就可以使用 ftp 命令了，登录 FTP 服务器的命令格式如下：

```
open [IP 地址或域名]
```

例如，匿名登录 IP 地址为 10.160.0.199 的 FTP 服务器，命令如下：

```
[root@localhost ~]# ftp
ftp> open 10.160.0.199
Connected to 10.160.0.199 (10.160.0.199).
220 (vsFTPd 3.0.2)
//FTP 服务器的版本
Name (10.160.0.199:root): anonymous
//输入用户名 anonymous
331 Please specify the password.
Password:
//密码为空
230 Login successful.
//登录成功提示
Remote system type is UNIX.
Using binary mode to transfer files.
ftp>
```

使用其他用户名登录的操作是一样的，在登录服务器后默认进入的目录称为根目录，不同用户登录的根目录可能不一样，并且不同用户对目录的操作权限也可能不一样。

退出 FTP 服务器可以使用 close 命令，而退出 ftp 命令模式可以使用 quit 或 bye 命令，命令如下：

```
ftp> close
//退出 FTP 服务器
221 Goodbye.
ftp>
ftp> quit
//退出 ftp 命令模式
```

3）常用的 ftp 命令

在登录成功后，可以使用 ftp 命令来传输文件，常用 ftp 命令及功能如表 10-3 所示。

表 10-3　常用 ftp 命令及功能

命　　令	功　　能
ls	显示 FTP 服务器当前目录的内容
cd	切换 FTP 服务器的目录
lcd	切换本地主机的目录
pwd	显示当前工作目录的路径
get	下载单个文件到本地主机
mget	下载多个文件到本地主机

命　　令	功　　能
put	上传单个文件到 FTP 服务器
mput	上传多个文件到 FTP 服务器
delete	删除 FTP 服务器的单个文件
mdelete	删除 FTP 服务器的多个文件
help	显示帮助

例如，显示 FTP 服务器当前目录的内容，并且把 fir.txt 和 mon.txt 文件下载到本地目录/ftpdownload 中，命令如下：

```
ftp> ls    //显示当前目录内容
227 Entering Passive Mode (10,160,0,199,95,38).
150 Here comes the directory listing.
-rw-r--r--    1 0        0               0 Jul 29 22:59 fir.txt
-rw-r--r--    1 0        0               0 Jul 29 22:59 mon.txt
226 Directory send OK.
ftp> lcd /ftpdownload
//切换本地工作目录为/ftpdownload
Local directory now /ftpdownload
ftp> mget fir.txt mon.txt
//使用 mget 下载两份文件
mget fir.txt? y
//输入"y"
227 Entering Passive Mode (10,160,0,199,31,145).
150 Opening BINARY mode data connection for fir.txt (0 bytes).
226 Transfer complete.
mget mon.txt? y
//输入"y"
227 Entering Passive Mode (10,160,0,199,114,150).
150 Opening BINARY mode data connection for mon.txt (0 bytes).
226 Transfer complete.
```

大家可能会发现，如果使用 mget 下载多个文件，每下载一个文件就会询问是否要下载，如果下载的文件很多，就会很麻烦，这时可以关闭 ftp 的交互模式，询问就不会再出现了，可以使用 prompt 命令来实现，命令如下：

```
ftp> prompt
Interactive mode off.
ftp>
```

另外，ftp 命令也支持通配符 "*" 和 "?"。例如，下载所有扩展名为.txt 的文件，可以使用如下命令：

```
ftp> mget *.txt
```

其他 ftp 命令的使用可参考上面的例子，如果有问题，则可以使用 help 命令来显示帮助信息，例如：

```
ftp> help prompt
```

```
prompt          force interactive prompting on multiple commands
ftp>
```

2. scp 工具

scp（secure copy）是一个安全的、在 Linux 之间进行文件传输的工具。该工具具有占用资源小、传输速度快、采用 ssh 连接和加密传输等特点。

1）安装 scp

在默认情况下，最小化安装的 CentOS 7.6 也已经安装了 scp 工具。但是直接查询 scp 是查不到的，查询命令如下：

```
[root@localhost ~]# rpm -qa |grep scp
[root@localhost ~]#
```

这是因为 scp 并不是一个单独的安装包，它是由其他安装包提供的。那到底什么安装包会提供 scp 呢？如果用户已经配置好本地 YUM 源或者已经连接上互联网，则可以使用如下命令查询 scp 的提供者：

```
[root@localhost ~]# yum provides scp
Loaded plugins: fastestmirror
Loading mirror speeds from cached hostfile
openssh-clients-7.4p1-16.el7.x86_64 : An open source SSH client applications
Repo        : base
Matched from:
Filename    : /usr/bin/scp
```

通过查询可知，scp 由 openssh-clients 安装包提供，所以要查询系统有没有安装 scp，就要查询有没有安装 openssh-clients，查询命令如下：

```
[root@localhost ~]# rpm -qa |grep openssh-clients
openssh-clients-7.4p1-16.el7.x86_64
```

如果没有安装，就使用 YUM 或 RPM 进行安装，命令如下：

```
[root@localhost Packages]# rpm -ihv openssh-clients-7.4p1-16.el7.x86_64.rpm
Preparing...            ############################### [100%]
        package openssh-clients-7.4p1-16.el7.x86_64 is already installed
[root@localhost Packages]#
```

2）scp 命令的使用

使用 scp 命令可以把 A 文件复制到 B 目录中，命令格式如下：

```
scp [参数] [A 文件路径] [B 目录路径]
```

例如，把当前目录下的 anaconda-ks.cfg 文件复制到本机/test 目录中，命令如下：

```
[root@localhost ~]# scp -p anaconda-ks.cfg /test
[root@localhost 22]# ll /test
total 4
-rw------- 1 root root 1260 Jun 21 16:53 anaconda-ks.cfg
```

如果是远程路径，就需要在路径前面加上远程主机的 IP 地址或主机名。例如，把当前目录下的 anaconda-ks.cfg 文件复制到 IP 地址为 10.160.0.189 的远程主机的/ rtest1 目录中，命令如下：

```
[root@localhost ~]# scp -p anaconda-ks.cfg 10.160.0.189:/rtest1
root@10.160.0.189's password:
anaconda-ks.cfg               100% 1260   364.5KB/s   00:00
[root@localhost ~]#
```

注意上面第 2 行，在默认情况下，系统会以当前登录的系统用户名登录远程主机。例如，当前登录本地主机的是 root 用户，则 scp 默认会以用户名 root 登录远程主机，并输入该用户在远程主机上的密码。那么，如果远程主机不存在该用户怎么办呢？其实，我们不一定要用当前登录的本地用户名登录远程主机，只要在远程主机的 IP 地址或域名前加上其他用户名，就可以用该用户名登录远程主机了。例如，把当前目录下的 anaconda-ks.cfg 文件复制到 IP 地址为 10.160.0.189 的远程主机的/rtest2 目录中，并使用用户名 tom 登录，命令如下：

```
[root@localhost ~]# scp -p anaconda-ks.cfg tom@10.160.0.189:/rtest2
tom@10.160.0.189's password:
anaconda-ks.cfg               100% 1260   217.7KB/s   00:00
[root@localhost ~]#
```

大家再看上面第 2 行，这次输入的是远程用户 tom 的密码，这里需要注意 tom 用户是否对/rtest2 有写入的权限，如果没有，则复制是不会成功的。如果要把远程主机的文件复制到本地，该如何操作呢？例如，把 IP 地址为 10.160.0.189 的远程主机的/rtest2 目录中的 anaconda-ks.cfg 文件复制到本地/test 目录中，命令如下：

```
[root@localhost ~]# scp -p 10.160.0.189:/rtest2/anaconda-ks.cfg /test
root@10.160.0.189's password:
anaconda-ks.cfg               100% 1260   407.6KB/s   00:00
[root@localhost ~]#
```

scp 命令可用的参数很多，常用参数及功能如表 10-4 所示。

表 10-4　scp 命令常用参数及功能

参　　数	功　　能
−1	强制使用 SSH1 协议
−2	强制使用 SSH2 协议
−4	只使用 IPv4 进行寻址
−6	只使用 IPv6 进行寻址
−B	选择批处理模式，不再询问密码
−p	保留原文件的修改时间、访问时间和访问权限
−r	递归复制整个目录
−v	显示传输过程的详细信息

前面已经介绍了使用 scp 命令传输文件的方法，那么如何使用 scp 命令传输目录呢？查看表 10-4 可知，就是使用-r 参数。例如，把本地目录/test 复制到 IP 地址为 10.160.0.189

的远程主机的/rtest3 目录中，命令如下：

```
[root@localhost /]# scp -rp /test/ 10.160.0.189:/rtest3
root@10.160.0.189's password:
1.txt          100%     0      0.0KB/s     00:00
2.txt          100%     0      0.0KB/s     00:00
3.txt          100%     0      0.0KB/s     00:00
```

10.3　配置网络参数

每台计算机在连接网络时都必须有 IP 地址等网络参数，所以配置网络参数是学习 Linux 的基础，本节将介绍如何通过修改网络配置文件和使用 ifconfig、nmtui 工具来配置网络参数。

10.3.1　网络参数配置文件

从 CentOS 7 开始，网卡的名称就以"ens"开头，不再使用 eth。网络配置文件位于 /etc/sysconfig/network-scripts/ifcfg-ens33，其中 ens 后面的数字会根据环境的不同而有所变化。打开配置文件，就可以对网络参数进行配置，重点配置项及作用如表 10-5 所示。

表 10-5　网络参数重点配置项及作用

配　置　项	作　　用
TYPE=Ethernet	声明此网络适配器的类型为以太网
BOOTPROTO=dhcp	获取 IP 地址的方式为 DHCP，如果要手动设定 IP 地址，就把值改为 STATIC
DEVICE=ens33	网络适配器的名称为 ens33，此名称必须跟配置文件的名称相对应
ONBOOT=no	网络适配器是否跟随系统启动，默认为 no，如果要跟随系统启动，则应该设定为 yes
IPADDR=X.X.X.X	指定网络的 IP 地址为 X.X.X.X
NETMASK= X.X.X.X	指定网络的子网掩码为 X.X.X.X
DNS1= X.X.X.X	指定网络的第一 DNS 为 X.X.X.X

例如，配置网络的静态 IP 地址为 10.160.0.199/24，DNS 为 10.160.0.1，网络跟随系统启动，修改配置文件如下：

```
TYPE=Ethernet
PROXY_METHOD=none
BROWSER_ONLY=no
BOOTPROTO=STATIC
DEFROUTE=yes
IPV4_FAILURE_FATAL=no
IPV6INIT=yes
IPV6_AUTOCONF=yes
```

```
IPV6_DEFROUTE=yes
IPV6_FAILURE_FATAL=no
IPV6_ADDR_GEN_MODE=stable-privacy
NAME=ens33
UUID=f010d0c4-e784-4cab-aba1-d88c46c6ae46
DEVICE=ens33
ONBOOT=yes
IPADDR=10.160.0.199
NETMASK=255.255.255.0
DNS1=10.160.0.1
```

配置文件在修改后要重启网络才会生效，命令如下：

```
[root@localhost ~]# systemctl restart network
```

在网络重启后，系统还会自动修改 DNS 配置文件，增加 DNS 服务器的 IP 信息，命令如下：

```
[root@localhost ~]# cat /etc/resolv.conf
# Generated by NetworkManager
nameserver 10.160.0.1
```

10.3.2　使用 ifconfig 配置网络

在最小化安装模式下，CentOS 7.6 默认没有安装 ifconfig 工具，习惯使用 CentOS 6 的读者可能会很不习惯，可以使用如下命令查询包含 ifconfig 的安装包：

```
[root@localhost ~]# yum search ifconfig
Loaded plugins: fastestmirror
Loading mirror speeds from cached hostfile
================= Matched: ifconfig ====================
net-tools.x86_64 : Basic networking tools
```

从上面的查询结果中可以看出，ifconfig 被包含在 net-tools 安装包中，只要安装该包就可以使用 ifconfig 了，安装命令如下：

```
[root@localhost ~]# yum -y install net-tools
...
Installed:
  net-tools.x86_64 0:2.0-0.24.20131004git.el7
Complete!
[root@localhost ~]#
```

例如，配置主机的 IP 地址为 10.160.0.199/24，命令如下：

```
[root@localhost ~]# ifconfig ens33 10.160.0.199/24
```

使用 ifconfig 配置的 IP 地址只对当前网络的生命周期有效，在系统重启或者网络重启后，配置的 IP 地址就会失效。

10.3.3　使用 nmtui 配置网络

nmtui 是一个图形化的网络配置工具。例如，使用 nmtui 配置网络的静态 IP 地址为 10.160.0.199/24，DNS 为 10.160.0.1，过程如下所述。

第 1 步：在输入 nmtui 命令后，即可打开如图 10-3 所示的 NetworkManager 管理窗口，按方向键或 Tab 键可以在不同的选项间切换，按 Enter 键可以确定所选择的选项。这里选择 "Edit a connection"。

第 2 步：选择网络适配器，这里只有一个 "ens33" 供选择，然后选择 "Edit…"，如图 10-4 所示，编辑该网络的参数。

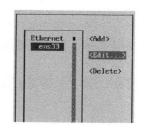

图 10-3　NetworkManager 管理窗口　　　　图 10-4　选择网络适配器

第 3 步：根据需要设置网络信息，如图 10-5 所示。在设置完成后，单击 "OK" 按钮返回并退出，系统会自动把所有设置写入网络配置文件中。

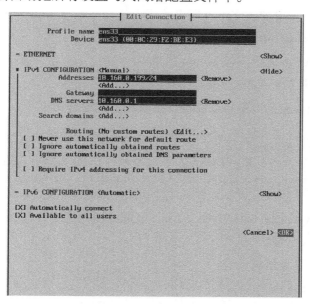

图 10-5　设置网络信息

第 4 步：重启网络使配置生效。命令如下：

```
[root@localhost ~]# systemctl restart network
```

10.4　Telnet 服务

Telnet 协议是 TCP/IP 协议族中的重要成员，它的主要作用是让用户可以通过本地终端操作远程主机，即用户在本地终端输入的命令可以在远程主机上执行，并且结果会直接在本地终端显示。尽管 Telnet 协议采用的是明文传输方式，安全性不高，但是它在实际工作中的应用并不少，除了远程登录，还可以查询远程服务器的状态等。

Telnet 服务使用 23 端口进行通信，在默认情况下，CentOS 7.6 没有安装 Telnet 服务器端和客户端。

本节将介绍 Telnet 服务的安装与启动，以及 Telnet 登录。

10.4.1　Telnet 服务的安装与启动

1．Telnet 服务的安装

Telnet 服务采用 C/S 架构模式，分为客户端和服务器端，可以通过 RPM 命令来查询系统是否已经安装了 Telnet 服务，命令如下：

```
[root@localhost ~]# rpm -qa |grep telnet
```

CentOS 7.6 默认没有安装 Telnet 服务，可以使用 rpm 或 yum 命令来安装。下面以安装 Telnet 服务器端 telnet-server 为例讲解具体的安装过程。

1）挂载 CentOS 7.6 光盘镜像到/mnt 目录中

```
[root@localhost ~]# mount /dev/sr0 /mnt
```

2）进入/mnt/Packages/目录查看 Telnet 服务相关的安装包

```
[root@localhost ~]# cd /mnt/Packages/
[root@localhost Packages]# ls -l telnet*
-rw-rw-r--. 1 root root 65632 Aug 10 2017 telnet-0.17-64.el7.x86_64.rpm
-rw-rw-r--. 1 root root 41804 Aug 10 2017 telnet-server-0.17-64.el7. x86_ 64.
rpm
```

其中，telnet-server-0.17-64.el7.x86_64.rpm 是服务器端的安装包，telnet-0.17-64.el7.x86_64.rpm 是客户端的安装包。

3）安装 Telnet 服务器端

```
[root@localhost Packages]# rpm -ivh telnet-server-0.17-64.el7.x86_64.rpm
warning: telnet-server-0.17-64.el7.x86_64.rpm: Header V3 RSA/SHA256 Signature,
Preparing...                          ########################### [100%]
Updating / installing...
   1:telnet-server-1:0.17-64.el7.      ########################## [100%]
```

Telnet 客户端的安装过程可参考上述步骤，这里就不再赘述了。

4）配置防火墙，开放服务器的 23 端口

```
[root@localhost]# firewall-cmd --zone=public --add-port=23/tcp --permanent
//--zone=public: 作用域为 public
//--add-port=23/tcp: 添加 TCP 协议的 23 端口
//--permanent: 永久生效，如果不配置此参数，则配置在防火墙重启或重置后失效
[root@localhost]# systemctl restart firewalld.service
//重启防火墙
```

如果在测试环境中不需要配置防火墙，则可以直接关闭它，但是在生产环境中关闭防火墙是不明智的。

关闭防火墙的命令为 systemctl stop firewalld.service，另外，SELinux 是集成于 Linux 内核的、可控制的安全模块，如果还没有学会如何配置它，则在做实验时可以临时把它关掉，命令为 setenforce 0。为了提高大家的实验成功率，以下的网络实验都是在关闭防火墙和 SELinux 的环境下进行的。

2．Telnet 服务的启动

Telnet 服务的守护进程为 telnet.socket，启动 Telnet 服务，命令如下：

```
[root@localhost ~]# systemctl start telnet.socket
```

10.4.2　Telnet 登录

1．在 CentOS 环境下登录

（1）安装 Telnet 客户端，命令如下：

```
[root@localhost Packages]# rpm -ivh telnet-0.17-64.el7.x86_64.rpm
```

（2）使用 Telnet 命令登录，格式为"telnet+IP 地址"。例如，服务器的 IP 地址为 10.160.0.199，输入服务器的本地用户名和密码即可登录，命令如下：

```
[root@localhost ~]# telnet 10.160.0.199
Trying 10.160.0.199...
Connected to 10.160.0.199.
Escape character is '^]'.

Kernel 3.10.0-957.el7.x86_64 on an x86_64
localhost login:
```

在默认情况下，root 用户不可以直接登录 Telnet，如果要用 root 用户身份登录，则可以先用普通用户身份登录，再切换为 root 用户，或者修改/etc/securetty 文件，具体如下：

```
[root@localhost ~]# echo 'pts/0'>>/etc/securetty
[root@localhost ~]# echo 'pts/1'>>/etc/securetty
```

在修改完成后，root 用户就可以直接登录了，命令如下：

```
[root@localhost ~]# telnet 10.160.0.199
```

```
Trying 10.160.0.199...
Connected to 10.168.0.199.
Escape character is '^]'.

Kernel 3.10.0-957.e17 .x86_ 64 on an x86_64
localhost login: root
Password:
Last login: Thu Jun 20 22:15:28 from : :ffff :10.168.0.222
[ root@localhost ~ ]#
```

2. 在 Windows 环境下登录

1）在 Windows 下安装 Telnet 客户端

Telnet 客户端已经在大部分 Windows 中集成了，但默认不启用，需要手动打开。选择"控制面板"→"程序和功能"→"打开或关闭 Windows 功能"命令，如图 10-6 所示，勾选"Telnet 客户端"复选框，然后单击"确定"按钮，即可打开 Telnet 客户端。

图 10-6　"Windows 功能"对话框

2）在 Windows 下使用 Telnet 登录

以登录 IP 地址为 10.160.0.199 的 Telnet 服务器为例，在 Windows 下选择"开始"→"运行"命令，输入"cmd"，按 Enter 键打开命令行窗口，如图 10-7 所示，输入"telnet 10.160.0.199"，即可打开 Telnet 登录窗口，输入用户名和密码即可登录，效果如图 10-8 所示。

图 10-7　命令行窗口

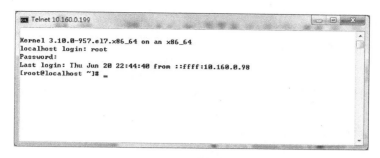

图 10-8　Telnet 登录窗口

10.5　SSH 服务

前面已经介绍过，Telnet 协议是明文传输的，在传输过程中信息容易被截取，所以不够安全，而 SSH 协议的出现可以解决此问题。SSH 是 Secure Shell 的缩写，它是一种应用层的安全协议，采用 RSA 加密算法，为信息传输的过程建立了一条安全的"通道"，可以保障信息安全。SSH 最常见的应用就是远程登录，用户不仅可以使用口令认证方式还可以使用密钥认证方式进行远程登录。

SSH 服务使用 22 端口进行通信，在默认情况下，CentOS 7.6 已经安装了 OpenSSH 服务器端和客户端，可以通过 rpm 命令查询。其中 openssh-clients 为客户端，openssh-server 为服务器端。命令如下：

```
[root@localhost ~]# rpm -qa |grep ssh
openssh-clients-7.4p1-16.e17.x86_64
openssh-7.4p1-16.e17.x86_64
openssh-server-7.4p1-16.e17.x86_64
1ibssh2-1.4.3-12.e17.x86_64
```

本节将介绍 SSH 服务的安装与配置，以及认证与登录方式。

10.5.1　OpenSSH 服务的安装与配置

1. OpenSSH 服务的安装

CentOS 7.6 已经默认安装了 OpenSSH 7.4 客户端和服务器端，可以使用 yum 命令来重新安装，命令如下：

```
[root@localhost ~]# yum -y install openssh-server
//安装服务器端
[root@localhost ~]# yum -y install openssh-clients
//安装客户端
```

OpenSSH 服务器的守护进程为 sshd，启动 sshd 服务，命令如下：

```
[root@localhost ~]# systemctl start sshd.service
```

2. OpenSSH 服务的配置

一般来说，在 CentOS 中，所有服务的配置都由文件进行统一管理，这类文件称为配置文件，OpenSSH 的配置文件存放在/etc/ssh/目录中，可以进入该目录中查看，命令如下：

```
[root@localhost ssh]# cd /etc/ssh/
[root@localhost ssh]# ll
total 604
-rw-r--r--. 1 root root      581843 Apr 11  2018 moduli
-rw-r--r--. 1 root root      2276 Apr 11  2018 ssh_config
-rw-------  1 root root      3927 Dec  1 20:44 sshd_config
-rw-r-----. 1 root ssh_keys  227 Nov 29 09:19 ssh_host_ecdsa_key
-rw-r--r--. 1 root root      162 Nov 29 09:19 ssh_host_ecdsa_key.pub
-rw-r-----. 1 root ssh_keys  387 Nov 29 09:19 ssh_host_ed25519_key
-rw-r--r--. 1 root root      82 Nov 29 09:19 ssh_host_ed25519_key.pub
-rw-r-----. 1 root ssh_keys  1675 Nov 29 09:19 ssh_host_rsa_key
-rw-r--r--. 1 root root      382 Nov 29 09:19 ssh_host_rsa_key.pub
[root@localhost ssh]#
```

其中，ssh_config 为客户端的配置文件，sshd_config 为服务器端的配置文件。下面重点介绍服务器端的常用配置项，如表 10-6 所示。

表 10-6   服务器端的常用配置项

配　置　项	功　　能	默　认　值
Port	服务器监听的端口	22
AddressFamily	服务器应用的地址族	Any
ListenAddress	服务器监听的网络地址	0.0.0.0（所有地址）
HostKey	服务器私钥文件的存放位置	SSH1 默认为/etc/ssh/ssh_host_key SSH2 默认为/etc/ssh/ssh_host_rsa_key 和/etc/ssh/ssh_host_dsa_key
SyslogFacility	日志系统的发送方式	AUTHPRIV
LoginGraceTime	用户认证的时长	2m（2 分钟）
PermitRootLogin	是否允许 root 用户直接登录	Yes（允许）
MaxAuthTries	每个连接的最大认证次数，当失败次数超过 6 次，或者达到设定值时会强制断开连接	6 次
MaxSessions	每个连接的最大会话数	10 个
PubkeyAuthentication	是否允许密钥认证	Yes（允许）
AuthorizedKeysFile	存放客户公钥路径	.ssh/authorized_keys
PasswordAuthentication	是否允许口令认证	Yes（允许）

在配置文件中，以"#"开头的均为注释，若要更改配置，就需要把配置项前面的"#"去掉，然后更改后面的值即可。例如，要修改每个连接的最大认证失败次数为 2 次，就把第 40 行的 MaxAuthTries 前面的"#"去掉，把后面的数值改为 2，并在修改后重启 sshd 服

务，命令如下：

```
[root@localhost ~]# vi /etc/ssh/sshd_config
    …
    39 #StrictModes yes
    40 MaxAuthTries 2
    41 #MaxSessions 10
    …
[root@localhost ~]# systemctl restart sshd.service
```

当登录时输错两次密码，服务器就会提示认证失败次数过多，并断开连接，命令如下：

```
[root@localhost ssh]# ssh 10.160.0.199
root@10.160.0.199's password:
Permission denied, please try again.
root@10.160.0.199's password:
Received discomect from 10.160.0.199 port 22:2: Too many authentication
failures
Authentication failed
```

10.5.2　认证与登录方式

1. 口令认证

口令认证是指在登录服务器时使用系统的用户名和密码进行认证与登录的方式。例如：

```
[root@localhost ssh]# ssh 10.160.0.199
root@10.160.0.199's password:
Last login: Sat Jun 22 03:28:27 2019 from 10.160.0.189
[root@localhost]#
```

虽然 SSH 已经采用了加密传输的方法防止信息被截取，但是每次登录都要输入用户名和密码，既不方便还增加了暴露密码的风险，所以 SSH 提供了密钥认证的方法。

2. 密钥认证

密钥认证是指在客户端生成密钥对，并把公钥传送到远程服务器，用户在客户端登录时系统会自动进行配对，不需要输入用户名和密码的认证与登录方式。

1）在客户端生成密钥对

在客户端运行 **ssh-keygen** 命令，生成密钥对，命令如下：

```
[root@localhost ~]# ssh-keygen
Generating public/private rsa key pair.
Enter file in which to save the key (/root/.ssh/id_rsa):
//证书保存路径，默认为家目录下的.ssh/id_rsa
Enter passphrase (empty for no passphrase):
//私钥密码，如果设置了，则每次使用都要核验一次私钥密码；如果为空，则不需要
Enter same passphrase again:
//重复私钥密码
Your identification has been saved in /root/.ssh/id_rsa.
```

```
Your public key has been saved in /root/.ssh/id_rsa.pub.
The key fingerprint is:
SHA256:y618VAcAYwMvo7k9BMOAKHfV6PnNvoKiBXIcg/QZvkA
root@localhost.localdomain
The key's randomart image is:
+---[RSA 2048]----+
|.E.. .o+=...     |
|*.+o+ .o.o .     |
|ooo=+.o..   .    |
| ..o.=oo   . .   |
|. +.o ..So . .   |
| o . + ..o+      |
|   o o.oo.        |
|  .. .o..o       |
|  .. . oo..      |
+----[SHA256]-----+
```

在生成密钥对后，在家目录下的.ssh 目录中就生成了存放私钥的 **id_rsa** 目录和存放公钥的 **id_rsa.pub** 目录。命令如下:

```
[rootC loca lhost~ ]# ll .ssh/
total 12
-rw------- 1 root root 1679 Jun 22 11 :56 id_ rsa
-rw-r--r-- 1 root root  408 Jun 22 11 :56 id_rsa.pub
-rw-r--r-- 1 root root  350 Jun 22 03:18 known_hosts
```

2）把公钥传送到远程服务器

使用 **ssh-copy-id** 命令把公钥传送到远程服务器中，同时使用-i 参数可以指定传送的公钥路径，如果只有一个公钥，则可以省略。命令如下:

```
[root@localhost ~]# ssh-copy-id -i .ssh/id_rsa.pub 10.160.0.199
/usr/bin/ssh-copy-id: INFO: Source of key(s) to be installed: ".ssh/id_rsa.
pub"
/usr/bin/ssh-copy-id: INFO: attempting to log in with the new key(s), to
filter out any that are already installed
/usr/bin/ssh-copy-id: INFO: 1 key(s) remain to be installed -- if you are
prompted now it is to install the new keys
root@10.160.0.199's password:
//输入远程主机的管理员密码
Number of key(s) added: 1
//公钥的编号
Now try logging into the machine, with:  "ssh '10.160.0.199'"
and check to make sure that only the key(s) you wanted were added.
[root@localhost ~]#
```

3）密钥认证登录

当把公钥传送到远程服务器后，用户在客户端登录时就不需要输入用户名和密码了，可以直接连接并登录。命令如下:

```
[root@localhost ~]# ssh 10.160.0.199
Last login: Sat Jun 22 12:13:09 2019 from 192.168.10.122
```

10.6　在 Windows 下远程管理 Linux

在日常工作中，由于 Windows 具有功能强大、软件众多、简单易用等特点，很多人都会使用 Windows 作为主要的操作系统，但是也有部分服务器是使用 Linux 的，因此学习如何在 Windows 下远程管理 Linux 就很有必要了。本节就为读者介绍两个这样的管理工具。当然如果要深入学习 Linux，这些工具只能辅助我们进行管理，只有我们学好 Linux 命令才能更好地解决问题。

本节将介绍在 Windows 下远程管理 Linux 的两个工具，即 WinSCP 和 SecureCRT。

10.6.1　使用 WinSCP 上传下载文件

WinSCP 是一个支持 Windows 环境的开源的文件管理客户端工具，支持基于 SSH1、SSH2 的 SFTP 和 SCP 协议，主要功能是在 Windows 下通过图形界面远程管理 Linux 主机上的文件和目录，支持上传、下载、修改、移动、压缩和解压缩等操作，目前最新版本为WinSCP 5.15。

1．连接和登录

打开 WinSCP，会自动弹出登录窗口，选择合适的文件协议（如 SFTP、FTP、SCP 等），输入主机名和端口号，以及远程主机的用户名和密码，就可以登录了，如图 10-9 所示。

图 10-9　WinSCP 登录窗口

WinSCP 不会自动保存会话信息，在关闭连接后，信息会被清空，在下次登录时，需要重新输入。如果想要保存当前的会话信息，就可以单击"保存"后面的三角图标，选择

"保存"或"设置为默认值"。前者可以将会话保存为站点，并且在桌面建立站点的快捷方式，如图 10-10 所示，后者会将当前信息作为默认的登录信息。

图 10-10 "将会话保存为站点"对话框

2．WinSCP 窗口介绍

在登录成功后，会出现如图 10-11 所示的 WinSCP 窗口。该窗口布局为典型的 Windows 窗口，自上而下包括菜单栏、工具栏等。主窗口分为两部分，左侧窗格为 Windows 中目录的内容，默认为"我的文档"目录，右侧窗格为 Linux 中目录的内容，默认为用户家目录。

图 10-11 WinSCP 窗口

3．常用文件操作

复制文件：WinSCP 支持拖曳操作，若要把 Windows 中的文件复制到 Linux 中，可先在 Windows 中找到目标文件，再在 Linux 中打开存放该文件的目录，用鼠标直接把 Windows 中的文件拖曳到 Linux 中。

删除文件：若要删除 Linux 中的文件，可直接右击该文件，在弹出的快捷菜单中选择"删除"，如图 10-12 所示。

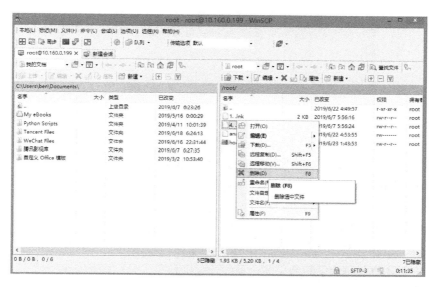

图 10-12　删除文件

新建文件：在 Linux 中新建文件，需要在右侧窗格中打开存储文件的目录，然后在空白的地方右击，在弹出的快捷菜单中选择"新建"→"文件"命令，如图 10-13 所示，并在弹出的对话框中输入文件名，如图 10-14 所示。这时 WinSCP 会自动打开文件编辑器窗口，如图 10-15 所示，输入文件内容，单击保存图标即可。

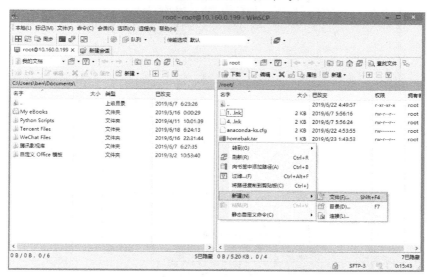

图 10-13　新建文件

图 10-14　输入文件名

图 10-15　文件编辑器窗口

压缩文件：使用 WinSCP 可以对 Linux 的文件或目录进行压缩和解压缩，压缩和解压缩文件的格式都是 GZip。例如，要把 Linux 中的/boot 目录压缩为 boot.tgz 文件，可先在右侧窗格中选择/boot 目录，再单击鼠标右键，在弹出的快捷菜单中选择"文件自定义命令"→"Tar/GZip"命令，如图 10-16 所示，然后在弹出的"Tar/GZip 命令参数"对话框中输入压缩文件名，如图 10-17 所示，并单击"确定"按钮即可完成。在完成后，会在当前目录下生成 boot.tgz 压缩文件，如图 10-18 所示。

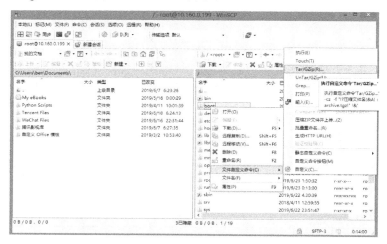

图 10-16　选择"Tar/GZip"命令

图 10-17　输入压缩文件名

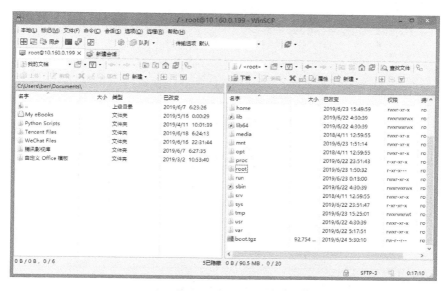

图 10-18　生成 boot.tgz 压缩文件

　　解压缩文件：若要把上文生成的 boot.tgz 文件解压缩到/home 目录中，可先在右侧窗格中选择 boot.tgz 文件，再单击鼠标右键，在弹出的快捷菜单中选择"文件自定义命令"→"UnTar/GZip"命令，如图 10-19 所示，然后在弹出的"UnTar/GZip 命令参数"对话框中输入解压缩到的目录名，如图 10-20 所示，并单击"确定"按钮即可完成，如图 10-21 所示。

　　WinSCP 的功能远不止本文中介绍的这些，由于篇幅所限，此处就不再赘述了，读者可以自行学习。

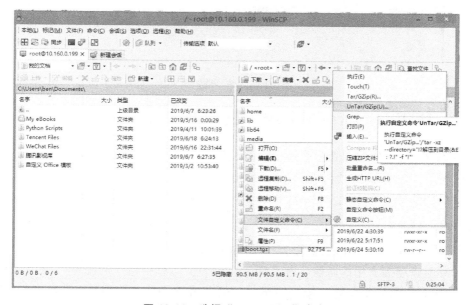

图 10-19　选择"UnTar/GZip"命令

图 10-20 输入解压缩到的目录名

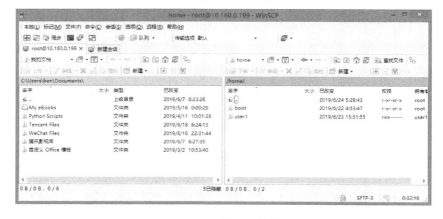

图 10-21 解压缩效果

10.6.2 使用 SecureCRT 远程管理 Linux

SecureCRT 是一个强大的虚拟终端软件，支持 SSH（SSH1 和 SSH2）、Telnet、RLogin、Serial 等协议，支持自动注册、自定义 ANSI 颜色、代码复制和自定义滚动行等。下面以 SecureCRT 8.5 为例讲解通过 SecureCRT 远程管理 Linux 的基本方法。

1．连接和登录

第 1 次打开 SecureCRT，会自动弹出"Quick Connect"（快速连接）对话框，在"Protocol"下拉列表中选择连接使用的协议，在"Hostname"文本框中输入远程主机的 IP 地址或主机名，在"Port"文本框中输入连接的端口，在"Firewall"下拉列表中选择远程主机所使用的防火墙，如果没有选择"None"，则在"Username"文本框中输入登录远程主机的用户名，其他选项保持默认即可，如图 10-22 所示。

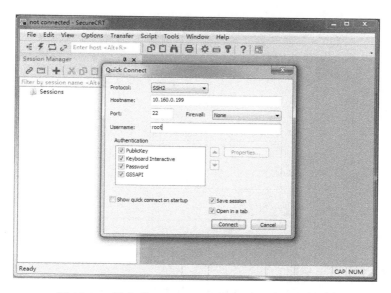

图 10-22　弹出"Quick Connect"（快速连接）对话框

　　在信息输入完成后，单击"Connect"按钮，会自动连接到远程服务器，在成功建立连接后，会在本连接标签上显示一个绿色的小对钩，并弹出"Enter Secure Shell Password"（输入密码）对话框，如图 10-23 所示，在"Password"文本框中输入正确的用户密码后，单击"OK"按钮即可登录成功，如果勾选了"Save password"复选框，则 SecureCRT 会帮用户保存该连接的用户名和密码，下次就能直接登录了。

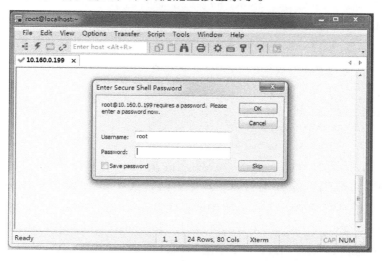

图 10-23　弹出"Enter Secure Shell Password"（输入密码）对话框

　　在登录成功后，会出现如图 10-24 所示的 SecureCRT 窗口，其布局跟其他 Windows 窗口的布局很相似，从上到下分别是标题栏、菜单栏、工具栏、标签栏和显示操作区域，每个工具按钮都设计得很友好，很容易上手。在远程管理 Linux 时，用户只需要在显示操作区域中输入命令就能实时得到结果。

图 10-24　SecureCRT 窗口

2．SecureCRT 常用功能

为了更好地利用 SecureCRT 管理 Linux，有些很实用的配置大家可以参考。

1）设置字符编码格式

有时在使用 SecureCRT 连接使用中文字符集的 Linux 时会出现乱码。例如：

```
[root@localhost ~]# local3
-bash: local3: 鏈　疊鍒板懤浠
//出现乱码
```

这是因为没有正确设置 SecureCRT 的字符编码所造成的，所以要把 SecureCRT 的字符编码设置为与 Linux 字符集相匹配的。使用 locale 命令可以查看 Linux 的字符集，命令如下：

```
[root@localhost ~]# locale
LANG=zh_CN.UTF-8
...
LC_TELEPHONE="zh_CN.UTF-8"
LC_MEASUREMENT="zh_CN.UTF-8"
LC_IDENTIFICATION="zh_CN.UTF-8"
LC_ALL=
```

从上面第 2 行可以看出，这个系统使用的是 zh_CN.UTF-8 字符集，所以应当把 SecureCRT 的字符编码设置为 UTF-8。具体方法是选中要更改的 Session（可以选中该 Session 的标签，或者在 Session Manager 中选中该 Session 的名称），然后选择 "Options" → "Session Options" 命令，在弹出的对话框中单击 "Terminal" → "Appearance"，在 "Character encoding" 下拉列表中选择 "UTF-8"，如图 10-25 所示，这时应该就可以显示正常的文字了，命令如下：

```
[root@localhost ~]# local3
-bash: local3: 未找到命令
```

2）使用 SFTP 上传下载文件

SFTP（SSH File Transfer Protocol）是 SSH 的一部分，通过该工具可以在 Windows 和

Linux 之间传输文件，并且传输过程是加密的。SFTP 的命令与 FTP 的几乎一样，具体可参考 10.2.3 节。

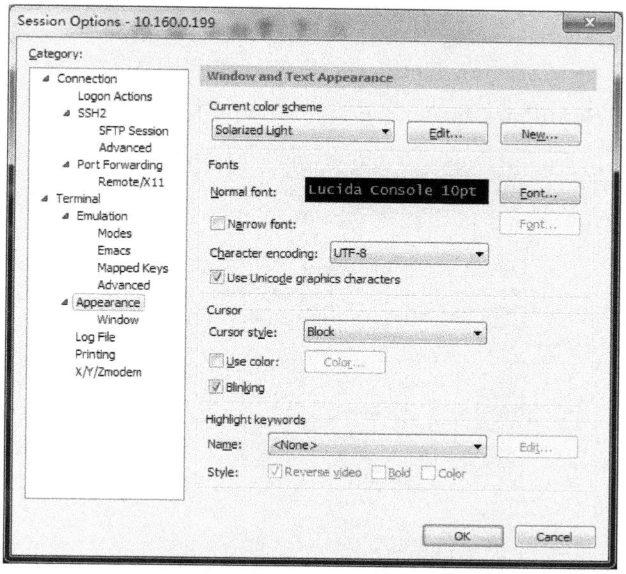

图 10-25　Session Options 设置对话框

当通过 SecureCRT 登录 Linux 后，选择"File"→"Connect SFTP Session"命令，就可以打开 SFTP 会话（Session）。例如，把 Windows 中的 C:/test.txt 文件上传到 Linux 中的 root 的主目录下，命令如下：

```
sftp> lcd c:/
sftp> put test.txt
Uploading test.txt to /root/test.txt
  100% 11 bytes      11 bytes/s 00:00:00
c:\test.txt: 11 bytes transferred in 0 seconds (11 bytes/s)
sftp>
```

把 Linux 中的/home 目录下载到 Windows 的 C:/bak 目录中，命令如下：

```
sftp> lcd c:/bak
sftp> get -r /home
Downloading .bash_logout from /home/u1/.bash_logout
  100% 18 bytes      18 bytes/s 00:00:00
u1/.bash_logout: 18 bytes transferred in 0 seconds (18 bytes/s)
Downloading .bash_profile from /home/u1/.bash_profile
  100% 193 bytes     193 bytes/s 00:00:00
u1/.bash_profile: 193 bytes transferred in 0 seconds (193 bytes/s)
Downloading .bashrc from /home/u1/.bashrc
  100% 231 bytes     231 bytes/s 00:00:00
u1/.bashrc: 231 bytes transferred in 0 seconds (231 bytes/s)
sftp>
```

3）修改默认回滚行数

有时需要回滚查看数据，SecureCRT 默认的回滚行数是 500 行，可以通过以下设置来改变回滚行数。

选择"Options"→"Session Options"命令，在弹出的对话框中单击"Terminal"→"Emulation"，修改"Scrollback buffer"的值，如 1000，如图 10-26 所示。

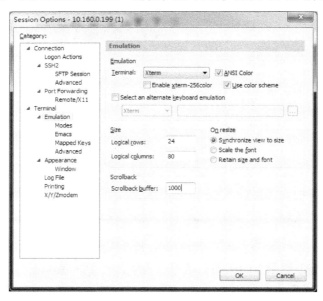

图 10-26　修改回滚行数

4）使用脚本

对于一些常用的重复性操作，可以使用 SecureCRT 把操作录制成脚本，在下次遇到相同的操作时，只需运行一次脚本即可。

选择"Script"→"Start Recording Script"命令，就可以开始录制脚本了，这时所有的操作记录都会被录制下来。在操作完成后，选择"Script"→"Stop Recording Script"命令，即可停止录制脚本，在弹出的对话框中输入脚本的名称，选择脚本的保存位置和类型，单击"Save"按钮即可保存脚本。

在运行脚本时，选择"Script"→"Run"命令，在弹出的对话框中找到要运行的脚本，单击"Run"按钮即可。

第 11 章

网络服务配置与管理

在日常生产环境中，大部分网络服务器都会选择 Linux 作为操作系统，这是由 Linux 的开源、部署灵活、对硬件要求低、稳定和相对安全等特点所决定的。提供各种各样的网络服务是 Linux 的主要应用之一，本章将介绍 DHCP、DNS、FTP、HTTP、Samba 和邮件等常用的网络服务的安装、配置与测试。

11.1 DHCP 服务器

当用户使用计算机连接到一个新的网络时，或者当用户使用手机连接到一个新的热点时，用户的设备会自动获取 IP 地址等网络参数，这可能是 DHCP 提供的服务。本节将会介绍 DHCP 服务的工作过程、安装、配置与测试。同时，为了方便读者进行 DHCP 实验，还介绍了虚拟环境的配置方法。

11.1.1 DHCP 协议概述

DHCP（Dynamic Host Configuration Protocol，动态主机配置协议）是一种使网络管理员能够集中管理和动态分配 IP 地址的协议。DHCP 协议是由 BOOTP 协议发展而来的，并且对 BOOTP 协议进行了功能扩展，增加了动态分配 IP 地址和其他网络配置等功能。

DHCP 协议采用客户端/服务器端（C/S）架构模式，DHCP Client 通过网络向 DHCP Server 请求 IP 信息，DHCP Server 会把 IP 信息，包括 IP 地址、子网掩码、DNS、默认网关等分配给 DHCP Client。当 DHCP Client 不再使用某个 IP 地址后，DHCP Server 会把该地址回收并分配给其他 DHCP Client。

11.1.2 DHCP 协议的工作过程

DHCP 协议的工作过程主要分为 4 个阶段，如图 11-1 所示。

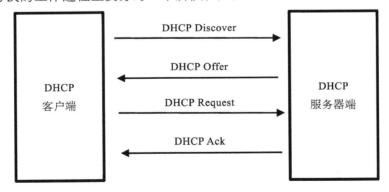

图 11-1 DHCP 协议的工作过程

第 1 阶段，DHCP 客户端以广播的形式发送 DHCP Discover 信息以搜寻 DHCP 服务器，此时 DHCP 客户端没有 IP 地址，也不知道 DHCP 服务器的地址，所以 DHCP Discover 信息的源地址为 0.0.0.0，目标地址为 255.255.255.255。

第 2 阶段，网络中所有收到 DHCP Discover 信息的 DHCP 服务器会马上响应，并根据规则把它们可分配的其中一个 IP 地址及其他 IP 选项以广播的形式向 DHCP 客户端发送 DHCP Offer 信息，此时 DHCP 客户端还没有 IP 地址，所以 DHCP Offer 信息的源地址为 DHCP 服务器的地址，目标地址为 255.255.255.255，如果在网络中有多个 DHCP 服务器提供了 IP 地址，则 DHCP 客户端会接受最先收到的那个 IP 地址。

第 3 阶段，DHCP 客户端在收到 DHCP Offer 信息后，会向网络中以广播的形式发送 DHCP Request 信息，告诉所有 DHCP 服务器该客户端已经准备接受某个 DHCP 服务器提供的 IP 地址了，其他 DHCP 服务器可以收回本来提供给该客户端的 IP 地址了。此时客户端还不能使用刚接收到的 IP 地址，必须等待 DHCP 服务器确认，所以 DHCP Request 信息的源地址为 0.0.0.0，目标地址为 255.255.255.255。

第 4 阶段，DHCP 服务器在收到客户端发出的 DHCP Request 信息后，会向 DHCP 客户端以广播的形式发送 DHCP Ack 信息，确认 DHCP 客户端可以使用此 IP 地址，在收到 DHCP Ack 信息前，DHCP 客户端还是没有 IP 地址的，所以 DHCP Ack 信息必须以广播形式发送，信息源地址为 DHCP 服务器地址，目标地址为 255.255.255.255。

11.1.3　DHCP 服务器的安装与运行管理

1．DHCP 服务器的安装

可以使用 rpm 或 yum 命令来安装 DHCP 服务器，在 CentOS 7.6 中，DHCP 服务器安装包是 dhcp.x86_64 12:4.2.5-68.el7.centos.1。如果配置了本地 YUM 源或者系统已经连接上了互联网，则推荐使用 yum 命令来安装，本章所有服务的安装都是基于本地 YUM 源环境的，不再一一说明。例如：

```
[root@localhost ~]# yum -y install dhcp
```

2．DHCP 服务器的运行管理

DHCP 服务器的守护进程为 dhcpd。

1）启动 dhcpd 服务

```
[root@www ~]# systemctl start dhcpd.service
```

2）关闭 dhcpd 服务

```
[root@www ~]# systemctl stop dhcpd.service
```

3）重启 dhcpd 服务

```
[root@www ~]# systemctl restart dhcpd.service
```

4）设置 dhcpd 服务自启

```
[root@www ~]# systemctl enable dhcpd.service
```

5）关闭 dhcpd 服务自启

```
[root@www ~]# systemctl disable dhcpd.service
```

11.1.4　网络虚拟环境的建立、配置与运行

在进行 DHCP 实验时，为了防止多个 DHCP 服务器互相干扰，通常都会重新配置一下虚拟环境，让每个人的实验环境封闭起来。以 VMware 为例，VMware 的网络有 3 种模式，分别是桥接模式、NAT 模式和仅主机模式。在虚拟机使用桥接模式时，桥接的物理网卡会发挥虚拟交换机的作用，无论是物理机还是虚拟机都会连接到该虚拟交换机上，只有同段 IP 地址才可以互相通信；在使用 NAT 模式时，虚拟机与物理机共享一个对外的 IP 地址，虚拟机的 IP 地址可以由虚拟网络设备的 DHCP 服务器分配，此模式适合虚拟机与物理机共享上网；在使用仅主机模式时，所有虚拟机相当于仅连接到一个虚拟交换机上，并且与外网隔离。

综上所述，使用仅主机模式比较适合进行 DHCP 实验，具体的设置步骤如下所述。

1．编辑虚拟网络

选择"编辑"→"虚拟网络编辑器"命令，打开"虚拟网络编辑器"对话框，选中"仅主机模式"单选按钮，在默认情况下，该模式已经启用 DHCP 服务器，这与实验的 DHCP 服务器会发生冲突，需要把它关掉，取消勾选"使用本地 DHCP 服务将 IP 地址分配给虚拟机"复选框，如图 11-2 所示。

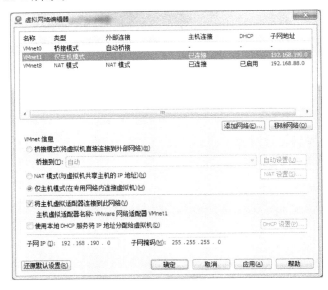

图 11-2　编辑虚拟网络

2）设置虚拟机的网络

选择要设置网络的虚拟机，选择"虚拟机"→"设置"命令，打开"虚拟机设置"对话框，选择"网络适配器"，在右侧窗格选中"自定义"单选按钮，然后在其下拉列表中选择"VMnet1（仅主机模式）"，如图 11-3 所示，同时将 DHCP 服务器和客户端的虚拟机都进行相同的设置，至此，DHCP 实验的网络设置完成。

图 11-3　设置虚拟机的网络

11.1.5　DHCP 服务器的配置与测试

1. DHCP 服务器的配置

DHCP 服务器的配置文件是/etc/dhcp/dhcpd.conf，在打开该文件后，会发现文件只有 3 行注释文字，内容如下：

```
[root@localhost ~]#
[root@localhost ~]# cat /etc/dhcp/dhcpd.conf
#
# DHCP Server Configuration file.
#   see /usr/share/doc/dhcp*/dhcpd.conf.example
#   see dhcpd.conf(5) man page
#
```

DHCP 服务器的所有配置文件都要自己手动配置，在配置时可以参考以上文件的第 2 行注释文字所提供的配置模板，如/usr/share/doc/dhcp-4.2.5/dhcpd.conf.example。

DHCP 服务器的配置根据作用范围可以分为全局配置、子网配置和主机配置，全局配置一般放在配置文件的开头，作用范围是整个 DHCP 服务器，当同样的配置与子网配置冲突时，以子网配置为准；子网配置一般包括在以"subnet"开头的配置段落中，作用范围是整个子网；主机配置一般包括在以"host"开头的配置段落中，作用范围仅仅是声明的那台主机。在 dhcp.conf.example 配置模板中，一个典型的 DHCP 服务器配置及功能解释如下：

```
option domain-name "example.org";
#为客户设定的 DNS 后缀
```

```
option domain-name-servers ns1.example.org, ns2.example.org;
#为客户设定的 DNS
default-lease-time 600;
#默认租约时间为 600 秒
max-lease-time 7200;.
#最大租约时间为 7200 秒
#以上为全局配置
subnet 10.5.5.0 netmask 255.255.255.224 {
#声明一个子网，网段为 10.5.5.0，子网掩码为 255.255.255.254
  range 10.5.5.26 10.5.5.30;
#子网的地址池为 10.5.5.26 至 10.5.5.30
  option domain-name-servers ns1.internal.example.org;
#为客户设定的 DNS
  option domain-name "internal.example.org";
#为客户设定的 DNS 后缀
  option routers 10.5.5.1;
#为客户设定的网关地址
  option broadcast-address 10.5.5.31;
#为客户设定的广播地址
  default-lease-time 600;
#默认租约时间为 600 秒
  max-lease-time 7200;
#最大租约时间为 7200 秒
#以上为子网配置
host fantasia {
#声明一台主机
  hardware ethernet 08:00:07:26:c0:a5;
#主机的 MAC 地址
  fixed-address 10.5.5.27;
#固定分配给该主机的 IP 地址
}
#以上为主机配置
}
```

2. DHCP 服务器的配置实例

例如，搭建 DHCP 服务器，要求 IP 段为 10.160.0.0/24，地址池为 10.160.0.10～10.160.0.20，DNS 服务器地址为 10.160.0.1，网关为 10.160.0.1，DNS 后缀为 dcos.net，并为 MAC 地址为 00:0C:29:59:C9:19 的主机配置固定的 IP 地址 10.160.0.20，命令如下：

```
[root@localhost ~]# cat /etc/dhcp/dhcpd.conf
subnet 10.160.0.0 netmask 255.255.255.0 {
  range 10.160.0.10 10.160.0.20;
  option domain-name-servers 10.160.0.1;
  option domain-name "dcos.net";
  option routers 10.160.0.1;
```

```
  option broadcast-address 10.160.0.255;
  default-lease-time 600;
  max-lease-time 7200;
host fixip {
  hardware ethernet 00:0C:29:59:C9:19;
  fixed-address 10.160.0.20;
}
}
```

在 DHCP 服务器配置完成后，可以使用 **dhcpd configtest** 命令来检查配置是否正确，命令如下：

```
[root@localhost ~]# dhcpd configtest
Internet Systems Consortium DHCP Server 4.2.5
Copyright 2004-2013 Internet Systems Consortium.
All rights reserved.
For info, please visit https://www.isc.org/software/dhcp/
/etc/dhcp/dhcpd.conf line 20: semicolon expected.
  option
   ^
Configuration file errors encountered -- exiting

This version of ISC DHCP is based on the release available
on ftp.isc.org.  Features have been added and other changes
have been made to the base software release in order to make
it work better with this distribution.

Please report for this software via the CentOS Bugs Database:
    http://bugs.centos.org/
exiting.
```

通过这次检查可以看到，配置文件有错误，在第 20 行缺少了分号。建议读者使用此命令来测试 DHCP 服务器的配置，可以比较方便地排除错误。

3．客户端测试

在虚拟环境下进行 DHCP 实验时，建议按前文的方式先配置好虚拟网络。只要在 Linux 客户端修改网络配置文件，配置网络获取 IP 地址的方式为 DHCP，然后重启网络就可以获得 IP 地址，命令如下：

```
[root@localhost ~]# vi /etc/sysconfig/network-scripts/ifcfg-ens33
…
BOOTPROTO=DHCP
ONBOOT=yes
…
[root@localhost ~]# systemctl restart network
```

若想使用 Windows 作为客户端测试，则要先设置本地连接的 IPv4 属性为"自动获得

IP 地址"和"自动获得 DNS 服务器地址",如图 11-4 所示。客户端获取 IP 地址的结果如图 11-5 所示。

图 11-4   设置本地连接的 IPv4 属性

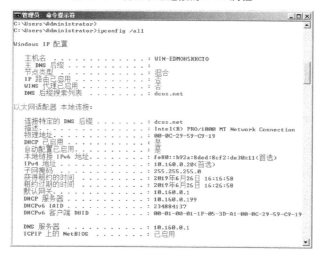

图 11-5   客户端获取 IP 地址的结果

11.1.6   DHCP 超级作用域与中继代理服务器的配置

超级作用域是一种 DHCP 作用域管理技术,使用超级作用域可以统一管理多个不同网段的子网,大大减轻管理员的负担。在生产环境中,超级作用域在地址扩容方面使用较多,当一个网络 DHCP 服务器的 IP 地址已经用完、需要扩容时,若想保持当前的网络结构和配置,就可以增加一个子网并使用超级作用域进行管理。

1. DHCP 服务器超级作用域的配置

```
shared-network shnet{
//定义一个超级作用域，名称为 shnet
subnet 10.160.0.0 netmask 255.255.255.0 {
//子网 10.160.0.0
  range 10.160.0.10 10.160.0.10;
  option subnet-mask 255.255.255.0;
  option routers 10.160.0.179;
  option broadcast-address 10.160.0.255;
}
subnet 192.168.0.0 netmask 255.255.255.0 {
//子网 192.168.0.0
  range 192.168.0.10 192.168.0.10;
  option subnet-mask 255.255.255.0;
  option routers 192.160.0.1;
  option broadcast-address 192.168.0.255;
}
}
```

为了方便实验，两个子网地址池都只配置了 1 个 IP 地址。从上到下，当超级作用域中第 1 个子网的 IP 地址使用完毕后，就会使用第 2 个子网的 IP 地址。

2. DHCP 中继代理服务器的配置

DHCP 中继代理服务器需配置两张网卡，其中一张网卡的 IP 地址为 DHCP 服务器配置的第 1 个子网的网关地址 10.160.0.179，另一张网卡的 IP 地址为 DHCP 服务器配置的第 2 个子网的网关地址 192.168.0.1。

安装 DHCP 服务器并开启路由转发，命令如下：

```
[root@localhost ~]# yum -y install dhcp
[root@localhost ~]# echo "1" > /proc/sys/net/ipv4/ip_forward
//开启路由转发功能
[root@localhost ~]# sysctl -p
//路由转发立即生效
```

开启 DHCP 中继服务，命令如下：

```
[root@localhost ~]# dhcrelay 10.160.0.199
Dropped all unnecessary capabilities.
Internet Systems Consortium DHCP Relay Agent 4.2.5
Copyright 2004-2013 Internet Systems Consortium.
All rights reserved.
For info, please visit https://www.isc.org/software/dhcp/
Listening on LPF/ens35/00:0c:29:12:98:bd
Sending on  LPF/ens35/00:0c:29:12:98:bd
Listening on LPF/ens34/00:0c:29:12:98:b3
Sending on  LPF/ens34/00:0c:29:12:98:b3
Listening on LPF/ens33/00:0c:29:12:98:a9
Sending on  LPF/ens33/00:0c:29:12:98:a9
Sending on  Socket/fallback
```

3. 客户端测试

使用两台虚拟机作为客户端，并且都使用 DHCP 的方式获取 IP 地址，查看 DHCP 服务器的日志就能看到超级作用域的整个工作过程，命令如下：

```
DHCPDISCOVER from 00:0c:29:ff:e9:61 via ens33
DHCPOFFER on 10.160.0.10 to 00:0c:29:ff :e9:61 via ens33
DHCPREQUEST for 10.160.0.10 (10.160.0.199) from 00:0c:29:ff:e9:61 via ens33
DHCPACK on 10. 160.0.10 to 00:0c:29:ff :e9:61 via ens33
DHCPDISCOVER from 00:0c:29:00:ee:.cc via ens33
DHCPOFFER on 192.168.0.10 to 00:0c:29:00:ee:cc via ens33
DHCPREQUEST for 192.168.0.10 (10.160.0.199) from 00:0c:29:00:ee:cc via ens33
DHCPACK on 192.168.0.10 to 00:0c:29:00:ee:cc via ens33
```

11.2 DNS 服务器

DNS 服务是网络冲浪必然会使用的服务，本节将介绍 DNS 服务器的安装、配置与测试，重点介绍了纯 DNS 服务器的配置与测试、主/辅 DNS 服务器的配置、DNS 转发与 DNS 缓存服务器。

11.2.1 DNS 概述

在浏览器地址栏中输入 "www.baidu.com" 并按 Enter 键，就可以浏览百度网站了。www.baidu.com 是完全合格域名（FQDN），baidu.com 是域名，www 是主机名。DNS（Domain Name System，域名系统）的主要功能是将域名和 IP 地址互相解析：把域名解析为 IP 地址称为正向解析；把 IP 地址解析为域名称为反向解析。

11.2.2 DNS 服务器的安装与运行管理

1. DNS 服务器的安装

```
[root@localhost ~]# yum -y install bind
```

2. DNS 服务器的运行管理

DNS 服务器的守护进程为 named。DNS 服务器的运行管理相关命令如下：

```
[root@localhost ~]# systemctl start named.service
//启动 named 服务
[root@localhost ~]# systemctl stop named.service
//关闭 named 服务
[root@localhost ~]# systemctl restart named.service
//重启 named 服务
[root@localhost ~]# systemctl enable named.service
```

```
//设置 named 服务自启
[root@localhost ~]# systemctl disable named.service
//关闭 named 服务自启
```

11.2.3　纯 DNS 服务器的配置与测试

为了方便讲解，本书把只有 DNS 功能的 DNS 服务器叫作纯 DNS 服务器，下面讲解这类服务器的配置方法。通常 DNS 服务器的配置涉及 3 个文件，如表 11-1 所示。

表 11-1　DNS 服务器的配置文件

文 件 位 置	功　　能
/etc/named.conf	DNS 主配置文件，对整个 DNS 服务器进行配置
/etc/named.rfc1912.zones	DNS 区域配置文件，对某个区域进行定义
/var/named/文件名	DNS 区域数据文件，该文件存放了在区域配置文件中定义的区域 DNS 数据

1．主配置文件介绍

DNS 主配置文件是/etc/named.conf，常用配置项及功能介绍如下：

```
listen-on port 53 { 127.0.0.1; };
#DNS 服务器监听的端口号和 IP 地址，默认端口号为 53，地址为 12.0.0.1，在做实验时经常把地址更
#改为 any，监听任何 IP 地址
listen-on-v6 port 53 { ::1; };
#DNS 服务器监听的 IPv6 端口号和 IP 地址
directory "/var/named";
#区域数据文件存放目录
allow-query { localhost; };
#允许查询本 DNS 服务器的主机，默认为 localhost。在做实验时经常更改为 any，允许任何主机查询
recursion yes;
#是否允许递归查询，默认为 yes
dnssec-enable yes;
#是否进行 DNS 数据来源验证和数据完整性检验，默认为 yes
```

2．区域配置文件介绍

DNS 区域配置文件是/etc/named.rfc1912.zones，无论是正向还是反向解析区域，都需要在区域配置文件中声明和定义，所有解析区域都以"zone"开头，后面是区域的名称，正向解析区域的名称为域名，反向解析区域的名称由反写的 IP 段加上.in-addr.arpa 组成。例如：

```
zone "0.168.192.in-addr.arpa" IN {
#声明反向区域，IP 段为 192.168.0.0
        type master;
#声明该区域是主要区域，如果是辅助区域，则为 slave
        file "dnstest.com.rep";
#区域数据文件的名字
        allow-update { none; };
```

```
#允许动态更新的主机
};
zone "dnstest.com" IN {
#声明正向区域，域名为 dnstest.com
        type master;
        file "dnstest.com";
#区域数据的名字
        allow-update { none; };
};
```

3. 区域数据文件介绍

在默认情况下，DNS 区域数据文件存放在/var/named/文件名中，下面是一份典型的正向解析区域数据文件，该文件对区域的生命周期、刷新时间等参数进行了配置，内容如下：

```
$TTL 1D
#DNS 记录的最大缓存时间为 1 天
@       IN SOA  ad.dnstest.com. (
#ad.dnstest.com.为管理员邮箱，"@"在 DNS 中已经定义为当前域名，所以邮箱的"@"用"."来代替
        0       ; serial     #版本号
        1D      ; refresh    #刷新时间，默认为 1 天
        1H      ; retry      #重试时间，默认为 1 小时
        1W      ; expire     #超期时间，默认为 1 周
        3H )    ; minimum    #最小缓存时间，默认为 3 小时
    NS      @                #域名服务器
    A       127.0.0.1        #IPv4 A 记录，反映的是主机名和 IP 地址的对应关系
    AAAA    ::1              #IPv6 A 记录
www A       192.168.0.12
```

在区域数据文件中，不同的记录类型具有不同的作用，具体如表 11-2 所示。

表 11-2 记录类型及其作用

记 录 类 型	作 用
NS	指出域名服务器，该服务器负责存放 DNS 服务器的信息，默认为"@"，即当前服务器
A	反映主机名和 IP 地址的对应关系，在正向解析区域数据文件中使用
AAAA	IPv6 的 A 记录
CNAME	某个 A 记录主机名的别名
PTR	反映 IP 地址与域名的对应关系，在反向解析区域数据文件中使用
MX	邮件交换记录，指定邮件服务器的地址，通常后面会指定一个 1~50 的整数作为优先级，数字越小优先级越高

4. 纯 DNS 服务器实例

按表 11-3 配置 DNS 服务器，创建正/反向解析记录，允许 53 端口监听任何主机，允许任何网段的 IP 地址进行查询，允许递归查询，DNS 服务器的 FQDN 为 dns.dnstest.com，管理员邮箱为 admin@dgtest.com。

表 11-3　FQDN 与 IP 地址对应表

FQDN	IP 地址
www.dgtest.com	10..160.0.1
web.dgtest.com	www.dgtest.com 的别名
ftp.dgtest.com	10.160.0.2
mail.dgtest.com	10.160.0.3

1）修改主配置文件

打开主配置文件，修改如下配置内容，并在修改完成后保存：

```
[root@localhost ~]# vi /etc/named.conf
listen-on port 53 { any; };        #13 行
allow-query { any; };              #21 行
recursion yes;                     #35 行
```

2）创建区域配置文件

打开区域配置文件，创建正向区域 dgtest.com 和反向区域 0.160.10.in-addr.arpa，其中区域数据文件的名称可以自定。区域配置文件的内容如下：

```
[root@localhost ~]# vi /etc/named.rfc1912.zones
zone "dgtest.com" IN {
      type master;
      file "dgtest.com";          #名称可以自定
      allow-update { none; };
};

zone "0.160.10.in-addr.arpa" IN {
      type master;
      file "dgtest.com.rev";      #名称可以自定
      allow-update { none; };
};
```

3）创建区域数据文件

在/var/named 目录中，根据区域配置文件的定义分别创建对应的区域数据文件，正向区域数据文件的名称为 dgtest.com，反向区域数据文件的名称为 dgtest.com.rev。

正向区域数据文件的内容如下：

```
[root@localhost named]# cat /var/named/dgtest.com
$TTL 1D
@ IN SOA     dns.dgtest.com admin.dgtest.com. (
                              0       ; serial
                              1D      ; refresh
                              1H      ; retry
                              1W      ; expire
                              3H )    ; minimum
      NS     dns.dgtest.com.
      A      127.0.0.1
```

```
        AAAA    ::1
dns     A       10.160.0.199
www     A       10.160.0.1
ftp     A       10.160.0.2
web     CNAME   www
mail    A       10.160.0.3
    MX 10   mail.dgtest.com.
```

反向区域数据文件的内容如下：

```
[root@localhost named]# cat /var/named/dgtest.com.rev
$TTL 1D
@ IN SOA        dns.dgtest.com admin.dgtest.com. (
                                0       ; serial
                                1D      ; refresh
                                1H      ; retry
                                1W      ; expire
                                3H )    ; minimum
        NS      dns.dgtest.com.
        A       127.0.0.1
        AAAA    ::1
1       PTR     www.dgtest.com.
2       PTR     ftp.dgtest.com.
3       PTR     mail.dgtest.com.
```

5. DNS 测试

在测试 DNS 服务器前，可以先对 DNS 服务器的配置文件进行测试，使用 named-checkconf 命令可以测试主配置文件，使用 named-checkzone 命令可以测试区域数据文件，命令如下：

```
[root@localhost ~]# named-checkconf
[root@localhost ~]# //如果返回为空白，则主配置文件有效、可用，否则会列出错误信息
[root@localhost ~]#
[root@localhost ~]# named-checkzone dgtest.com /var/named/dgtest.com
//测试 dgtest.com 区域数据文件，如果显示如下内容，则文件有效、可用，否则会列出错误信息
zone dgtest.com/IN: loaded serial 0
OK
```

如果配置文件没有错误，则可以使用 nslookup 命令测试 DNS 数据是否正确。但是在使用 nslookup 命令前，要先安装 bind-utils 软件包，命令如下：

```
[root@dns ~]# yum -y install bind-utils
```

把测试机的 DNS 修改为要测试的 DNS 服务器的 IP 地址，使用 nslookup 命令进行测试，命令如下：

```
[root@dns ~]# nslookup
> www.dgtest.com
Server:         10.160.0.199
Address:        10.160.0.199#53
Name:   www.dgtest.com
```

```
Address: 10.160.0.1
//测试正向解析
> 10.160.0.2
Server:        10.160.0.199
Address:       10.160.0.199#53
2.0.160.10.in-addr.arpa name = ftp.dgtest.com.
//测试反向解析
> set type=mx
> mail.dgtest.com
Server:        10.160.0.199
Address:       10.160.0.199#53
mail.dgtest.com mail exchanger = 10 mail.dgtest.com.
//设置为 mx 模式，测试 DNS 服务器的 mx 记录
```

11.2.4　主/辅 DNS 服务器的配置

DNS 服务器在网络中是非常重要的，可以说没有 DNS 服务器，网络就会乱成一团甚至瘫痪。通常具有主要作用的 DNS 服务器为主 DNS 服务器，而具有辅助作用的 DNS 服务器为辅 DNS 服务器，辅 DNS 服务器也是一个功能正常的 DNS 服务器，只是它的 DNS 记录来自主 DNS 服务器。

1. 主 DNS 服务器的配置

主 DNS 服务器的配置方法请参考纯 DNS 服务器的配置方法，不同之处在于区域配置文件的配置：增加了 allow-transfer 配置项，用来指出辅 DNS 服务器的 IP 地址。例如，辅 DNS 服务器的 IP 地址为 10.160.0.189，那么主 DNS 服务器的 dgtest.com 区域的正、反向配置文件的内容如下：

```
zone "dgtest.com" IN {
        type master;
        file "dgtest.com";
        allow-transfer {10.160.0.189;};#指出辅 DNS 服务器的地址
        allow-update { none; };
};

zone "0.160.10.in-addr.arpa" IN {
        type master;
        file "dgtest.com.rev";
        allow-transfer {10.160.0.189;};
        allow-update { none; };
};
```

2. 辅 DNS 服务器的配置

辅 DNS 服务器也是一台 DNS 服务器，它能够同步主 DNS 服务器的数据，从而起辅助作用。所以，辅 DNS 服务器也要安装 bind，并按照纯 DNS 服务器的配置方法对主配置文件和区域配置文件进行配置。如果辅 DNS 服务器不另外增加自己的解析区域，则辅 DNS

服务器不需要配置区域数据文件，因为可以自动从主 DNS 服务器下载这些文件。在配置辅 DNS 服务器的区域配置文件时，应当把所有需要从主 DNS 服务器备份的区域都创建起来，并且区域的名称不能变。区域的类型为 slave，增加了 masters 配置项，内容为主 DNS 服务器的 IP 地址，建议将区域数据文件存放在默认的/var/named/slaves 目录中，名称也不要变。配置内容如下：

```
zone "dgtest.com" IN {
    type slave;                    #该区域类型为辅助
    masters {10.160.0.199;};       #指出主 DNS 服务器的地址
    file "slaves/dgtest.com";      #区域数据文件存放的位置与文件名
    allow-update { none; };
};

zone "0.160.10.in-addr.arpa" IN {
    type slave;
    file "slaves/dgtest.com.rev";
    masters {10.160.0.199;};
    allow-update { none; };
};
```

注：如果需要更改辅 DNS 服务器的区域数据文件存放目录，则一定要注意目录的权限是否满足要求，要保证目录有可写权限，同时目录的所属用户、所属用户组都是 named，否则无法自动写入数据。

3. 测试

如果主辅两台 DNS 服务器的配置都没有问题，主 DNS 服务器的相关区域数据文件就会自动传送到辅助 DNS 服务器中。打开主 DNS 服务器的工作日志，如图 11-6 所示，可以看到数据传输已经完成。

```
client 10.160.0.189#51089 (dgtest.com): transfer of 'dgtest.com/IN': AXFR started
client 10.160.0.189#51089 (dgtest.com): transfer of 'dgtest.com/IN': AXFR ended
client 10.160.0.189#41220: received notify for zone 'dgtest.com'
client 10.160.0.189#34819 (0.160.10.in-addr.arpa): transfer of '0.160.10.in-addr.arpa/IN': AXFR started
client 10.160.0.189#34819 (0.160.10.in-addr.arpa): transfer of '0.160.10.in-addr.arpa/IN': AXFR ended
client 10.160.0.189#31574: received notify for zone '0.160.10.in-addr.arpa'
```

图 11-6 主 DNS 服务器的工作日志

11.2.5 DNS 转发与 DNS 缓存服务器

1. DNS 转发

DNS 转发的主要作用是把客户的查询转发给其他 DNS 服务器。在配置 DNS 转发时，只需要在 DNS 服务器的主配置文件的 options 中加入 forwarders 配置项，用于指定转发到的 DNS 服务器的 IP 地址。如果有多个 IP 地址，就要用 ";" 隔开，需要特别注意的是，即使仅有一个 IP 地址，其后面也要添加一个 ";"。另外，必须关闭 DNSSEC 功能，并开启递归查询功能。

配置内容如下：

```
[root@www ~]# vi /etc/named.conf
listen-on port 53 { any; };          #第 13 行
allow-query    { any; };             #第 21 行
recursion yes;                       #第 33 行
dnssec-enable no;                    #第 35 行
dnssec-validation no;                #第 36 行
forwarders{ 10.160.0.199; };         #在第 37 行新增 forwarders 配置项
```

由于客户的查询会被转发到其他的 DNS 服务器，因此使用 nslookup 命令查询到的结果会显示"Non-authoritative answer:"（非权威应答），命令如下：

```
[root@localhost ~]# nslookup
> www.dgtest.com
Server:         10.160.0.189
Address:        10.160.0.189#53

Non-authoritative answer:
Name:   www.dgtest.com
Address: 10.160.0.1
>
```

2．DNS 缓存服务器

DNS 缓存服务器是 DNS 转发的一种特殊形式，DNS 转发一般都会由自己的区域解析数据，只有在自己找不到某个区域时才会把查询到的数据转发到其他的 DNS 服务器，而 DNS 缓存服务器则不需要建立自己的区域和数据，它只进行转发并把查询到的数据保存在自己的数据库中，下次再遇到此查询时就调用出来。此类服务器的主要作用是大大提高网络的 DNS 查询速度。在配置缓存 DNS 服务器时，只需要修改 DNS 的主配置文件，不需要配置区域和数据。在配置转发的基础上增加 forward only 配置项即可，内容如下：

```
[root@www ~]# vi /etc/named.conf
listen-on port 53 { any; };          #第 13 行
allow-query    { any; };             #第 21 行
recursion yes;                       #第 33 行
dnssec-enable no;                    #第 35 行
dnssec-validation no;                #第 36 行
forward only;                        #在第 37 行新增 forward only 配置项
forwarders{ 10.160.0.199; };         #在第 38 行新增 forwarders 配置项
```

11.3　FTP 服务器

本节将介绍 FTP 服务器的安装与运行管理，vsftpd 配置，虚拟用户配置，以及创建安全的 FTP 服务器等。

11.3.1　FTP 概述

　　FTP（File Transfer Protocol，文件传输协议）的主要作用是保证网络中文件传输规范、有效。一般来说，整个 FTP 系统属于 C/S 架构模式，分为客户端和服务器端，客户端负责向服务器端发出指令，如上传文件、下传文件等，服务器端负责执行指令，以及进行各种个性化的配置。在 Linux 中，常用的 FTP 服务器软件为 vsftp（Very Secure FTP），从其名称可以看出，该软件除了能实现一般 FTP 服务器的功能，还加强了安全方面的配置，因此广受欢迎。

11.3.2　FTP 服务器的安装与运行管理

1．FTP 服务器端的安装
```
[root@www ~]# yum -y install vsftpd
```
2．FTP 客户端的安装
```
[root@www ~]# yum -y install ftp
```
3．FTP 服务器的运行管理
FTP 服务器的守护进程为 vsftpd。

1）启动 vsftpd 服务
```
[root@www ~]# systemctl start vsftpd.service
```
2）关闭 vsftpd 服务
```
[root@www ~]# systemctl stop vsftpd.service
```
3）重启 vsftpd 服务
```
[root@www ~]# systemctl restart vsftpd.service
```
4）设置 vsftpd 服务自启
```
[root@www ~]# systemctl enable vsftpd.service
```
5）关闭 vsftpd 服务自启
```
[root@www ~]# systemctl disable vsftpd.service
```

11.3.3　vsftpd 配置

1．vsftpd 配置目录
　　与前面的服务一样，要修改 vsftpd 的配置，必须修改它的配置文件，打开存放配置文件的目录，命令如下：
```
[root@localhost ~]# cd /etc/vsftpd/
[root@localhost vsftpd]# ll
total 20
```

```
-rw------- 1 root root  125 Oct 30  2018 ftpusers
-rw------- 1 root root  361 Oct 30  2018 user_list
-rw------- 1 root root 5116 Oct 30  2018 vsftpd.conf
-rwxr--r-- 1 root root  338 Oct 30  2018 vsftpd_conf_migrate.sh
```

ftpusers 是 vsftpd 的黑名单，不允许任何加入此名单的用户登录此 FTP 服务器。

user_list 比较特殊，当主配置文件中的配置项 userlist_deny=YES 时，它是一份黑名单，不允许此名单中的用户登录，而 vsftpd 默认 userlist_deny=YES，也就是说，此文件默认是一份黑名单；相反，如果主配置文件中的配置项 userlist_deny=NO 时，它是一份白名单，仅允许此名单中的用户登录，不允许其他用户登录。

vsftpd.conf 是 vsftpd 的主配置文件，大部分配置都需要通过修改此文件来完成。

vsftpd_conf_migrate.sh 是一份迁移 vsftpd 配置文件的脚本，一般情况下很少用到。

2. vsftpd 的主配置文件

vsftpd 的主配置文件为/etc/vsftpd/vsftpd.conf，在打开文件后，会看到部分配置项，很多配置项并没有列出，其中，以"#"开头的代表注释，常用配置项及功能如表 11-4 所示。

表 11-4　vsftpd 常用配置项及功能

配　置　项	功　　能
anonymous_enable=YES	是否允许匿名用户登录，默认为 YES，即允许
local_enable=YES	是否允许本地用户登录，默认为 YES，即允许
write_enable=YES	是否允许写入，默认为 YES，即允许
local_umask=022	本地用户新建的目录 umask 为 022，即新建的目录权限为 755
anon_upload_enable=NO	匿名用户上传文件的权限，默认为 NO，即不可上传文件。只有 write_enable=YES 时，该配置项才可能生效
anon_mkdir_write_enable=NO	匿名用户新增目录的权限，默认为 NO，即不可新增目录。只有 write_enable=YES 时，该配置项才可能生效
dirmessage_enable=YES	是否打开目录消息，默认为 YES，即开启。此时只要在要显示消息的目录中新建.message 文件并把内容写入，用户在打开此目录时就会显示.message 中的内容
message_file=.message	设置目录消息文件名，默认为.message
xferlog_enable=YES	是否开启上传和下载日志记录，默认为 YES，即开启
xferlog_file=/var/log/xferlog	定义上传和下载日志记录的文件
xferlog_std_format=YES	上传和下载日志记录的格式为标准 xferlog
connect_from_port_20=YES	是否使用 20 端口进行数据传输，默认为 YES，即使用
chown_uploads=YES	是否改变匿名用户上传文件的属主，默认为 NO，即不改变
chown_username=whoever	更改匿名用户上传文件的属主为 whoever，如果 chown_uploads=NO，则此项不生效
idle_session_timeout=300	设定无操作时间超过 300 秒为超时，断开 FTP 连接
data_connection_timeout=120	设定建立数据连接的无响应时间超过 120 秒为超时，断开 FTP 连接
accept_timeout=60	设定建立 FTP 连接的无响应时间超过 60 秒为超时

配　置　项	功　　能
connect_timeout=60	设定在主动模式下，建立数据连接的无响应时间超过 60 秒为超时，断开 FTP 连接
nopriv_user=ftpsecure	设定运行 vsftpd 需要的完全独立的非特权系统用户，默认是 nobody
ascii_upload_enable=YES	是否启用 ascii 模式上传数据，默认为 NO
ascii_download_enable=YES	是否启用 ascii 模式下载数据，默认为 NO
ftpd_banner=Welcome to blah FTP service.	设定 FTP 的欢迎信息，默认不显示
deny_email_enable=YES	设定是否启用 Email 黑名单，默认为 NO，即不启用。当启用时，必须建立/etc/vsftpd/banned_emails 文件并写入要屏蔽的 Email 地址，若用户在使用匿名登录时输入了该 Email 地址，则不可登录
banned_email_file=/etc/vsftpd/banned _emails	设置 Email 黑名单的文件位置
chroot_local_user=YES	设定是否将用户限制在其主目录，默认为 NO，即不限制
chroot_list_enable=YES	设定是否开启 chroot 列表，该列表可与 chroot_local_user 配合来控制用户是否限制在其主目录。具体来说，当 chroot_local_user=YES、chroot_list_enable=YES 时，列表是一份白名单，允许名单内的用户切换到主目录外；当 chroot_local_user=NO、chroot_list_enable=YES 时，列表是一份黑名单，不允许名单内的用户切换到主目录外
chroot_list_file=/etc/vsftpd/chroot_list	设置 chroot_list 的位置
allow_writeable_chroot=YES	设定当用户被限制在主目录时，用户是否具有写入的权限，默认为 NO，即不允许用户写入
listen=NO	设定 vsftpd 服务是否以独立的方式运行
listen_ipv6=YES	是否监听 IPv6，默认为 YES，本配置项与 listen 互斥
pam_service_name=vsftpd	设定虚拟用户登录认证文件名为 vsftpd，存放位置默认为/etc/pam.d/vsftpd
userlist_enable=YES	设置是否启用用户列表，列表文件默认存放在/etc/vsftpd/ user_list
userlist_deny=YES	设置/etc/vsftpd/ user_list 名单内的用户是否可以登录服务器，默认为 YES，即不可登录
tcp_wrappers=YES	设定服务器是否使用 tcpwrappers 来控制访问。检查的文件为/etc/hosts.allow 和/etc/hosts.deny，默认为 YES

　　vsftpd 的配置项非常丰富，而且很多功能配置要求多个配置项组合完成，例如，用户是否可以登录、用户是否锁定在自己的主目录中等。读者在学习时可以参照表 11-4 并通过上机实验来研究。

3．vsftpd 配置实例

1）用户登录

在默认情况下，安装并成功启动 vsftpd 后，本地用户和匿名用户都可以登录，本地用户的主目录默认为自己的家目录，匿名用户的用户名为 **anonymous**，密码为空，主目录为 /var/ftp，本地用户对自己的主目录可读可写，匿名用户对自己的主目录只读，命令如下：

```
[root@localhost ~]# ftp 10.160.0.199
Connected to 10.160.0.199 (10.160.0.199).
220 (vsFTPd 3.0.2)
Name (10.160.0.199:root): anonymous
331 Please specify the password.
Password:
230 Login successful.
Remote system type is UNIX.
Using binary mode to transfer files.
ftp>
```

2）限定某些用户不能登录

例如，限定 tom 用户不能登录 FTP 服务器，可以把 tom 加入 **ftpusers** 文件中，该文件内的用户无论如何都不能登录 FTP 服务器，命令如下：

```
[root@localhost ~]# echo tom >> etc/vsftpd/ftpusers
```

另一个方法是把 tom 用户加入 user_list 文件中，同时在 **vsftpd.conf** 文件中设置 userlist_deny=YES（默认），命令如下：

```
[root@localhost ~]# echo tom >> /etc/vsftpd/user_list
```

3）除 mike 用户外，其他用户都必须锁定在自己的主目录中

编辑主配置文件 vsftpd.conf，把 chroot 列表配置为白名单，内容如下：

```
chroot_local_user=YES
chroot_list_enable=YES
chroot_list_file=/etc/vsftpd/chroot_list
allow_writeable_chroot=YES
```

把 mike 加入 chroot 列表中，命令如下：

```
[root@localhost ~]# echo mike >> /etc/vsftpd/chroot_list
```

4）只允许 10.160.0.0 网段的 IP 访问 FTP 服务器

编辑/etc/hosts.allow 文件，命令如下：

```
[root@localhost ~]# cat /etc/hosts.allow
vsftpd:10.160.0.:allow
all:all:deny
[root@localhost ~]#
```

11.3.4　虚拟用户配置

在正常情况下，Linux 的本地用户和匿名用户都可以登录 FTP 服务器，但是新版本的 vsftp 已经不支持匿名写入了，匿名用户的权限不高，而且如果使用本地账户登录，不仅不利于分享，还会造成各种各样的安全问题。所以 vsftp 引入了虚拟用户，使 FTP 管理员可

以自行创建和管理 FTP 用户，不必为每个 FTP 用户都配备系统本地账号和密码，这样就大大增加了系统的安全性和灵活性。

1. 配置宿主用户

配置 vsftp 虚拟用户需要先规划一个系统用户作为虚拟用户的宿主，即虚拟用户在登录 FTP 服务器时使用的系统用户，该系统用户一般不能直接登录系统。虚拟用户的主目录的属主最好为该宿主用户。命令如下：

```
[root@localhost ~]# useradd -m -d /var/vuser_dir -s /sbin/nologin vuser
//创建宿主用户 vuser，虚拟用户的主目录为/var/vuser_dir
```

2. 配置 pam 认证

vsftp 虚拟用户采用 pam 认证，认证数据库可通过 db_load 命令来生成，认证的配置文件由 vsftpd.conf 文件中的 pam_service_name=vsftpd 来指定，存放在/etc/pam.d/vsftpd。

1）创建虚拟用户的账号和密码

```
[root@localhost ~]# cat /etc/vsftpd/vuserlog.txt
vuser1
123456
vuser2
123456
```

在/etc/vsftpd/中创建文本文件 vuserlog.txt，其中奇数行为账号，偶数行为密码，存入两个虚拟用户：vuser1，密码为 123456；vuser2，密码同样为 123456。

2）生成 pam 认证数据库

```
[root@localhost ~]#cd /etc/vsftpd/
[root@localhost vsftpd]# db_load -T -t hash -f vuserlog.txt vuserlog.db
```

在/etc/vsftpd/中利用 vuserlog.txt 文件生成认证数据库 vuserlog.db。如果管理员要修改虚拟用户账号，则只需要修改 vuserlog.txt 文件，然后重新生成数据库即可。

3）修改 pam 认证配置

```
[root@localhost ~]# vi /etc/pam.d/vsftpd
auth    required /lib64/security/pam_userdb.so db=/etc/vsftpd/vuserlog
account required /lib64/security/pam_userdb.so db=/etc/vsftpd/vuserlog
```

3. 修改 vsftpd.conf 文件

修改 vsftpd.conf 文件，增加如下内容：

```
guest_enable=YES
#开启虚拟用户
guest_username=vuser
#指定虚拟用户的宿主
user_config_dir=/etc/vsftpd/vuser_conf
#指定虚拟用户配置文件的存放位置
allow_writeable_chroot=YES
#当 chroot 开启时，允许写入权限
```

4．配置虚拟用户

1）创建虚拟用户配置文件的存放目录

```
[root@localhost ~]# mkdir /etc/vsftpd/vuser_conf
//该目录必须与 vsftpd.conf 文件中 user_config_dir 指定的一致
```

2）创建虚拟用户配置文件

在虚拟用户配置目录中创建虚拟用户配置文件并编写用户配置，同时配置文件必须以虚拟用户名作为文件名，一个虚拟用户具有一份配置文件。

例如：

```
[root@www ~]# vi /etc/vsftpd/vuser_conf/vuser1
local_root=/var/vuser_dir
#指定 vuser1 的主目录
write_enable=YES.
#开启写入权限
anon_world_readable_only=NO
#开启下载权限
anon_upload_enable=YES
#开启上传权限
anon_mkdir_write_enable=YES
#开启新建目录权限
anon_other_write_enable=YES
#开启删除、重命名权限
```

在重新启动 vsftpd 服务后，就可以使用虚拟用户登录了，命令如下：

```
[root@localhost ~]# systemctl restart vsftpd.service
```

11.3.5　创建安全的 FTP 服务器

为了创建安全的 FTP 服务器，可以为服务器增加 SSL 功能，然后通过加密传输保证数据安全。这里需要用到软件包 OpenSSL，如果没有，则必须先在 FTP 服务器中安装好。为了方便实验，本次 FTP 服务器证书使用简单的自签名证书。OpenSSL 为用户提供了一个强大的生成证书的工具 make，该工具可以方便地生成密钥对、证书签名请求等。

例如：

```
root@www ~]# mkdir /etc/vsftpd/.ssl
//创建存放证书的目录 etc/vsftpd/.ssl
[root@www ~]# cd /etc/pki/tls/certs/
[root@www certs]# make /etc/vsftpd/.ssl/vsftpd.pem
//生成 vsftp.pem 证书
...
Generating a 2048 bit RSA private key
.........+++
................+++
writing new private key to '/tmp/openssl.090kpv'
-----
```

```
You are about to be asked to enter information that will be incorporated
into your certificate request.
What you are about to enter is what is called a Distinguished Name or a DN.
There are quite a few fields but you can leave some blank
For some fields there will be a default value,
If you enter '.', the field will be left blank.
-----
Country Name (2 letter code) [XX]:cn                      //输入国家
State or Province Name (full name) []:gd                  //输入省
Locality Name (eg, city) [Default City]:dg               //输入市
Organization Name (eg, company) [Default Company Ltd]:dd  //输入组织名
Organizational Unit Name (eg, section) []:ftp.dgtest.com //输入组织单位名
Common Name (eg, your name or your server's hostname) []:ftp.dgtest.com
//此项必须填写访问服务器的域名
Email Address []:admin@dgtest.com                        //输入邮箱地址
```

在证书生成后，修改 **vsftpd.conf** 文件，加入如下内容：

```
ssl_enable=YES
#开启 SSL
ssl_tlsv1=YES
#支持 TLSv1 协议
ssl_sslv2=YES
#支持 SSLv2 协议
ssl_sslv3=YES
#支持 SSLv3 协议
rsa_cert_file=/etc/vsftpd/.ssl/vsftpd.pem
#指定证书文件的位置
```

在成功重启 vsftpd 后，可以使用 FTP 客户端工具 **FlashFXP** 进行测试。打开"快速连接"对话框，设置"连接类型"为"SSLv3"，并在"地址或 URL"、"用户名称"和"密码"文本框中输入相关信息，单击"连接"按钮，如图 11-7 所示。

在连接成功后，会弹出"证书"对话框，如图 11-8 所示，单击"接受并保存"按钮，就可以通过 SSL 连接成功了，在 FlashFXP 的右下角可以看到实时的操作反馈，如图 11-9 所示。

图 11-7 "快速连接"对话框

图 11-8 "证书"对话框

```
[右] 已连接，正在协商 SSL/TLS 会话
[右] SSLv3 协商成功...
[右] SSLv3 已加密会话正在使用密码 DHE-RSA-AES256-SHA (256 位)
[右] 150 Here comes the directory listing.
[右] 226 Directory send OK.
```

图 11-9　通过 SSL 连接成功

11.4　Apache 服务器

本节在介绍基本的 Apache 服务器的安装与配置管理的基础上，深入讲解了基于 IP 地址、基于端口和基于域名的虚拟主机的配置，HTTPS 的配置，虚拟目录与用户认证的配置等。

11.4.1　Apache 概述

Apache 是非常流行和优秀的 Web 服务器软件，从 CentOS 5 开始就成为系统的默认 Web 服务器程序。Apache 具有良好的可扩展性、跨平台性和安全性，支持多种认证模式，易于与多个数据库集成，可以轻松搭建基于 IP 地址、域名和端口的虚拟服务器。目前，Apache 是世界上最受欢迎的 Web 服务器软件。

11.4.2　Apache 服务器的安装与运行管理

1．Apache 服务器的安装

在 CentOS 7.6 中，Apache 服务器的安装包名称是 httpd，因为安装 httpd 还要依赖其他的安装包，所以如果配置了本地 YUM 源或者系统已经连接上互联网，建议使用 yum 命令来安装 httpd，命令如下：

```
[root@www ~]# yum -y install httpd
```

2．Apache 服务器的运行管理

Apache 服务器的守护进程为 httpd。

1）启动 httpd 服务

```
[root@www ~]# systemctl start httpd.service
```

2）关闭 httpd 服务

```
[root@www ~]# systemctl stop httpd.service
```

3）重启 httpd 服务

```
[root@www ~]# systemctl restart httpd.service
```

4）设置 httpd 服务自启

```
[root@www ~]# systemctl enable httpd.service
```

5）关闭 httpd 服务自启

```
[root@www ~]# systemctl disable httpd.service
```

11.4.3 Apache 服务器的配置与测试

1. Apache 服务器的配置

Apache 服务器的配置文件是/etc/httpd/conf/httpd.conf，配置文件有 300 多行，以 "#" 开头的都是注释，常用配置项及功能如表 11-5 所示。

表 11-5 Apache 常用配置项及功能

配 置 项	功 能
ServerRoot "/etc/httpd"	指定 Apache 根目录，默认为/etc/httpd
Listen 80	指定服务器监听的端口，默认为 80 端口
ServerAdmin root@localhost	指定服务器管理员的邮箱
DocumentRoot "/var/www/html"	指定网站的根目录，默认为/var/www/html
ErrorLog "logs/error_log"	指定错误日志的位置，默认为 logs/error_log
ServerName www.example.com	指定服务器的名称，通常指某个服务器的 FQDN（域名）
DirectoryIndex index.html	指定网站的首页文件为 index.html
AddDefaultCharset UTF-8	指定服务器支持的字符集为 UTF-8
<Directory>... </Directory>	<Directory>容器，设定目录的访问形式与权限
<IfModule> ...</IfModule>	<IfModule>容器，判断模块是否加载，如果结果为真，则执行容器内容

<Directory>容器配置格式如下：

```
<Directory 目录绝对路径>权限配置</Directory>
```

<Directory>容器常见配置项的详细说明如表 11-6 所示。

表 11-6 <Directory>容器常见配置项的详细说明

配 置 项	取值及功能
Options	➢ Options All，开放以下所有权限 ➢ Options ExecCGI，允许在此目录执行 CGI 程序 ➢ Options FollowSymLinks，允许网页连接主目录以外的文件 ➢ Options Indexes，允许浏览网站的目录结构 ➢ Options 的取值可以为多个，中间用空格隔开
AllowOverride	➢ AllowOverride All，允许读取目录中的.htaccess 文件 ➢ AllowOverride None，不允许读取目录中的.htaccess 文件（默认）
Require	➢ Require all granted，允许所有目录访问 ➢ Require all denied，拒绝所有目录访问 ➢ Require method http-method [http-method]，允许使用特定的 HTTP 方法访问目录 ➢ Require user userid [userid]，允许特定的用户访问目录 ➢ Require group group-name [group-name]，允许特定的用户组访问目录 ➢ Require valid-user，允许所有有效用户访问目录 ➢ Require ip 100.160.0.189，允许特定 IP 主机访问目录 ➢ Require host example.org，允许特定主机名的主机访问目录

2．Apache 简单实例

当 httpd 安装成功后，用户不需要进行任何配置，只要重启一下 httpd 服务（在关闭防火墙和 SELinux 情况下）就可以使用客户机的浏览器访问如图 11-10 所示的页面，这是 httpd 提供的默认主页，可以根据需要更改为自己的内容。

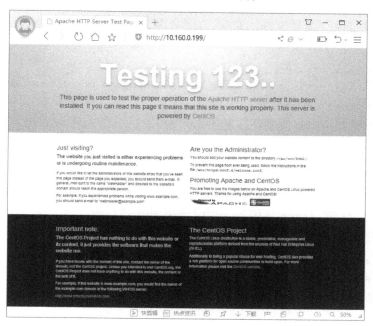

图 11-10　httpd 的默认主页

例如，要求将网站的主目录设置为/www，将首页内容设置为"this is my page!"，将首页的名称设置为 index.htm。

1）建立网站主目录和首页

```
[root@localhost ~]# mkdir /www
[root@localhost ~]# echo 'this is my page!' > /www/index.htm
```

2）修改 httpd.conf 配置文件

修改 DocumentRoot 配置项，大约在第 119 行，更改网站主目录为/www，命令如下：

```
DocumentRoot "/www"
```

增加一个<Directory>容器，开放所有用户都可访问/www 的权限，命令如下：

```
<Directory "/www">
    AllowOverride None
    Require all granted
</Directory>
```

修改 DirectoryIndex 配置项，大约在 168 行，把网站首页的名称设置为 index.htm，命令如下：

```
<IfModule dir_module>
    DirectoryIndex index.htm
</IfModule>
```

3. Apache 服务器的测试

1）配置文件的测试

Apache 提供了测试配置文件的命令，如果配置文件有误，则会提醒在第几行哪里出错了。例如：

```
[root@localhost ~]# httpd -t
AH00526: Syntax error on line 122 of /etc/httpd/conf/httpd.conf:
Unknown Authz provider: ail
```

通过以上测试，可以很快发现在配置文件的第 122 行，有个词 "ail" 有误，是因为把 "all" 误写成 "ail" 了。

2）使用 curl 工具测试 Apache 服务器

当配置文件的语法没有问题时，就可以尝试访问该服务器，检查浏览结果是否与设计一样。在只有命令行的 Linux 环境下，可以使用 curl 工具测试 Apache 服务器，当然该工具的访问结果返回的是 HTML 文本。例如：

```
[root@localhost ]# curl http://10.160.0.199
this is my page!
```

3）使用浏览器测试 Apache 服务器

浏览器作为最常见、使用率最高的客户端，用它来测试 Apache 服务器是最合适的，只要在地址栏输入服务器的 IP 地址或域名，并按 Enter 键，就可以检查和访问网站是否正常，如图 11-11 所示。

图 11-11　使用浏览器测试

11.4.4　Web 虚拟主机的配置

在一台物理主机上，可以通过一定的技术运行多个 Web 站点，这在用户看来，就像每个 Web 站点都有自己的独立主机一样，这就是 Web 虚拟主机。虚拟主机大大提高了物理资源的利用率，也减轻了管理员的负担。Apache 支持基于 IP 地址、基于端口和基于域名的虚拟主机，配置虚拟主机的容器的格式为“<VirtualHost IP 地址和端口>虚拟主机配置</VirtualHost>”。

1．基于 IP 地址的虚拟主机

基于 IP 地址的虚拟主机的主要特点是用户可以通过访问不同的 IP 地址来访问不同的虚拟主机，IP 地址是区分不同虚拟主机的主要特征。

1）配置 IP 地址

```
[root@localhost ~]# ifconfig ens33:1 10.160.0.201/24
[root@localhost ~]# ifconfig ens33:2 10.160.0.202/24
```

一台虚拟主机需要配置一个 IP 地址，这里搭建两台虚拟主机，所以设置两张虚拟网卡并配置好 IP 地址。

2）配置 httpd.conf

为了让配置结构更清晰，可以把虚拟主机的配置文件存放在自己创建的/etc/httpd/v-host 目录中，并以 v-host-ip.conf 为名保存，把 v-host 目录中所有以“.conf”为后缀名的文件都附加到主配置文件 httpd.conf 中，命令如下：

```
[root@localhost ~]# echo 'Include v-host/*.conf'>>/etc/httpd/conf/httpd.conf
```

3）配置基于 IP 地址的虚拟主机

```
[root@localhost ~]# mkdir -p /etc/httpd/v-host
//建立存放配置文件的目录
[root@localhost ~]# vi /etc/httpd/v-host/v-host-ip.conf
//建立配置文件
<VirtualHost 10.160.0.201:80>
#第 1 台虚拟主机的 IP 地址为 10.160.0.201，使用 80 端口
DocumentRoot /www/v-host-ip1
#第 1 台虚拟主机的主目录为/www/v-host-ip1
    <Directory "/www/v-host-ip1">
     Options Indexes FollowSymLinks
     AllowOverride None
     Require all granted
</Directory>
#配置第 1 台虚拟主机的主目录访问权限
</VirtualHost>

<VirtualHost 10.160.0.202:80>
   DocumentRoot /www/v-host-ip2
    <Directory "/www/v-host-ip2">
     Options Indexes FollowSymLinks
     AllowOverride None
     Require all granted
   </Directory>
</VirtualHost>
#第 2 台虚拟主机的配置
```

4）创建网站

创建两个虚拟主机对应的测试网站，命令如下：

```
[root@localhost ~]# mkdir -p /www/v-host-ip1
[root@localhost ~]# mkdir -p /www/v-host-ip2
[root@localhost ~]# echo 'this is v-host-ip1' > /www/v-host-ip1/index.html
[root@localhost ~]# echo 'this is v-host-ip2' > /www/v-host-ip2/index.html
```

5）测试

在配置完成后，重启 httpd 服务，使用 curl 工具测试，命令如下：

```
[root@localhost ~]# curl http://10.160.0.201
this is v-host-ip1
[root@localhost ]#
[root@localhost ~]# curl http://10.160.0.202
this is y-host-ip2
```

2．基于端口的虚拟主机

基于端口的虚拟主机的主要特点是用户可以通过访问同一个 IP 地址和不同的端口来访问不同的虚拟主机，端口是区分不同虚拟主机的主要特征。

1）配置 IP 地址

与基于 IP 地址的虚拟主机不同，基于端口的虚拟主机并不需要为每个虚拟主机配置不同的 IP 地址，只需要为物理主机配置一个 IP 地址即可，命令如下：

```
[root@localhost ~]# ifconfig ens33 10.160.0.199/24
```

2）配置 httpd.conf

为了让配置结构更清晰，可以把虚拟主机的配置文件存放在自己创建的/etc/httpd/v-host 目录中，并以 v-host-port.conf 为名保存，把 v-host 目录中所有以 ".conf" 为后缀名的文件都附加到主配置文件 httpd.conf 中，命令如下：

```
[root@localhost ~]# echo 'Include v-host/*.conf'>>/etc/httpd/conf/httpd.conf
```

3）配置基于端口的虚拟主机

```
[root@localhost ~]# mkdir -p /etc/httpd/v-host
 [root@localhost ~]# vi /etc/httpd/v-host/v-host-port.conf
Listen 8001
Listen 8002
#增加要监听的端口 8001 和 8002，端口可以自定，只要没有进程在使用的端口都可用
<VirtualHost *:8001>
    DocumentRoot /www/v-host-port1
      <Directory "/www/v-host-port1">
        Options Indexes FollowSymLinks
        AllowOverride None
        Require all granted
      </Directory>
</VirtualHost>
#第 1 台虚拟主机的配置
```

```
<VirtualHost *:8002>
    DocumentRoot /www/v-host-port2
     <Directory "/www/v-host-port2">
       Options Indexes FollowSymLinks
       AllowOverride None
       Require all granted
     </Directory>
</VirtualHost>
#第 2 台虚拟主机配置
```

4）创建网站

创建两个虚拟主机对应的测试网站，命令如下：

```
[root@localhost ~]# mkdir -p /www/v-host-port1
[root@localhost ~]# mkdir -p /www/v-host-port2
[root@localhost ~]# echo 'this is v-host-port1 8001' > /www/v-host-port1/index.
html
    [root@localhost ~]# echo 'this is v-host-port2 8002' > /www/v-host-port2/index.
html
```

5）测试

在配置完成后，重启 httpd 服务，使用 curl 工具测试，命令如下：

```
[root@localhost ~]# curl http://10.160.0.199:8001
this is v-host-port1 8001
[root@localhost ~]# curl http://10.160.0.199:8002
this is v-host-port2 8002
```

3．基于域名的虚拟主机

基于域名的虚拟主机的主要特点是用户可以通过访问不同的域名来访问不同的虚拟主机，域名是区分不同虚拟主机的主要特征。

1）配置 IP 地址

基于域名的虚拟主机与基于端口的虚拟主机一样，多台虚拟主机可以共享一个 IP 地址，所以只需要为物理主机配置一个 IP 地址即可，命令如下：

```
[root@localhost ~]# ifconfig ens33 10.160.0.199/24
```

2）配置 httpd.conf

为了让配置结构更清晰，可以把虚拟主机的配置文件存放在自己创建的/etc/httpd/v-host 目录中，并以 v-host-name.conf 为名保存，把 v-host 目录中所有以 ".conf" 为后缀名的文件都附加到主配置文件 httpd.conf 中，命令如下：

```
[root@localhost ~]# echo 'Include v-host/*.conf'>>/etc/httpd/conf/httpd.conf
```

3）配置基于域名的虚拟主机

在配置基于域名的虚拟主机时，必须为每个虚拟主机增加 ServerName 配置项，这是区别不同虚拟主机的重要标识，命令如下：

```
[root@localhost ~]# mkdir -p /etc/httpd/v-host
[root@localhost ~]# vi /etc/httpd/v-host/v-host-name.conf
<VirtualHost *:80>
DocumentRoot /www/v-host-name1
ServerName www.1.com
      <Directory "/www/v-host-name1">
        Options Indexes FollowSymLinks
        AllowOverride None
        Require all granted
      </Directory>
</VirtualHost>
#第 1 台虚拟主机的配置
<VirtualHost *:80>
DocumentRoot /www/v-host-name2
ServerName www.2.com
      <Directory "/www/v-host-name2">
        Options Indexes FollowSymLinks
        AllowOverride None
        Require all granted
      </Directory>
</VirtualHost>
#第 2 台虚拟主机配置
```

4）创建网站

创建两个虚拟主机对应的测试网站，命令如下：

```
[root@localhost ~]# mkdir -p /www/v-host-name1
[root@localhost ~]# mkdir -p /www/v-host-name2
[root@localhost ~]# echo 'this is www.1.com' > /www/v-host-name1/index.html
[root@localhost ~]# echo 'this is www.2.com' > /www/v-host-name2/index.html
```

5）测试

在配置完成后，重启 httpd 服务，如果没有 DNS，则可以配置本地 hosts 来解析域名，命令如下：

```
[root@localhost ~]# echo '10.160.0.199 www.1.com'>>/etc/hosts
[root@localhost ~]# echo '10.160.0.199 www.2.com'>>/etc/hosts
```

使用 curl 工具测试，命令如下：

```
[root@localhost ~]# curl http://ww.1.com
this is www.1.com
[root@localhost ~]# curl http://www.2.com
this is www.2.com
```

11.4.5 创建安全的网站

前面已经介绍了如何使用 Apache 搭建网站，随着互联网技术的应用越来越深入，网站的安全问题也越来越引起人们的重视。人们需要确保自己访问的网站不是钓鱼网站，自己的数据不会被人截取等，HTTPS 的出现解决了这类安全问题。HTTPS 即 HTTP+SSL，也就是在原来的 HTTP 的基础上加上 SSL 技术，使得客户浏览器和 Web 服务器之间能够进行身份的确认，并且在数据传输过程中进行加密。

1. 软件包安装

要搭建安全的网站，除了需要 httpd，还需要 mod_ssl 软件包，可以使用 yum 命令一并安装，命令如下：

```
[root@localhost ~]# yum -y install httpd mod_ssl
```

2. 服务器证书的生成

在生产环境中，服务器证书一般需要向通用的权威机构申请，而且需要缴纳一定的费用。在实验环境中，可以让服务器自己给自己签发一个证书，又称自签名证书。OpenSSL 提供了 make 工具，可以按照模板直接生成 Apache 服务器的私钥和证书，命令如下：

```
[root@localhost ~]# mkdir -p /etc/httpd/conf/.ssl
//在 Apache 的配置目录中创建存放证书的目录.ssl
[root@localhost ~]# cd /etc/pki/tls/certs/
//进入 MakeFile 脚本所在的目录
[root@localhost certs]# make /etc/httpd/conf/.ssl/server.crt
//在/etc/httpd/conf/.ssl 目录中生成自签名证书
```

在输入私钥密码、证书信息等后，就可以自动生成私钥和自签名证书。在输入证书信息时要注意，Common Name 必须与 Web 服务器的域名一致，否则在测试时会出现证书错误的提示。

也可以直接使用 openssl req 命令来创建私钥和自签名证书，命令如下：

```
[root@localhost ~]# mkdir -p /etc/httpd/conf/.ssl
//在 Apache 的配置目录中创建存放证书的目录.ssl
[root@localhost ~]# openssl req -x509 -nodes -days 365 -newkey rsa:2048 -
keyout /etc/httpd/conf/.ssl/server.key -out /etc/httpd/conf/.ssl/server.crt
//生成自签名证书和私钥
//-x509：生成自签名证书
//-nodes：指定私钥不需要密码
//-days365：证书有效期为 365 天
//-newkey rsa:2048：生成新的私钥，采用 2048 位 RSA 加密算法加密
//-keyout：指定私钥存放的目录
//-out：指定自签名证书存放的目录
```

3. 配置 httpd.conf 和虚拟主机

本次配置采用基于域名的虚拟主机为基础来进行，把虚拟主机的端口改为 443 并在虚拟主机配置中加入证书的相关信息，命令如下：

```
[root@localhost ~]# echo 'Include v-host/*.conf'>>/etc/httpd/conf/httpd.conf
[root@localhost ~]# mkdir /etc/httpd/v-host
[root@localhost ~]# vi /etc/httpd/v-host/v-host-name.conf
<VirtualHost *:443>
```

```
DocumentRoot /www/v-host-name1
ServerName www.1.com
      <Directory "/www/v-host-name1">
        Options Indexes FollowSymLinks
        AllowOverride None
        Require all granted
    </Directory>
SSLEngine on
#打开 SSL
SSLCertificateFile /etc/httpd/conf/.ssl/server.crt
#指定证书位置
SSLCertificateKeyFile /etc/httpd/conf/.ssl/server.key
#指定私钥位置
</VirtualHost>
```

4．建立测试网站

```
[root@localhost ~]# mkdir -p /www/v-host-name1
[root@localhost ~]# echo 'this is https www.1.com' > /www/v-host-name1/index.
html
```

5．测试

使用浏览器进行测试，在第 1 次打开网页时要导入证书。测试 HTTPS 虚拟主机的结果如图 11-12 所示。

图 11-12　测试 HTTPS 虚拟主机的结果

11.4.6　虚拟目录与用户认证

1．虚拟目录

在 Apache 服务器中，通常通过 DocumentRoot 来设置网站的主目录，这个目录是客户使用浏览器通过 IP 地址或域名直接访问的目录，也可以将该目录称为网站的根目录，在正常情况下，根目录以外的目录是不可访问的，但可以把根目录以外的目录映射到根目录中，让客户端能够访问，这种目录就是虚拟目录。管理员可以通过虚拟目录把分散的资源进行集中管理，优化网站的目录结构，同时也可以让多站点共享虚拟目录的资源。下面以基于域名的虚拟主机为基础配置虚拟目录。

1）配置虚拟目录

```
[root@localhost ~]# ifconfig ens33 10.160.0.199/24
[root@localhost ~]# yum -y install httpd
[root@localhost ~]# echo 'Include v-host/*.conf'>>/etc/httpd/conf/httpd.conf
[root@localhost ~]# mkdir /etc/httpd/v-host -p
[root@localhost ~]# mkdir /www/v-host-name1 -p
[root@localhost ~]# vi /etc/httpd/v-host/v-host-name.conf
<VirtualHost *:80>
DocumentRoot /www/v-host-name1
ServerName www.1.com
    <Directory "/www/v-host-name1">
    Options Indexes FollowSymLinks
    AllowOverride None
    Require all granted
  </Directory>
Alias /vdir "/test/doc/download/"
#定义/test/doc/download/的别名为/vdir，/vdir 是虚拟的
<Directory "/test/doc/download/">
#配置虚拟目录权限
    Options Indexes FollowSymLinks
    AllowOverride None
    Require all granted
  </Directory>
</VirtualHost>
[root@localhost ~]# mkdir -p /test/doc/download/11
//建立新的目录
[root@localhost ~]# mkdir -p /test/doc/download/12
[root@localhost ~]# chmod -R 755 /test
//设置目录权限
[root@localhost ~]# systemctl restart httpd.service
```

2）测试

使用浏览器访问 www.1.com/vdir，就可以看到虚拟目录的内容，测试虚拟目录的结果如图 11-13 所示。

图 11-13　测试虚拟目录的结果

2．用户认证

有时某些目录只想让通过认证的客户访问，Apache 提供了多种认证机制，最简单的就

是 Basic 认证。客户在使用浏览器打开 Web 服务器的目录时,需要使用用户名和密码进行认证,若认证不通过则不允许访问。Basic 认证的用户名和密码会通过 htpasswd 提前写到服务器的密钥文件中。下面配置虚拟目录的 Basic 认证。

1)修改目录的访问控制

```
<Directory "/test/doc/download/">
    Options Indexes FollowSymLinks
    AllowOverride None
    AuthName "auth please!"            #认证名,可自定
    AuthType Basic                     #认证类型
    AuthUserFile /etc/httpd/authuser   #认证密钥文件
    require valid-user                 #允许所有有效用户访问
</Directory>
```

在增加用户认证时,必须在需要认证的目录的<Directory>容器中增加用户认证的配置,否则配置可能达不到预期效果。

2)创建密钥文件

Apache 提供了 htpasswd 工具来创建密钥文件,以及生成用户名和密码信息,如果是第 1 次创建密钥文件,则必须使用 htpasswd -c 命令,命令如下:

```
[root@www download]# htpasswd -c /etc/httpd/authuser jack
//创建密钥文件并增加一个用户jack
New password:
//输入jack的密码
Re-type new password:
//重复jack的密码
Adding password for user jack
[root@www download]# htpasswd /etc/httpd/authuser mike
//增加一个用户mike
New password:
Re-type new password:
Adding password for user mike
```

通过查看密钥文件可以看到,该文件的格式是"用户:密码",而且密码是经过加密的,命令如下:

```
[root@localhost ~]# cat /etc/httpd/authuser
jack:$apr1$JFktWNwc$NaMVy91IjPmtuvvJHGFbw0
mike:$apr1$3LGlWqAe$3B/WtTymzxWl55Nw7I.mn.
```

3)测试

使用浏览器访问 www.1.com/vidr,会先弹出如图 11-14 所示的"Windows 安全"对话框进行用户认证。

在输入正确的用户名和密码后,才可以访问该目录,结果如图 11-15 所示。

图 11-14　"Windows 安全"对话框

图 11-15　虚拟目录访问结果

以上看到的虚拟目录访问结果跟平常的网页访问效果有些不同，这是因为没有在该目录中加入首页文件。首页文件的名称可以通过 DirectoryIndex 来指定，这里使用默认的 index.html 文件名，命令如下：

```
[root@localhost ~]# echo "this is vdir">>/test/doc/download/index.html
```

再次访问 www.1.com/vidr，会默认打开 index.html 文件，效果如图 11-16 所示。

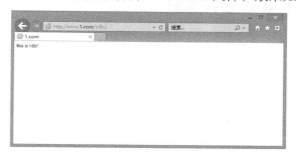

图 11-16　访问效果

11.5　Samba 跨平台资源共享管理

Samba 的主要功能是使 Windows 与 Linux 之间能够共享文件和打印服务。Samba 采用客户端/服务器端架构模式，使用 SMB 协议。本节将介绍 Samba 服务器的安装与运行管理，以及 Samba 服务配置文件，并重点介绍可匿名访问与带用户验证访问的共享文件配置。

11.5.1　Samba 服务器的安装与运行管理

1. Samba 服务器的安装

使用 yum 命令安装 Samba 服务器，命令如下：

```
[root@www ~]# yum -y install samba
```

2．Samba 服务器的运行管理

Samba 服务器的守护进程为 smb。

1）启动 smb 服务

```
[root@www ~]# systemctl start smb.service
```

2）关闭 smb 服务

```
[root@www ~]# systemctl stop smb.service
```

3）重启 smb 服务

```
[root@www ~]# systemctl restart smb.service
```

4）设置 smb 服务自启

```
[root@www ~]# systemctl enable smb.service
```

5）关闭 smb 服务自启

```
[root@www ~]# systemctl disable smb.service
```

11.5.2　Samba 服务配置文件

在 Samba 服务器安装成功后，系统会创建/etc/samba 目录并在此目录中创建 3 个文件，命令如下：

```
[root@localhost ~]# ll /etc/samba/
total 20
-rw-r--r-- 1 root root    20 Oct 30  2018 lmhosts
-rw-r--r-- 1 root root   706 Oct 30  2018 smb.conf
-rw-r--r-- 1 root root 11327 Oct 30  2018 smb.conf.example
```

其中，lmhosts 文件负责 Samba 服务主机 IP 地址与域名的解析，与 hosts 文件的功能类似；smb.conf 文件为 Samba 的主配置文件；smb.conf.example 文件为 Samba 配置的示例文件，下面对常用的配置项进行说明。

Samba 配置可以分为全局配置和共享配置：全局配置主要针对服务器的运行、认证和访问限制等进行设置，作用范围是整个服务器；共享配置主要针对共享目录的路径、访问权限等进行设置，作用范围只针对本共享目录。下面是一个简化的 Samba 配置文件，这里展示了 4 个配置单元，第 1 个配置单元名称为[global]，是全局配置，并不会真正展示给客户。从第 2 个配置单元开始就是共享配置，第 2 个配置单元名称为[homes]，是用户家目录的共享配置，在默认情况下，Samba 会共享系统用户的家目录给用户个人，当系统用户登录后就能看到以自己名字命名的家目录。第 3 个配置单元名称为[printers]，是默认的打印机共享配置。上述 3 个配置单元的名称是 Samba 系统定义的，不能修改，但可以修改里面的配置项。第 4 个配置单元名称为[userfile]，是用户自定义的配置单元，该单元名称就是用户登录 Samba 服务器时看到的共享文件的名称。Samba 配置文件内容如下：

```
[global]
        workgroup = MYGROUP
        ...
        cups options = raw
[homes]
        comment = Home Directories
        browseable = no
        writable = yes
[printers]
        path = /var/spool/samba
        ...
        printable = yes
[userfile]
        path=/sharefile
        ...
        writable = yes
```

Samba 的配置项非常丰富，有兴趣的读者可以查阅官方手册，这里介绍常用的全局配置项及功能，如表 11-7 所示，以及常用的共享配置项及功能，如表 11-8 所示。

表 11-7　Samba 常用的全局配置项及功能

配　置　项	功　　能
workgroup = MYGROUP	设定 Samba 服务器所属的工作组或域
server string = Samba Server Version %v	设定 Samba 服务器的注释
interfaces =eth0 192.168.12.2/24	设定服务器监听的网卡或 IP 地址
hosts allow = 127. 192.168.12. 1	允许某个 IP 地址或 IP 段访问服务器
log file = /var/log/samba/log.%m	设定日志文件的位置
max log size = 50	设定日志文件的大小，单位是 KB
security = user	设定服务器的安全认证模式，默认为 user，即需要输入用户名和密码才能登录
passdb backend = tdbsam	定义存储用户信息的后台类型，可选类型有 smbpasswd、tdbsam 和 ldapsam
load printers =yes	允许自动加载打印机列表
cups options = raw	允许在 Windows 客户端上使用驱动程序

表 11-8　Samba 常用的共享配置项及功能

配　置　项	功　　能
comment = Home Directories	对共享目录的说明
path = /var/tmp	设定共享目录的路径
browseable = yes	设定目录是否可见
writable = yes	设定目录是否可写
read only = yes	设定目录是否只读
valid users = use1,@grp1	设定可以访问目录的用户或用户组，中间以 "," 隔开，如果是用户组，则在前面加 "@"

续表

配 置 项	功 能
write list = use1,@grp1	设定对目录有写入权限的用户或用户组，中间以","隔开，如果是用户组，则前面加"@"
public = yes	设定是否允许 guest 账户访问，若设定为 yes，则任何人都可以访问该目录
guest ok=yes	同 public = yes
inherit acls=yes	设定是否继承 acl 规则
force user=user1	强制让新建或更改后的文件属主为 user1
force group =@printadmin	强制让新建或更改后的文件属组为 printadmin
create mask = 0664	设置新建文件的权限是 0664
directory mask = 0775	设置新建目录的权限是 0775

11.5.3　可匿名访问的共享文件配置

可匿名访问的 Samba 服务器是指不需要输入用户名和密码就可以访问的服务器。下面介绍配置过程。

1. 配置 IP 地址和安装 Samba 服务器

```
[root@www ~]# ifconfig ens33 10.160.0.199/24
[root@www ~]# yum -y install samba
```

2. 修改主配置文件

配置工作组为 WORKGROUP，并且不需要认证就可以登录，自定义共享目录为 public，路径位置为/publicdir，允许匿名访问且匿名用户有写入权限，内容如下：

```
[root@www ~]# vi /etc/samba/smb.conf
[global]
        workgroup = WORKGROUP           #修改工作组
        security = user
        map to guest = Bad User         #不需要认证就可以登录
        passdb backend = tdbsam
[public]                                #自定义共享目录为 public
        path = /publicdir               #共享的路径
        browseable=yes                  #可见
        guest ok=yes                    #可匿名访问
        writable=yes                    #可写
```

要实现匿名访问，最重要的是在全局配置中加入 map to guest = Bad User，并在共享目录中加入 guest ok=yes 或 public=yes，其他配置可以根据需要修改。

注：在旧版本中，在全局配置中设置 security=share，就可以实现匿名访问，但查看范例说明即可得知，在 CentOS 7 的新版本 Samba 中，已经不支持 security=share 和 security=server 的认证模式了。所以要实现匿名访问，请参考上文的配置。

3．创建共享目录并调整目录权限

根据需要创建共享目录并调整目录权限，由于本实验开放了匿名用户的写入权限，因此调整共享目录权限为 777，命令如下：

```
[root@www ~]# mkdir /publicdir
[root@www ~]# chmod 777 /publicdir/
```

4．测试

在以上配置成功后，使用 testparm 命令测试主配置文件的语法，并重启 smb 服务，命令如下：

```
[root@www /]# testparm
Load smb config files from /etc/samba/smb.conf
rlimit_max: increasing rlimit_max (1024) to minimum Windows limit (16384)
Processing section "[public]"
Loaded services file OK.
Server role: ROLE_STANDALONE
Press enter to see a dump of your service definitions
[root@www /]# systemctl restart smb.service
```

使用 Windows 作为客户端进行测试，打开"运行"对话框，输入"\\10.160.0.199"，如图 11-17 所示。

图 11-17　"运行"对话框

单击"确定"按钮即可直接进入 Samba 用户共享列表窗口查看共享文件，如图 11-18 所示。

图 11-18　Samba 用户共享列表窗口

使用 Linux 作为客户端进行测试，必须先安装 Samba 的客户端程序 samba-client，命令如下：

```
[root@localhost ~]# yum -y install samba-client
```

在安装成功后，就可以使用 smbclient 工具了，首先列出 Samba 服务器共享目录列表，命令格式如下：

```
smbclient -L \\IP 地址 -U username%password
```

其中，username%password 是 Samba 用户名和密码，中间以"%"分隔。当不输入用户名和密码时，默认以匿名用户登录，系统还是会提示输入密码，直接按 Enter 键即可登录，命令如下：

```
[root@localhost ~]# smbclient -L \\10.160.0.199
Enter SAMBA\root's password:
Anonymous login successful
        Sharename       Type            Comment
        ---------       ----            -------
        public          Disk
        IPC$            IPC             IPC Service (Samba 4.8.3)
Reconnecting with SMB1 for workgroup listing.
Anonymous login successful
        Server          Comment
        ---------       -------
        Workgroup       Master
        ---------       -------
```

还可以把 Samba 服务器的共享目录挂载到客户端本地，由于挂载的文件格式为 CIFS，因此要安装 cifs-utils 包，命令如下：

```
[root@localhost ~]# yum -y install cifs-utils
```

挂载的命令格式如下：

```
mount -t cifs //远程目录 /本地目录 -o username=,password=
```

其中，username 和 password 是 Samba 用户名和密码，如果是匿名登录，则使用如下命令：

```
mount -t cifs //远程目录 /本地目录 -o guest
```

以 guest 用户的身份登录就不需要输入用户名和密码了。本例的挂载过程如下：

```
[root@www ~]# mkdir / smbpub
//创建挂载点
[root@www ~]# mount -t cifs //10.160.0.199/public /smbpub/ -o guest
[root@www ~]# df
//查看挂载情况
Filesystem              1K-blocks    Used     Available  Use% Mounted on
//10.160.0.199/public   18855936     1118372  17737564   6%   /smbpub
```

11.5.4　带用户验证的共享文件配置

在默认情况下，Samba 服务器是需要验证用户身份才可以登录的，而且服务器中的每个共享目录都可以独立控制用户的访问权限。

1．Samba 用户管理

Samba 后台默认以 tdbsam 的形式存储用户信息，Samba 用户必须是系统用户（Samba 虚拟用户也有对应的系统用户），可以使用 smbpasswd 或 pdbedit 工具来管理 Samba 用户，命令如下：

```
smbpasswd -a username
//增加一个新的 Samba 用户
smbpasswd -x username
//删除 Samba 用户 username
pdbedit -L
//列出所有 Samba 用户
pdbeidt -a username
//增加一个新的 Samba 用户
pdbedit -x username
//删除 Samba 用户 username
```

2．带用户验证的共享文件配置过程

经过之前的介绍，相信大家已经掌握了配置 Samba 服务器的基本方法，下面只介绍重点的配置步骤。

1）修改主配置文件

在安装好 Samba 服务器后，修改主配置文件，设定采用 user 认证模式，共享目录名称为 sharedoc，路径位置为/sharedoc，该目录为大家可见却只允许 u1 用户访问，内容如下：

```
[global]
        workgroup = WORKGROUP
        security = user
        passdb backend = tdbsam
[sharedoc]                      #共享目录名称
        path = /sharedoc        #共享目录路径
        browseable=yes          #大家可见
        writable=yes            #可写
        valid users=u1          #只允许 u1 用户访问
```

2）添加系统用户和 Samba 用户

```
[root@localhost ~]# useradd u1
[root@localhost ~]# pdbedit -a u1
```

无论是使用 smbpasswd 还是 pdbedit 添加 Samba 用户，都要为该 Samba 用户设置一个密码，该密码可以与它的系统登录密码不一样。

注：在添加系统用户时，可以不给该用户设置密码，该用户就不可以登录系统。这样一来，即使不法分子知道了用户名，也不能登录。

3）创建共享目录

```
[root@localhost ~]# mkdir /sharedoc
[root@localhost ~]# chown u1:u1 /sharedoc/
```

4）测试

在 Windows 中连接 Samba 服务器，会弹出如图 11-19 所示的对话框，输入正确的用户名和密码，单击"确定"按钮即可进入 Samba 用户共享列表窗口查看共享目录，如图 11-20 所示。

由于 sharedoc 目录设置了只允许 u1 用户访问，所以其他用户在登录时是无法进入该目录的，强行进入会弹出"Windows 安全"对话框并提示"拒绝访问"，如图 11-21 所示。

图 11-19 "Windows 安全"对话框

图 11-20 Samba 用户共享列表窗口

图 11-21 "Windows 安全"对话框（拒绝访问）

3. Samba 虚拟用户配置

Samba 支持把一个或多个非系统用户名映射到一个 Samba 用户名，当用户使用这些非系统用户名登录时就相当于使用了映射到的 Samba 用户名来登录，这些非系统用户也称为 Samba 虚拟用户。

1）修改主配置文件

在全局配置中增加如下配置：

```
username map=/etc/samba/smbusers
#smbusers 是存储虚拟用户的文件
```

2）编辑 smbusers 文件

```
[root@www ~]# vi /etc/samba/smbusers
u1=vu1 vu2
#等号左边为实际的 Samba 用户，右边为虚拟用户，如果有多个虚拟用户，则需要使用空格隔开
```

3）登录测试

使用虚拟用户登录与使用普通 Samba 用户登录的方法是一样的，但用户名使用虚拟用户的，密码使用映射到的实际用户的，以本例来说，虚拟用户 vu1 在登录时使用的密码是实际用户 u1 的登录密码。在虚拟用户登录成功后，系统会认为是实际用户登录的，如果实际用户共享了家目录，那么虚拟用户在登录时也会看到实际用户的家目录，Samba 虚拟用户共享列表窗口如图 11-22 所示。

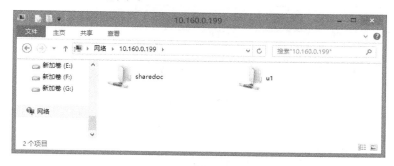

图 11-22　Samba 虚拟用户共享列表窗口

11.6　邮件服务器

如今网络越来越发达，人们的通信方法越来越多，常用的有 QQ、微信等。尽管这些工具都很方便，但是在正式的生产环节中，常用的是电子邮件，这是因为电子邮件通用性强，几乎被所有国家支持，而且大部分国家赋予电子邮件与普通邮件相同的法律地位。

电子邮件（Email）于 1971 年诞生在美国。为了解决科学家远程通信和资料共享不方便的问题，麻省理工学院的 Ray Tomlinson 博士设计了一套类似于普通邮件投递的软件系统，使每个用户都能够通过自己的账号收发电子邮件。如果接收电子邮件的用户不在线，则邮件将会存储在邮件服务器中，用户在下次上线时就可以接收。

尽管很多大型的互联网机构都会提供免费的电子邮件服务，但是为了信息安全、定制个性化和管理方便等，大型公司大多会自行搭建自己的电子邮件服务器，在 CentOS 7.6 中，默认使用的电子邮件服务器软件是 postfix。本节将介绍 postfix+dovecot+ cyrus-sasl 邮件系统的配置与测试。

11.6.1 电子邮件系统的工作原理

1. 邮件系统的工作过程

下面是电子邮件可能的投递过程：发送方通过 Outlook 编写邮件，将邮件通过网络传递到发送方的邮件服务器；发送方的邮件服务器通过查询地址解析，把邮件通过网络投递到接收方的邮件服务器；接收方的邮件服务器根据用户名把邮件存放在接收方的"信箱"里；接收方通过 Outlook 登录邮件服务器来接收邮件。

在上面的案例中，Outlook 软件称为邮件用户代理（MUA），在中间负责投递的邮件服务器称为邮件传输代理（MTA），在邮件服务器中负责把接收到的邮件分发并存储在本地服务器的称为邮件投递代理（MDA），负责让接收方实现邮件接收的称为邮件接收代理（MRA）。综上所述，邮件系统的工作过程如图 11-23 所示。

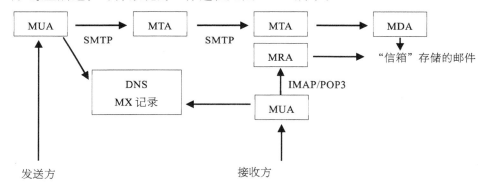

图 11-23 邮件系统的工作过程

常用的 MUA 软件有 Outlook、Foxmail 等；常用的 MTA 软件有 sendmail、postfix 等；常用的 MDA 软件有 procmail、dropmail 等；常用的 MRA 软件有 dovecot 等。

2. 电子邮件系统有关协议

从图 11-23 可以看出，MUA 与 MTA，以及 MTA 之间的通信使用 SMTP 协议，而在接收邮件时，MUA 与 MRA 之间使用 IMAP 或 POP3 协议。

SMTP（Simple Mail Transfer Protocol，简单邮件传输协议）是基于文本的协议，通常使用 25 端口，在发送邮件和邮件传递过程中使用。

POP3（Post Office Protocol 3，邮局协议的第三版）通常使用 110 端口，允许客户连接到邮件服务器，并且在把邮件下载到本地的同时在服务器上删除已经下载到本地的邮件。

IMAP（Internet Message Access Protocol，交互式数据消息访问协议）通常使用 143 端口，功能与 POP3 协议类似，允许客户登录邮件服务器并下载自己的邮件。与 POP3 协议不同的是，在下载邮件后 IMAP 不会删除服务器中的邮件，而且客户在本地对邮件的操作会反映到服务器中，如删除、已读等。

11.6.2　简单邮件系统的安装与运行管理

使用 postfix 和 dovecot 可以搭建简单的邮件系统，在 CentOS 7.6 中已经默认安装了 postfix，所以只需要安装 dovecot 即可。另外，邮件系统需要 DNS 服务器的支持，读者可以自行阅读 11.2 节，此处就不再赘述了。

1. postfix 和 dovecot 的安装

```
[root@localhost ~]# yum -y install postfix dovecot
```

2. postfix 和 dovecot 服务器的运行管理

postfix 和 dovecot 服务器的守护进程分别为 postfix 和 dovecot。

1）启动 postfix 和 dovecot 服务

```
[root@www ~]# systemctl start postfix.service
[root@www ~]# systemctl start dovecot.service
```

2）关闭 postfix 和 dovecot 服务

```
[root@www ~]# systemctl stop postfix.service
[root@www ~]# systemctl stop dovecot.service
```

3）重启 postfix 和 dovecot 服务

```
[root@www ~]# systemctl restart postfix.service
[root@www ~]# systemctl restart dovecot.service
```

4）设置 postfix 和 dovecot 服务自启

```
[root@www ~]# systemctl enable postfix.service
[root@www ~]# systemctl enable dovecot.service
```

5）关闭 postfix 和 dovecot 服务自启

```
[root@www ~]# systemctl disable postfix.service
[root@www ~]# systemctl disable dovecot.service
```

11.6.3　简单邮件系统的配置

1. postfix 的配置

postfix 的配置文件存放在/etc/postfix/main.cf 中，共有 600 多行，配置项很多，解释说明也很详细。常用配置项及功能如表 11-9 所示。

表 11-9   postfix 常用配置项及功能

配 置 项	功　　能
myhostname	指定邮件服务器的主机名
mydomain	指定本地域名，默认为 myhostname 的域名
myorigin	指定本机发出的邮件的域名
inet_interfaces	指定 postfix 监听的网络地址
mydestination	指定 postfix 接收的邮件的域名
mynetworks	指定 postfix 的网络地址，根据此地址判断是否转发邮件
home_mailbox	指定邮件的存储组织方式，Mailbox 是以一个文本的形式存储用户的邮件，而 Maildir 是以一个目录的形式存储用户的邮件，用户邮件默认以 Mailbox 形式存储在 /var/spool/mail/目录中

修改 postfix 主配置文件如下：

```
myhostname = mail.dgtest.com        #第 75 行
mydomain = dgtest.com               #第 83 行
myorigin = $mydomain                #第 99 行，其中 "$ "表示引用
inet_interfaces = all               #第 116 行
mydestination = $myhostname, localhost.$mydomain, localhost, $mydomain #    第
165 行
```

2. dovecot 的配置

dovecot 的配置文件存放在/etc/dovecot 目录中，其中 dovecot.conf 为主配置文件，而 conf.d 目录中存放了其他配置文件。

1）配置 dovecot.conf

```
[root@www ~]# vi /etc/dovecot/dovecot.conf
//打开主配置文件
protocols = imap pop3 lmtp
#第 24 行，让 dovecot 支持 IMAP POP3 LMTP 协议
```

2）配置 10-mail.conf

```
[root@www ~]# vi /etc/dovecot/conf.d/10-mail.conf
//打开配置文件
mail_location = mbox:~/mail:INBOX=/var/mail/%u
#第 24 行，设置邮件格式为 Mailbox 和存储位置为/var/mail/%u。读者在测试时可以观察一下，其实
#/var/mail 是一个链接，可以链接到/var/spool/mail
```

3）配置 10-auth.conf

```
[root@www ~]# vi /etc/dovecot/conf.d/10-auth.conf
disable_plaintext_auth = no
#第 10 行，允许明文密码验证
```

4）配置 10-ssl.conf

```
[root@www ~]# vi /etc/dovecot/conf.d/10-ssl.conf
ssl = no
#第 8 行，不需要 SSL
```

3．建立测试账户

```
[root@www ~]# useradd maila
[root@www ~]# echo 123 | passwd --stdin maila
Changing password for user maila.
passwd: all authentication tokens updated successfully.
[root@www ~]# useradd mailb
[root@www ~]# echo 123 | passwd --stdin mailb
Changing password for user mailb.
passwd: all authentication tokens updated successfully.
```

4．为每个账户建立保存邮件的目录

```
[root@mail ¬]# mkdir -p /home/maila/mail/.imap/INBOX
[root@mail ~]# chown maila.maila /home/maila/mail/.imap/INBOX
[root@mail ~]# chmod 775 /home/maila/mail/.imap/INBOX
[root@mail ¬]# mkdir -p /home/mailb/mail/.imap/INBOX
[root@mail ~]# chown mailb.mailb /home/mailb/mail/.imap/INBOX
[root@mail ~]# chmod 775 /home/mailb/mail/.imap/INBOX
```

5．使用 Outlook 2013 进行测试

1）创建 Outlook 账户

打开 Outlook 2013，如果以前没有添加过账号，则会自动弹出"添加账户"对话框，如果以前在 Outlook 中创建过账号，则选择"文件"→"信息"→"添加账户"命令，弹出"添加账户"对话框，如图 11-24 所示，在输入正确的账号信息后单击"下一步"按钮。

注：在进行测试前，请配置好 DNS。

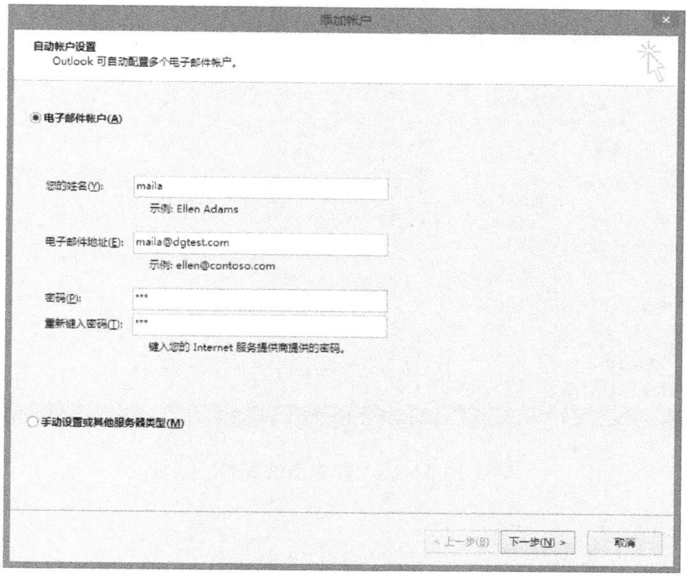

图 11-24　"添加账户"对话框①

---

① 图片中的"帐户"应为"账户"，特此说明。

由于搭建的邮件服务器没有使用加密连接，因此在连接时会提示"到邮件服务器的加密连接不可用，单击下一步使用非加密连接"。这时只需要继续单击"下一步"按钮就可以使用非加密连接来连接服务器了，在连接成功后会收到 Outlook 自动发送的测试邮件。

2）收发邮件测试

单击"新建邮件"按钮，会弹出新建邮件窗口，并在该窗口中输入发件人、收件人，以及主题和内容，如图 11-25 所示，单击"发送"按钮。

图 11-25　新建邮件窗口

在发送成功后，在 mailb 的收件箱就会看到 maila 发送过来的邮件，如图 11-26 所示。

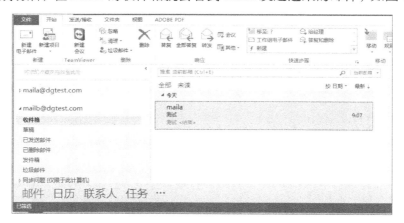

图 11-26　收到测试邮件

6．在 Linux 中测试

Linux 使用 mailx 或 mail 命令来收发邮件，事实上，在 Linux 中，mail 命令是指向 mailx 的，所以两者的使用效果是一样的。

安装 mailx，命令如下：

```
[root@mail ~]# yum -y install mailx
```

切换到账号 **maila**，并发送一份邮件给账号 **mailb**，简单发送邮件命令为 "mail -s '主题' 收件人"，然后输入邮件内容，并在完成后先按 Enter 键再按 Ctrl+D 组合键结束输入，系统会自动把邮件发送给收件人。例如：

```
[maila@mail ~]$mail -s 'maila to mailb' mailb@dgtest.com
'this is maila to mailb
EOT
```

使用账号 **mailb** 登录，再使用 **mail** 命令查看当前收到的邮件列表，其中未读的邮件用 U 表示，新收到的邮件用 N 表示。输入邮件的编号可以查看邮件，直接按 Enter 键可以按顺序查看邮件。例如：

```
[mailb@mail ~]$ mail
Heirloom Mail version 12.5 7/5/10.  Type ? for help.
"/var/spool/mail/mailb": 2 messages 1 new 1 unread
 U  1 maila@dgtest.com Sun Jul 21 04:47  20/635  "linux test"
>N  2 maila@dgtest.com Sun Jul 21 05:09  18/573  "maila to mailb"
&
```

11.6.4　配置 SMTP 认证

在搭建了简单的邮件服务器后，用户就可以通过该服务器收发电子邮件，但是在生产环境中，若任何人都可以随意通过邮件服务器发送电子邮件，就会产生大量的垃圾邮件，而 SMTP 协议几乎没有验证身份的功能，所以需要借助其他工具来补充，使得只有验证过发件人身份的邮件才能转发出去。postfix 默认支持 SASL 认证，SASL（Simple Authentication Security Layer，简单认证安全层）能够为 SMTP 提供可靠的认证服务。

此处内容是基于简单邮件系统介绍的，重点介绍增加的 SMTP 认证配置，其他配置请参考简单邮件系统的相关内容。

1. 配置 postfix

打开 postfix 的主配置文件，在末尾增加以下内容：

```
[root@mail ~]# vi /etc/postfix/main.cf
smtpd_sasl_auth_enable = yes
#打开 SASL 认证
smtpd_sasl_security_options = noanonymous
#拒绝匿名发送邮件
broken_sasl_auth_clients = yes
#支持非标准和 MUA
smtpd_recipient_restrictions=
permit_sasl_authenticated,reject_unauth_destination,permit_mynetworks
#核准授权用户转发：转发通过认证的，拒绝没通过认证的，转发本网络的
smtpd_client_restrictions = permit_sasl_authenticated
#核准授权用户发起 SMTP 连接：允许通过认证的
```

2. 配置 dovecot

在 10-auth.conf 文件中增加 SASL 的认证方式为 PLAIN，即使用系统用户名和密码来

认证，命令如下：

```
[root@mail ~]# vi /etc/dovecot/conf.d/10-auth.conf
disable_plaintext_auth = no
auth_mechanisms = plain
```

3. 安装并配置 SASL

1）安装 SASL

```
[root@mail ~]# yum -y install cyrus-sasl*
```

2）配置 SASL

修改 saslauthd，指定认证方式为 shadow，即通过本地系统用户数据库来认证，命令如下：

```
[root@mail ~]# vi /etc/sysconfig/saslauthd
MECH=shadow
```

还可以运行 saslauthd -v 命令来查看本机所支持的认证方式，命令如下：

```
[root@mail ~]# saslauthd -v
saslauthd 2.1.26
authentication mechanisms: getpwent kerberos5 pam rimap shadow ldap httpform
```

在/usr/lib64/sas12 目录下创建 smtpd.conf 文件，并输入如下内容来设置 SMTP 的认证
方式：

```
[root@mail ~]# vim /usr/lib64/sas12/smtpd.conf
pwcheck_method: saslauthd        #设置认证方法为基本认证，即使用系统账号和密码
mech_list: PLAIN LOGIN           #当采用 saslauthd 时，认证方式只能是 PLAIN 和 LOGIN
```

注：如果使用的是 32 位操作系统，则 smtpd.conf 文件要在/usr/lib/sas12 目录下创建。

4. SMTP 认证测试

在邮件服务器搭建好以后，重启 post、dovecot 和 saslauthd，使用 testsaslauthd 命令来
测试，命令格式为 "testsaslauthd -u 用户名 -p 密码"。当返回 OK "Success."时，即配置 SMTP
认证成功。命令如下：

```
[root@mail ~]# testsaslauthd -umaila -p123456
0: OK "Success."
```

也可以使用 Telnet 登录邮件服务器来查看认证的情况，当然前提是邮件服务器要安装
Telnet 服务。在客户端通过 Telnet 登录邮件服务器（25 端口），输入 "ehlo dgtest.com"，就
可以看到 SMTP 支持的认证方式。命令如下：

```
[root@mail ~]# telnet 10.160.0.199 25
Trying 10.160.0.199...
Connected to 10.160.0.199.
Escape character is '^]'.
220 mail.dgtest.com ESMTP Postfix
ehlo dgtest.com
250-mail.dgtest.com
250-PIPELINING
```

```
250-SIZE 10240000
250-VRFY
250-ETRN
250-AUTH PLAIN LOGIN   //支持 PLAIN LOGIN 认证
250-AUTH=PLAIN LOGIN
250-ENHANCEDSTATUSCODES
250-8BITMIME
250 DSN
```

　　如果邮件服务器需要 SMTP 认证，则使用 Outlook 添加账户时要选中"手动设置或其他服务器类型"单选按钮，并且在其他设置的"发送服务器"选项卡中勾选"我的发送服务器（SMTP）要求验证"复选框，如图 11-27 所示。

图 11-27 "添加账户"对话框[①]

---

① 图片中的"帐户"应为"账户"，特此说明。

第 12 章

大数据与 Hadoop 生态圈

　　麦肯锡称："数据，已经渗透到当今每一个行业和业务职能领域，成为重要的生产因素。人们对于海量数据的挖掘和运用，预示着新一波生产率的增长和消费者盈余浪潮的到来。"随着信息化技术的发展及应用的普及，数据量也开始膨胀式地增加。自 2012 年以来，数据量已经从 TB（1024GB=1TB）级别跃升到 PB（1024TB=1PB）、EB（1024PB=1EB）乃至 ZB（1024EB=1ZB）级别，已经超过了单机所能处理的数据量。Hadoop 生态圈的诞生就是为了处理超过单机处理能力的数据，它把任务分成任务片，将任务分布到数百、数千台计算机上，实现了分布式存储和快速分析。

12.1　大数据简介

大数据（big data，mega data）或称巨量资料，是指需要采用新处理模式才能具有更强的决策力、洞察力和流程优化能力的海量、高增长率和多样化的信息资产。在维克托·迈尔-舍恩伯格及肯尼斯·库克耶编写的《大数据时代》中，大数据指不使用随机分析法（抽样调查）这样的捷径，而采用所有数据进行分析处理的数据。

1. 大数据的特点

（1）Volume（大量）：数据量大，包括采集、存储和计算的量都非常大。大数据的起始计量单位至少是 1PB（1024TB）。

（2）Velocity（高速）：数据增长速度快，处理速度也快，时效性要求高（毫秒到亚秒级）。

（3）Variety（多样）：数据格式和来源多样性。数据包括结构化、半结构化和非结构化数据，具体表现为网络日志、音频、视频、图片、地理位置信息等，多类型的数据对数据的处理能力提出了更高的要求。

（4）Value（价值密度）：大数据的价值很高，但是价值密度很低，可谓"沙里淘金"，结合业务逻辑并通过强大的机器算法来挖掘数据价值是必须的。

（5）Veracity（真实性、准确性）：数据的准确性和可信赖度，即数据的质量。

2. 大数据的工作

（1）数据的获取：爬虫、Flume 日志采集系统、Kafka 消息订阅系统等。

（2）数据的存储：HDFS 分布式文件系统、HBase 分布式数据库（BigTable）、Hive 数据仓库、LibrA 融合数据仓库、MPPDB 分布式结构化数据库。

（3）数据的分析：从海量的数据中，通过对数据规律进行查找和发现得到知识的过程。

（4）数据的挖掘：通过数据算法从相关的数据中得到对应的标准和知识。

（5）数据的可视化：以可视格式传达表格或空间数据的结果。

3. 大数据的应用

大数据应用广泛，可以应用于能源、物流、城市管理、生物医学、体育娱乐、安全领域等各行各业。目前，大数据有五大常见应用领域。

（1）了解和定位客户：通过大数据技术创建预测模型，可以更全面地了解客户及他们的行为、喜好。例如，利用大数据，电信公司可以更好地预测客户流失；汽车保险公司可以更真实地了解客户实际驾驶情况；电商平台可以更好地定位客户的喜好，做出针对性的销售策略。

（2）了解和优化业务流程：大数据也越来越多地应用于优化业务流程，如供应链或配送路径优化，可以通过定位和识别系统跟踪货物或运输车辆，并根据实时交通路况数据优化运输路线。

（3）提供个性化服务：大数据不仅适用于公司和政府，也适用于每个人，例如，根据智能手表或智能手环等可穿戴设备所采集的数据，可以分析人们的卡路里消耗、活动量和睡眠质量；婚恋网站可以使用大数据分析工具和算法为用户匹配最合适的对象。

（4）改善医疗保健和公共卫生：大数据分析可以在几分钟内解码整个 DNA 序列，有助于人们找到新的治疗方法，更好地理解和预测疾病模式。

（5）提高体育运动技能：如今大多数顶尖的体育赛事都采用了大数据分析技术。例如，用于网球比赛的 IBM SlamTracker 工具可以分析、跟踪网球落点或比赛中每个球员的表现。

12.2　Hadoop 生态圈

信息化的发展引起了数据的膨胀，如何存储这些海量的数据成了一个必须要解决的问题。为此，Apache 基金会使用 Java 开发了一款用于存储海量数据的分布式存储框架——Hadoop，其核心设计就是 HDFS（Hadoop Distributed File System）和 MapReduce。HDFS 为海量的数据提供了存储功能，MapReduce 则为海量的数据提供了计算功能。Hadoop 的出现，使得用户在不了解分布式底层细节的情况下，就可以开发分布式程序，充分利用集群的优势进行高速运算和存储。

Hadoop 的核心是 YARN、HDFS 和 MapReduce。

12.2.1　Hadoop 生态圈介绍

在 Hadoop 生态圈中，HDFS 提供文件存储功能，YARN 提供资源管理功能，可以在此基础上进行各种处理，包括 MapReduce、Tez、Spark、Storm 等相关计算，如图 12-1 所示。

HDFS（Hadoop 分布式文件系统）是 Hadoop 体系进行数据存储管理的基础。它是一个高度容错的系统，能检测和应对硬件故障，应用于低成本的通用硬件。HDFS 简化了文件的一致性模型，通过流式数据访问提供高吞吐量应用程序的数据访问功能，适用于带有大型数据集的应用程序。它提供了一次写入、多次读取的机制，数据以块的形式同时分布在集群的不同物理机器上。

MapReduce（分布式计算框架）是一种分布式计算模型，用于进行大数据量的计算。它屏蔽了分布式计算框架的细节，将计算抽象成 Map 和 Reduce 两部分，其中 Map 对数据集上的独立元素进行指定的操作，生成键-值对形式的中间结果，Reduce 则对中间结果中相同“键”的所有“值”进行规约，以得到最终结果。MapReduce 非常适合在大量计算机组成的分布式并行环境里进行数据处理。

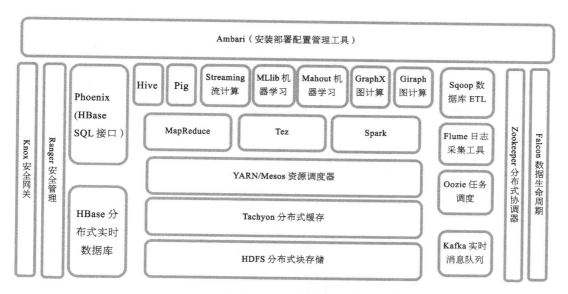

图 12-1　Hadoop 生态圈

HBase（分布式列存数据库）是一个建立在 HDFS 之上，针对结构化数据的可伸缩、高可靠、高性能、分布式和面向列的动态模式数据库。HBase 提供了对大规模数据进行随机、实时读写访问的功能，同时，HBase 中保存的数据可以使用 MapReduce 来处理，它将数据存储和并行计算完美地结合在一起。

Zookeeper（分布式协作服务）用于解决分布式环境下的数据管理问题，如统一命名，状态同步、集群管理、配置同步等。Hadoop 的许多组件依赖于 Zookeeper，它运行在计算机集群上，用于管理 Hadoop 操作。

Hive(数据仓库)定义了一种类似 SQL 的查询语言（HQL），将 SQL 转换为 MapReduce 任务以在 Hadoop 上执行，通常用于离线分析。HQL 用于运行存储在 Hadoop 上的查询语句。Hive 可以让不熟悉 MapReduce 的开发人员也能编写数据查询语句，并将这些语句翻译为 Hadoop 上面的 MapReduce 任务。

Pig 作为一个工具、平台，是 MapReduce 的抽象，主要用于分析较大的数据集，并将数据集表示为数据流。Pig 一般与 Hadoop 一起使用，使用 Pig Latin 语言，由编译器将 Pig Latin 翻译成 MapReduce 程序序列，从而将脚本语言编写的程序转换为 MapReduce 任务以在 Hadoop 上执行，一般用于离线分析。

Sqoop（数据 ETL/同步工具）是 SQL-to-Hadoop 的缩写，主要用于在传统数据库和 Hadoop 之间传输数据。

Flume（日志收集工具）是一个可扩展、适合复杂环境的海量日志收集系统，是一个轻量级的文件采集系统。其主要是针对少量数据进行获取和处理，具有分布式、高可靠、高容错、易于定制和扩展的特点。

Mahout（数据挖掘算法库）集成了一些可扩展的机器学习领域经典算法的实现，旨在帮助开发人员更加方便、快捷地创建智能应用程序。Mahout 现在已经包含了聚类、分类、推荐引擎（协同过滤）和频繁集挖掘等常用的数据挖掘方法。除了算法，Mahout 还包含数据的输入、输出工具，以及与其他存储系统（如数据库、MongoDB 或 Cassandra）集成等数据挖掘支持架构。

Oozie（工作流调度器）主要用于协调多个 MapReduce 作业的执行，将多个 MapReduce 作业组合到一个逻辑工作单元中，从而实现更大的任务。

YARN（分布式资源管理器）是下一代 MapReduce，即 MRv2，是在第一代 MapReduce 基础上演变而来的，主要是为了解决原始 Hadoop 扩展性较差，不支持多计算框架而提出的，用于管理 CPU 和内存。

Mesos（分布式资源管理器）是一个对资源进行统一管理和调度的平台，同样支持 MR、Streaming 等多种运算框架。

Tachyon（分布式内存文件系统）是以内存为中心的分布式文件系统，具有高性能和容错能力，能够为集群框架（如 Spark、MapReduce）提供可靠的内存级速度的文件共享服务。

Tez（DAG 计算模型）是 Apache 最新开源的支持 DAG 作业的计算框架，它直接源于 MapReduce 框架，核心思想是将 Map 和 Reduce 两个操作进一步拆分，即将 Map 拆分成 Input、Processor、Sort、Merge 和 Output，将 Reduce 拆分成 Input、Shuffle、Sort、Merge、Processor 和 Output 等，这些分解后的元操作可以任意灵活组合，产生新的操作，这些操作在经过一些控制程序组装后，可形成一个大的 DAG 作业。目前 Hive 支持 MR、Tez 计算模型，Tez 能完善二进制 mr 程序，提升运算性能。

Spark（内存 DAG 计算模型）是基于内存的计算，DAG（Direct Acyclic Graph，有向无环图）是一个 Apache 项目，称为"快如闪电的集群计算"。Spark 提供了一个快且通用的数据处理平台。与 Hadoop 相比，Spark 的运行速度在内存中提升了 100 倍，在磁盘上提升了 10 倍。

Flink 是新一代计算引擎，是一种可以处理批处理任务的流处理框架，以流处理为主，批处理为辅，支持高吞吐、低延迟，并且支持实时、流处理和批处理计算。

Giraph（图计算模型）是一个可伸缩的分布式迭代图处理系统，基于 Hadoop 平台，灵感来自 BSP（Bulk Synchronous Parallel）和 Google 的 Pregel。

GraphX（图计算模型）最先是伯克利 AMPLAB 的一个分布式图计算框架项目，目前整合在 Spark 运行框架中，为其提供 BSP 大规模并行图计算能力。

MLlib（机器学习库）是基于 Spark 的一个机器学习库，它提供了各种各样的算法，这些算法用于在集群上进行分类、回归、聚类、协同过滤等。

Streaming（流计算模型）整合在 Spark 运行框架中，Spark Streaming 支持对流数据的实时处理，以微批处理的方式对实时数据进行计算。

Kafka（分布式消息队列）主要用于收集和采集活跃的流式数据，并且将数据按照一定的规则进行转发。活跃的流式数据在 Web 网站应用中非常常见，这些数据包括网站的 PV、用户访问了什么内容，搜索了什么内容等。这些数据通常以日志的形式被记录下来，然后每隔一段时间会进行一次统计处理。

Phoenix（HBase SQL 接口）是 HBase 的 SQL 驱动，Phoenix 使得 HBase 支持通过 JDBC 的方式进行访问，并将用户的 SQL 查询转换成 HBase 的扫描和相应的动作。

Ranger（安全管理工具）是一个 Hadoop 集群权限框架，提供操作、监控、管理复杂的数据权限，提供一个集中的管理机制，管理基于 YARN 的 Hadoop 生态圈的所有数据权限。

Knox（Hadoop 安全网关）是一个访问 Hadoop 集群的 REST API 网关，它为所有 REST 访问提供了一个简单的访问接口点，能完成 3A 认证（Authentication，Authorization，Auditing）和 SSO（单点登录）等。

Falcon（数据生命周期管理工具）是一个面向 Hadoop 的新的数据处理和管理平台，用于数据移动、数据管道协调、生命周期管理和数据发现。它可以使终端用户快速地将他们的数据及其相关的处理和管理任务 "上载（onboard）" 到 Hadoop 集群。

Ambari（安装部署配置管理工具）用于创建、管理、监视 Hadoop 的集群，是一个可以让 Hadoop 及相关的大数据软件更容易使用的 Web 工具。

12.2.2　分布式文件系统 HDFS

如果大数据的数据量过大，超过了一台机器的存储量，就需要采用跨机器存储。管理网络中跨多台计算机存储的文件系统即为分布式文件系统。Hadoop 实现了一个分布式文件系统，即 Hadoop Distributed File System，简称 HDFS，是基于流数据模式访问和超大文件处理的需求而开发的，其特点是可以部署在廉价的普通商用机器上。

整个 Hadoop 平台在设计之初，是基于硬件不可靠的认知，因此 Hadoop 内部自带了数据和进程的保护机制，其底层进程保护由高层进程完成，高层进程保护由 Zookeeper 管理组件完成，相当于整个软件自带保护机制。针对数据的保护，Hadoop 提出了一个数据安全环机制，环内至少包括 3 台设备，数据采用 3 副本保护机制，使用主、备、从备的数据保护机制实现了对数据的完整保护。因此 Hadoop 集群至少包括 3 台主机。

整个集群由一个主节点 NameNode 和多个从节点 DataNode 构成 master-slave（主/从）模式。NameNode 负责构建命名空间，管理文件的元数据等，而 DataNode 负责实际存储数据和读写工作。

为了提高集群稳定性和效率，集群还增加了 Secondary NameNode 节点，Secondary NameNode 是 NameNode 的一个辅助节点，是在文件系统中设置的一个检查点，用来帮助 NameNode 更好地工作，可以有效减少 NameNode 的重启时间，Secondary NameNode 有两项工作：一项工作是镜像备份；另一项工作是日志与镜像的定期合并。Secondary NameNode 一般部署在单独的物理机器上，与 NameNode 运行在不同机器上。

12.2.3　并行计算框架 MapReduce

MapReduce 是一种分布式计算模型，用于解决海量数据计算问题。其思想是分而治之，核心是映射（Map）和化简（Reduce）。Map 是对每一部分的数据进行处理，可以高度并行。Reduce 是对一个列表的元素进行合并。

从 Map 到 Reduce 有一个很复杂的过程叫 Shuffle（洗牌），它将 Map 中传来的键值对 <key,value>进行分组，将相同 key 的 value 合并在一起，放在一个集合中，然后交给 Reduce 处理。Shuffle 不需要编写，对于一个简单的 MapReduce 程序的编写，只需要实现 Map 函数、Reduce 函数，指定输入和输出即可，其余的交由 MapReduce 框架完成。

MapReduce 的框架也是采用主/从结构，即由 master/slave 的方式组织。

1. MapReduce 的组件

（1）Client（客户端）：每一个 Job 都会在用户端通过 Client 类将应用程序及配置参数 Configuration 打包成 jar 文件存储在 HDFS，并把路径提交到 JobTracker 的 master 服务，然后由 master 创建每一个 Task（即 MapTask 和 ReduceTask）并将它们分发到各个 TaskTracker 服务中去执行。

（2）JobTracker：JobTracker 负责资源监控和作业调度，监控所有 TaskTracker 与 Job 的健康状况，一旦发现失败，就将相应的任务转移到其他节点；同时，JobTracker 会跟踪任务的执行进度、资源使用量等信息，并将这些信息告诉任务调度器，而任务调度器会在资源出现空闲时，选择合适的任务使用这些资源。

（3）TaskTracker：TaskTracker 会周期性地通过心跳（Heartbeat）将本节点上资源的使用情况和任务的运行进度汇报给 JobTracker，同时接收并执行 JobTracker 的指令。TaskTracker 使用 slot 等量划分本节点上的资源量。slot 代表计算资源（CPU、内存等）。一个 Task 在获取到一个 slot 后才有机会运行，而 Hadoop 调度器的作用就是将各个 TaskTracker 上的空闲 slot 分配给 Task 使用。slot 分为 Map slot 和 Reduce slot 两种，分别供 Map Task 和 Reduce Task 使用。TaskTracker 通过 slot 数目（可配置参数）限定 Task 的并发度。

（4）Task：分为 MapTask 和 ReduceTask 两种，均由 TaskTracker 进行调度。

2. MapReduce 的特点

（1）MapReduce 易于编程：MapReduce 简单地实现一些接口，就可以完成一个分布式程序，这个分布式程序可以分布到大量廉价的 PC 中运行。

（2）良好的扩展性：当计算资源不能得到满足时，可以通过简单地增加机器来扩展它的计算能力。

（3）高容错性：MapReduce 设计的初衷就是使程序能够部署在廉价的 PC 上，这就要求它具有很高的容错性。当其中一台机器宕机了，这台机器上的计算任务会被自动转移到另外一个节点上运行，因此不会影响任务的执行。

（4）适合 PB 级以上海量数据的离线处理：MapReduce 适合离线处理而不适合在线处理。

12.2.4　内存计算模型 Spark

Spark 作为新一代大数据计算引擎，因为内存计算的特性及其中间计算产生的所有结果都会被存储到内存中，具有比 Hadoop 更快的计算速度。

1．Spark 的特点

（1）快速：Spark 是基于内存的计算引擎。

（2）通用：Spark 的设计容纳了其他分布式系统拥有的功能，适用于批处理、迭代式计算、交互查询和流处理等业务。

（3）高度开放：Spark 提供了 Python、Java、Scala、SQL 的 API 和丰富的内置库，Spark 和其他的大数据工具整合得很好，包括 Hadoop、Kafka 等。

2．Spark 的组件

Spark 包括多个紧密集成的组件，包括计算组件，如 SparkCore、SparkSQL、SparkStreaming、StructuredStreaming；功能组件，如 MLlib（Machine Learning Library）、GraphX、SparkR 等。

（1）SparkCore：Spark 的计算核心，上层 Spark 所有功能的实现都必须交由底层的 Core 进行计算，包含任务调度、内存管理、容错机制等。

（2）SparkSQL：Spark 处理结构化数据的库，专门针对与 SQL 相关的数据库进行数据计算的引擎，底层的计算仍然需要依赖 SparkCore 进行。

（3）SparkStreaming：微批处理引擎，也叫作类流处理引擎，其性能接近于流处理引擎，提供了 API 来操作实时流数据。

（4）MLlib（Machine Learning Library）：通用机器学习功能的算法库，包括分类、聚类、回归等算法包，还包括模型评估和数据导入。

（5）GraphX：处理图的库（如社交网络图），并进行图的并行计算，以及相关的关联性计算。它提供了各种图的操作和常用的图算法，如 PangeRank 算法。

（6）SparkR：Java 的接口库，主要定义相关的 API 接口。

3．Spark 与 Hadoop 的比较

Spark 的计算速度优于 Hadoop，Spark 是基于内存计算的，其计算速度大概是 Hadoop 的 10 倍。

Spark 的内存占用比较大，Spark 和 Hadoop 的核心框架 MapReduce 一样，都是批处理引擎，即都需要将数据预先存储到 HDFS 上，并且在计算完成之后马上关闭，所以两者对于存储容量的占用都是比较大的。MapReduce 是将临时结果存储到硬盘中的，海量数据的计算对硬盘的占用可以忽略不计，但是 Spark 是将临时结果存储到内存中的，所以其对于内存容量的占用就会非常高，一旦用户对内存的使用不合理或者出现不平衡的问题，就会导致内存占用过高，最终导致服务器死机。

Hadoop 应用场景：离线处理、对时效性要求不高等场景。

Spark 应用场景：对时效性要求高的场景、机器学习等领域。

12.2.5　第四代计算引擎 Flink

Flink 是一个针对流计算和批处理的分布式处理引擎。大数据计算引擎的发展可以分为四代：第一代是 Hadoop 承载的 MapReduce；第二代是基于支持 DAG 的框架，如 Tez、Oozie；第三代是支持实时计算和批处理的 Spark；第四代则是支持流计算批处理和实时计算的 Flink。

1．Flink 的特点

（1）支持高吞吐、低延迟、高性能的流处理。

（2）支持有状态计算的 Exactly-once 语义，保证每条消息只被流处理系统处理一次。

（3）支持高度灵活的窗口（Window）操作，流处理系统需要对流入的消息进行分段，即窗口处理，Flink 支持基于 time、count、session，以及 data-driven 的窗口操作，满足不同类型的要求。

（4）支持基于轻量级分布式快照（Snapshot）实现的容错，Flink 定时对整个 Job 进行快照实现备份，一旦任务失败，就可以立刻恢复到最近快照时期。

（5）在运行时支持批处理和流处理。

（6）Flink 在 JVM 内部实现了自己的内存管理，避免发生类似于 Spark 经常出现的内存不足问题。

2．Flink 的架构

在 Flink 运行时，架构主要由 Client、JobManager 和 TaskManager 组成。

（1）Client：负责提交任务给 JobManager。

（2）JobManager（master）：协调 Job 的分布式执行，主要包括将 Job 拆分成 Task、调度 Task、协调 Checkpoint、协调从失败中恢复等。在 Flink 集群中，至少需要一个 JobManager。

（3）TaskManager（worker）：负责数据流中任务的具体执行（具体来说是 SubTask）。TaskManager 需要连接到 JobManager，告知其是可用的，并等待被分配任务，然后周期性地汇报任务执行情况，在实际部署中，至少要有一个 TaskManager。

3．Spark 与 Flink 的比较

Flink 是一行一行地进行处理的，而 Spark 是基于数据片集合（RDD）进行小批量处理的，所以 Spark 在流式处理方面，不可避免地增加了一些延时。Flink 的流式计算支持毫秒级计算，而 Spark 则只能支持秒级计算。

Spark 在吞吐量和延迟性方面无法同时满足，但 Flink 可以在高吞吐量的同时保持低延时。

Flink 和 Spark 都是由 Scala 和 Java 混合编程实现的，Spark 的核心逻辑由 Scala 完成，而 Flink 的核心逻辑由 Java 完成。在对第三方语言的支持上，Spark 支持得更为广泛，Spark 几乎完美地支持 Scala、Java、Python、R 语言编程。

Spark 和 Flink 各有优势，在实际生产中，需要结合具体的项目需求、业务场景及技术储备来选取最适合的计算引擎。

12.3　Hadoop 集群部署

本节将介绍在 CentOS 7.6 上的 Hadoop 分布式系统的安装，以及 Hadoop 的基本使用。通过本节的学习，读者会掌握如何规划、部署 Hadoop 平台；如何正确使用 Hadoop。

本节设计的 Hadoop 分布式系统由 3 台虚拟机组成：一台主机 matser，两台从机 slave1和 slave2，集群配置信息如表 12-1 所示。

表 12-1　集群配置信息

主 机 名 称	IP 地 址	主/从节点	操 作 系 统
master	192.168.70.129	主节点	CentOS 7.6
slave1	192.168.70.131	从节点	CentOS 7.6
slave2	192.168.70.132	从节点	CentOS 7.6

12.3.1　准备工作

1．文件及系统准备

（1）jdk 下载地址如下：

https://www.oracle.com/technetwork/java/javase/downloads/index.html。

（2）Hadoop 下载地址如下：

http://mirror.bit.edu.cn/apache/hadoop/common，本实验选择的版本是 hadoop-3.1.2。

（3）主机名为 master 的 Linux 系统。

（4）上传 Hadoop 安装包到 master 主机。

（5）上传 jdk 安装包到 master 主机。

2．网络配置

1）网络连接方式设置

NAT（网络地址转换）指在宿主机和虚拟机之间增加一个地址转换服务，负责外部和虚拟机之间的通信转接和 IP 地址转换。

部署 Hadoop 集群，选择 NAT 模式，各个虚拟机通过 NAT 使用宿主机的 IP 地址来访问外网。配置要求为集群中的各个虚拟机有固定的 IP 地址、可以访问外网。

（1）Windows 网络连接设置。

选择"控制面板"→"网络和 Internet"→"网络连接"命令，右击"VMware Network Adapter VMnet8"，在弹出的快捷菜单中选择"属性"命令，并在弹出的"VMware Network Adapter VMnet8 属性"对话框中将 IP 地址设置为固定 IP 地址，如图 12-2 所示。

图 12-2　Windows 网络连接设置

（2）虚拟机网络设置。

打开虚拟网络编辑器，选择虚拟机为"VMnet8"，默认的设置是启动 DHCP 服务的，NAT 会自动给虚拟机分配 IP 地址，但是需要将各个机器的 IP 地址固定，所以要取消这个默认设置，为机器设置一个子网网段，确保虚拟机的网络设置和第 1 步中 Windows 的 VMnet8 的网关是一致的。如本实验中 Windows 的 VMnet8 是 192.168.129 网段，将来各个虚拟机 IP 地址就为 192.168.129.*。

单击"NAT 设置"按钮，打开"NAT 设置"对话框，可以修改网关地址和 DNS 地址，如图 12-3 所示。这里为 NAT 指定 DNS 地址，网关地址为当前网段里的 IP 地址 192.168.70.2，需要记住网关地址，后面会用到。

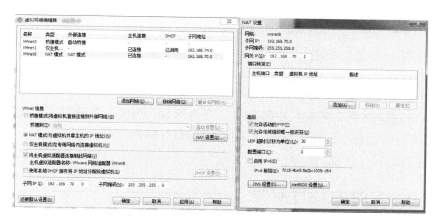

图 12-3　虚拟机网络设置

2）关闭防火墙

```
[root@master ~]# systemctl stop firewalld.service
//当前禁用防火墙
[root@master ~]# systemctl disable firewalld.service
//永久禁用防火墙
[root@master ~]# firewall-cmd --state
//查看防火墙状态
```

3）设置静态 IP 地址

修改/etc/sysconfig/network-scripts/ifcfg-ens33 的网络参数，要修改的参数如下：

```
BOOTPROTO=static
#静态 IP 地址
ONBOOT=yes
#激活此网卡
IPADDR="192.168.70.129"
#指定 IP 地址，192.168.70 要和前面的 Windows 的 VMnet8 的网段设置一致
PREFIX="24"
#子网掩码
GATEWAY="192.168.70.2"
#网关，和前面网络设置一致
DNS1="114.114.114.114"
#DNS 服务器
```

网络参数配置结果如图 12-4 所示。

```
[root@master ~]# cat /etc/sysconfig/network-scripts/ifcfg-ens33
TYPE="Ethernet"
PROXY_METHOD="none"
BROWSER_ONLY="no"
BOOTPROTO="static"
DEFROUTE="yes"
IPV4_FAILURE_FATAL="no"
IPV6INIT="yes"
IPV6_AUTOCONF="yes"
IPV6_DEFROUTE="yes"
IPV6_FAILURE_FATAL="no"
IPV6_ADDR_GEN_MODE="stable-privacy"
NAME="ens33"
UUID="e80977d3-ae45-41ad-a9af-e3c88da25d2b"
DEVICE="ens33"
ONBOOT="yes"
IPADDR="192.168.70.129"
PREFIX= 24
GATEWAY="192.168.70.2"
DNS1="114.114.114.114"
IPV6_PRIVACY="no"
```

图 12-4　网络参数配置结果

4）重启服务

在重启网络服务后，使用 ip addr 命令查看 IP 地址配置是否成功，命令如下：

```
[root@master ~]# service network restart
[root@master ~]# ip addr
```

若使用 ip addr 命令只显示了 IPv6 地址，未显示 IPv4 地址，则原因是 Linux 未开启上网功能，需要在命令行中，输入命令 ifup ens33 来打开网络使用，命令如下：

```
[root@master ~]# ifup ens33
```

12.3.2　Java 的安装与配置

使用 java -version 命令查看 jdk 版本，如图 12-5 所示。若是系统自带 openjdk 版本，建议卸载重装，jdk 版本建议使用 jdk7 或 jdk8，目前 jdk8 之后的版本对 Hadoop 的兼容性较差，所以不推荐使用更高版本的 jdk。

```
[root@master ~]# java -version
openjdk version "1.8.0_181"
OpenJDK Runtime Environment (build 1.8.0_181-b13)
OpenJDK 64-Bit Server VM (build 25.181-b13, mixed mode)
```

图 12-5　系统自带 openjdk 版本

（1）卸载 jdk，命令如下：

```
[root@master ~]# rpm -e --nodeps `rpm -qa | grep java`
#卸载自带的 jdk
```

（2）将 Java 安装包上传并解压到系统的/usr/local/目录下，命令如下：

```
[root@master ~]# tar -xf jdk-8u60-linux-x64.tar.gz -C /usr/local/
```

（3）通过编辑/etc/profile.d/custom.sh 文件来配置 Java 环境变量，在/etc/profile.d/custom.sh 文件中增加以下内容：

```
[root@master ~]#vi /etc/profile.d/custom.sh
#!/bin/sh
export JAVA_HOME=/usr/local/jdk1.8.0_60/
export JRE_HOME=${JAVA_HOME}/jre
export CLASSPATH=.:${JAVA_HOME}/lib:${JRE_HOME}/lib
export PATH =$PATH:${JAVA_HOME}/bin
```

（4）使用 source 命令让环境变量生效，然后验证 Java 是否正确安装，命令如下：

```
[root@master ~]# source /etc/profile
[root@master ~]# java -version
```

（5）创建软链接，为 jdk 的真实目录创建一个命名更简洁的快捷方式，命令如下：

```
[root@master ~]# sudo ln -s /usr/local/jdk1.8.0_60/bin/java /bin/java
```

12.3.3　Hadoop 完全分布式部署

Hadoop 的部署方式有 3 种。

（1）单机（非分布式）模式：这种模式是在一台单机上运行的，没有分布式文件系统，直接读写本地操作系统的文件系统。

（2）伪分布式运行模式：这种模式也是在一台单机上运行的，但使用不同的 Java 进程模仿分布式运行模式中的各类节点，如 NameNode、DataNode、JobTracker、TaskTracker、Secondary NameNode。

（3）完全分布式模式：真正的分布式运行模式，由 3 个及以上的实体机或虚拟机组件构成机群。

本次实验是在 3 台虚拟机组件构成的机群中搭建完全分布式系统。搭建步骤如下所述。

1. 环境变量配置

进入 Hadoop 安装包所在路径，将 Hadoop 安装包解压到/data/目录下（若无/data/目录，则使用 mkdir 命令新建），并将解压后的文件夹重命名为 hadoop，命令如下：

```
[root@master ~]# tar -xf hadoop-3.1.2.tar.gz -C /data/
[root@master ~]# mv /data/hadoop-3.1.2 /data/hadoop
```

在/etc/profile.d/custom.sh 文件中添加 HADOOP_HOME 变量，命令如下：

```
[root@master ~]# cat >>/etc/profile.d/custom.sh
//添加以下内容
export HADOOP_HOME=/data/hadoop/
export PATH=$PATH:${HADOOP_HOME}/sbin:${HADOOP_HOME}/bin:${HADOOP_HOME}/lib
```

2. 配置 hadoop 配置文件

创建工作目录，配置/data/hadoop/etc/hadoop/目录下的 7 个文件，包括 workers、core-site.xml、hdfs-site.xml、mapred-site.xml、yarn-site.xml、hadoop-env.sh、yarn-env.sh。

（1）在/data/hadoop 目录下创建/dfs/name、/dfs/data/、temp 目录，命令如下：

```
[root@master ~]# mkdir -p /data/hadoop/dfs/name
[root@master ~]# mkdir -p /data/hadoop/dfs/data
[root@master ~]# mkdir -p /data/hadoop/temp
```

（2）配置 workers 文件，删除 localhost，加入 DataNode 节点的主机名，命令如下：

```
[root@master ~]# cd /data/hadoop/etc/hadoop/
[root@master hadoop]# vi workers
master
slave1
slave2
```

（3）在 hadoop-env.sh 文件末尾加入如下内容：

```
export JAVA_HOME=/usr/local/jdk1.8.0_60/
export HADOOP_CONF_DIR=/data/hadoop/etc/hadoop/
```

（4）在 yarn-env.sh 文件末尾配置 java 目录，内容如下：

```
export JAVA_HOME=/usr/local/jdk1.8.0_60/
```

（5）配置 core-site.xml 文件，内容如下：

```
<configuration>
 <property>
   <name>fs.defaultFS</name>
   <value>hdfs://master:9000</value>
   <description>HDFS 的 URI</description>
 </property>
 <property>
   <name>dfs.permissions</name>
   <value>false</value>
 </property>
 <property>
   <name>hadoop.tmp.dir</name>
   <value>file:/data/hadoop/temp</value>
   <description>节点上本地的 hadoop 临时文件夹</description>
 </property>
</configuration>
```

（6）配置 hdfs-site.xml 文件，内容如下：

```
<configuration>
   <property>
       <name>dfs.namenode.http-address</name>
       <value>master:50070</value>
   </property>
   <property>
       <name>dfs.replication</name>
       <value>3</value>
<description>副本个数，应小于 datanode 机器数量</description>
   </property>
   <property>
       <name>dfs.namenode.name.dir</name>
       <value>file:/data/hadoop/dfs/name</value>
       <description>namenode 上存储 hdfs 名字空间元数据</description>
       <final>true</final>
   </property>
   <property>
       <name>dfs.datanode.data.dir</name>
       <value>file:/data/hadoop/dfs/data</value>
       <description>datanode 上数据块的物理存储位置</description>
       <final>true</final>
   </property>
</configuration>
```

（7）配置 mapred-site.xml 文件，内容如下：

```
<configuration>
<!--local 表示本地运行，classic 表示经典 mapreduce 框架，yarn 表示新的框架-->
    <property>
        <name>mapreduce.framework.name</name>
        <value>yarn</value>
    </property>
    <property>
        <name>mapreduce.admin.user.env</name>
        <value>HADOOP_MAPRED_HOME=/data/hadoop</value>
    </property>
    <property>
        <name>yarn.app.mapreduce.am.env</name>
        <value>HADOOP_MAPRED_HOME=/data/hadoop</value>
    </property>
<property>
    <name>mapreduce.application.classpath</name>
    <value>/data/hadoop/share/hadoop/mapreduce/*,/data/hadoop/share/hadoop/
mapreduce/lib/*</value>
</property>
</configuration>
```

（8）配置 yarn-site.xml 文件，内容如下：

```
<configuration>
<!-- Site specific YARN configuration properties -->
    <property>
        <name>yarn.resourcemanager.hostname</name>
        <value>master</value>
        <description>指定 resourcemanager 所在的 hostname</description>
    </property>
    <property>
        <name>yarn.nodemanager.aux-services</name>
        <value>mapreduce_shuffle</value>
        <description>NodeManager 上运行的附属服务。需配置成 mapreduce_shuffle，才可运
行 MapReduce 程序</description>
    </property>
    <property>
        <name>yarn.nodemanager.env-whitelist</name>
        <value>JAVA_HOME,HADOOP_COMMON_HOME,HADOOP_HDFS_HOME,HADOOP_CONF_DIR,
CLASSPATH_PREPEND_DISTCACHE,HADOOP_YARN_HOME,HADOOP_HOME,PATH,LANG,xTZ</value>
    </property>
    <!-- 关闭内存检测，虚拟机需要，不配会报错-->
    <property>
```

```
        <name>yarn.nodemanager.vmem-check-enabled</name>
        <value>false</value>
    </property>
</configuration>
```

（9）配置启动文件。

在/data/hadoop/sbin 路径下的 start-dfs.sh、stop-dfs.sh 两个文件顶部添加以下参数：

```
#!/usr/bin/env bash
HDFS_DATANODE_USER=root
HDFS_DATANODE_SECURE_USER=hdfs
HDFS_NAMENODE_USER=root
HDFS_SECONDARYNAMENODE_USER=root
```

在相同路径下的 start-yarn.sh、stop-yarn.sh 两个文件顶部添加以下参数：

```
#!/usr/bin/env bash
YARN_RESOURCEMANAGER_USER=root
HDFS_DATANODE_SECURE_USER=yarn
YARN_NODEMANAGER_USER=root
```

3．建立主机名和 IP 地址的映射

在 master 主机上配置 hosts 文件，指定 IP 地址和主机名的映射，命令如下：

```
[root@master ~]# vi /etc/hosts
192.168.70.129 master
192.168.70.130 slave1
192.168.70.131 slave2
```

4．配置 master 和 slave 主机

将 master 主机关闭，并在 master 主机上进行克隆操作，选择"虚拟机"→"管理"→"克隆"命令，操作两次，复制两个 Linux 系统，分别为 slave1 和 slave2。用 root 账户登录，分别将克隆得到的两个系统设置主机名为 slave1、slave2。

将 slave1 的主机名设置为 slave1，命令如下：

```
[root@master ~]# hostnamectl set-hostname slave1
```

将 slave2 的主机名设置为 slave2，命令如下：

```
[root@master ~]# hostnamectl set-hostname slave2
```

5．修改两台 slave 主机的静态 IP 地址

修改两台 slave 主机的网络配置文件/etc/sysconfig/network-scripts/ifcfg-ens33，在本次实验中，将 slave1 和 slave2 主机的 IPADDR 分别修改为 192.168.70.130 和 192.168.70.131，修改过程不再赘述，参考前面章节。修改后的结果如图 12-6 和图 12-7 所示。

```
[root@slave1 ~]# cat /etc/sysconfig/network-scripts/ifcfg-ens33
TYPE="Ethernet"
PROXY_METHOD="none"
BROWSER_ONLY="no"
BOOTPROTO="none"
DEFROUTE="yes"
IPV4_FAILURE_FATAL="no"
IPV6INIT="yes"
IPV6_AUTOCONF="yes"
IPV6_DEFROUTE="yes"
IPV6_FAILURE_FATAL="no"
IPV6_ADDR_GEN_MODE="stable-privacy"
NAME="ens33"
UUID="e80977d3-ae45-41ad-a9af-e3c88da25d2b"
DEVICE="ens33"
ONBOOT="yes"
IPADDR="192.168.70.130"
PREFIX="24"
GATEWAY="192.168.70.2"
DNS1="114.114.114.114"
IPV6_PRIVACY="no"
```

图 12-6　slave1 主机网络参数配置

```
[root@slave2 ~]# cat /etc/sysconfig/network-scripts/ifcfg-ens33
TYPE="Ethernet"
PROXY_METHOD="none"
BROWSER_ONLY="no"
BOOTPROTO="none"
DEFROUTE="yes"
IPV4_FAILURE_FATAL="no"
IPV6INIT="yes"
IPV6_AUTOCONF="yes"
IPV6_DEFROUTE="yes"
IPV6_FAILURE_FATAL="no"
IPV6_ADDR_GEN_MODE="stable-privacy"
NAME="ens33"
UUID="e80977d3-ae45-41ad-a9af-e3c88da25d2b"
DEVICE="ens33"
ONBOOT="yes"
IPADDR="192.168.70.131"
PREFIX="24"
GATEWAY="192.168.70.2"
DNS1="114.114.114.114"
IPV6_PRIVACY="no"
```

图 12-7　slave2 主机网络参数配置

6. 关闭 slave1 和 slave2 主机的防火墙，并重启服务

```
systemctl disable firewalld.service
service network restart
```

7. SSH 免密码登录配置

配置 SSH 免密码登录，如图 12-8 所示，在 master 主机的 root 用户下输入 "ssh-keygen -t rsa" 并一直按 Enter 键，在密钥生成后，~/.ssh/目录下有两个文件 id_rsa（私钥）和 id_rsa.pub（公钥），将公钥复制到 authorized_keys，并赋予 authorized_keys 600 权限。

同理，在 slave1 和 slave2 主机上生成密钥，然后将密钥叠加到 master 主机上的 authoized_keys，最后将汇总后的 master 主机上的 authoized_keys 复制到 slave1 和 slave2 主机上。具体过程如下所述。

1）在 master 主机上生成密钥和公钥

```
[root@master ~]# ssh-keygen -t rsa
[root@master ~]# cat ~/.ssh/id_rsa.pub >> ~/.ssh/authorized_keys
[root@master ~]# chmod 0600 ~/.ssh/authorized_keys
```

2）在 slave1 主机上生成密钥和公钥，并复制到 master 主机

```
[root@slave1 ~]# ssh-keygen -t rsa
[root@slave1 ~]# cat ~/.ssh/id_rsa.pub >> ~/.ssh/authorized_keys
[root@slave1 ~]# chmod 0600 ~/.ssh/authorized_keys
```

```
//复制公钥到 master 主机
[root@slave1 ~]# cat ~/.ssh/id_rsa.pub | ssh root@master "cat - >>
~/.ssh/authorized_keys"
//按提示输入"yes"，输入 master 主机的密码
```

```
[root@master ~]# ssh-keygen -t rsa
Generating public/private rsa key pair.
Enter file in which to save the key (/root/.ssh/id_rsa):
/root/.ssh/id_rsa already exists.
Overwrite (y/n)? y
Enter passphrase (empty for no passphrase):
Enter same passphrase again:
Passphrases do not match.  Try again.
Enter passphrase (empty for no passphrase):
Enter same passphrase again:
Your identification has been saved in /root/.ssh/id_rsa.
Your public key has been saved in /root/.ssh/id_rsa.pub.
The key fingerprint is:
SHA256:YJW74tuRxOHMcxBnsnPXdb4wpmh7Mk+75+hjrkPorCQ root@master
The key's randomart image is:
+---[RSA 2048]----+
|         +.o    o |
|        ..*    . o.|
|       o =.. .+. .|
|      . *.=..o o .|
|         S+..   . |
|         .oo=.    |
|      E oo.++ o   |
|       o .+ o*oo. |
|        .o...*B=. |
+----[SHA256]-----+
[root@master ~]# cat ~/.ssh/id_rsa.pub >> ~/.ssh/authorized_keys
[root@master ~]# chmod 0600 ~/.ssh/authorized_keys
[root@master ~]#
```

图 12-8　配置 SSH 免密码登录

3）在 slave2 主机上生成密钥和公钥，并复制到 master 主机

```
[root@slave2 ~]# ssh-keygen -t rsa
[root@slave2 ~]# cat ~/.ssh/id_rsa.pub >> ~/.ssh/authorized_keys
[root@slave2 ~]# chmod 0600 ~/.ssh/authorized_keys
//复制公钥到 master 主机
[root@slave2 ~]# cat ~/.ssh/id_rsa.pub | ssh root@master "cat - >>
~/.ssh/authorized_keys"
//按提示输入"yes"，输入 master 主机的密码
```

4）将公钥共享到 slave1 和 slave2 主机

经过上面的复制过程，master 主机的 authorized_keys 会包含 master、slave1、slave2 主机的公钥。如果需要互相免密码登录，则在 master 上执行如下命令，将公钥共享到 slave1 和 slave2 主机：

```
[root@master ~]# scp .ssh/authorized_keys root@slave1:~/.ssh/authorized_keys
#按提示输入"yes"，输入 slave1 主机的密码
[root@master ~]# scp .ssh/authorized_keys root@slave2:~/.ssh/authorized_keys
#按提示输入"yes"，输入 slave2 主机的密码
```

12.3.4　Hadoop 的启动和验证

1．在 master 主机上格式化 NameNode

```
[root@master ~]# hdfs namenode -format
```

2．在 master 主机上操作启动集群

```
[root@master ~]# start-all.sh
```

3．在 3 台主机上分别使用 jps 命令查看集群启动情况

1）在 master 主机上查看结果

```
[root@master ~]# jps
17696 ResourceManager
17844 NodeManager
17445 SecondaryNameNode
17064 NameNode
17209 DataNode
18110 Jps
```

2）在 slave1 主机上查看结果

```
[root@slave1 ~]# jps
10160 DataNode
10273 NodeManager
10375 Jps
```

3）在 slave2 主机上查看结果

```
[root@slave2 ~]# jps
10273 NodeManager
10369 Jps
10152 DataNode
```

4）在关机前必须关闭集群

```
[root@master ~]# stop-all.sh
```

4．使用浏览器查看集群 NameNode 界面

使用浏览器访问 http://192.168.70.129: 50070/，如图 12-9 和图 12-10 所示。

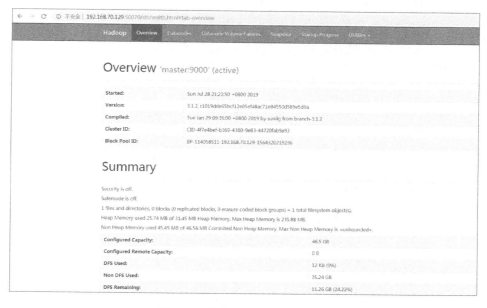

图 12-9　集群 NameNode 界面 1

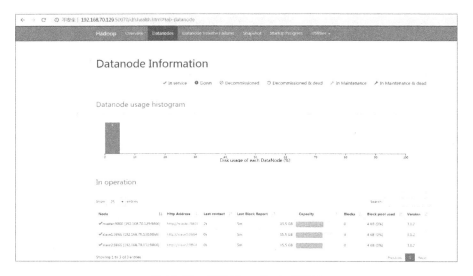

图 12-10　集群 NameNode 界面 2

12.3.5　Hadoop 入门实例

1. 将本地的 input 文件夹上传到 HDFS 上

```
[root@master ~]# mkdir /data/input
[root@master ~]# cd /data/input
[root@master input]# cat >wordcount.txt
Hello zhangsan
Hello lisi
Hello wangwu
Hello zhaoliu
Hi wangwu
//创建本地文件夹，并在文件夹中创建文件 wordcount.txt、test1.txt、test2.txt
[root@master input]# echo "hello world">test1.txt
[root@master input]# echo "hello hadoop">test2.txt
//在 HDFS 上创建文件夹，将本地的 input 文件夹上传到 HDFS 上
[root@master input]# hdfs dfs -mkdir /test
[root@master input]# hdfs dfs -put /data/input /test
[root@master input]# hdfs dfs -ls /test/input
```

上传过程及结果如图 12-11、图 12-12 和图 12-13 所示。

```
[root@master ~]# hdfs dfs -mkdir /test
[root@master ~]# hdfs dfs -put /data/input /test
[root@master ~]# hdfs dfs -ls /test/input
Found 3 items
-rw-r--r--   3 root supergroup         12 2019-07-30 10:03 /test/input/test1.txt
-rw-r--r--   3 root supergroup         13 2019-07-30 10:03 /test/input/test2.txt
-rw-r--r--   3 root supergroup         63 2019-07-30 10:03 /test/input/wordcount.txt
```

图 12-11　上传本地文件夹到 HDFS 上的过程

```
[root@slave1 ~]# hdfs dfs -ls /test/input
Found 3 items
-rw-r--r--   3 root supergroup         12 2019-07-30 10:03 /test/input/test1.txt
-rw-r--r--   3 root supergroup         13 2019-07-30 10:03 /test/input/test2.txt
-rw-r--r--   3 root supergroup         63 2019-07-30 10:03 /test/input/wordcount.txt
```

图 12-12　在 slave1 主机上查看上传结果

```
[root@slave2 ~]# hdfs dfs -ls /test/input
Found 3 items
-rw-r--r--   3 root supergroup         12 2019-07-30 10:03 /test/input/test1.txt
-rw-r--r--   3 root supergroup         13 2019-07-30 10:03 /test/input/test2.txt
-rw-r--r--   3 root supergroup         63 2019-07-30 10:03 /test/input/wordcount.txt
```

图 12-13　在 slave2 主机上查看上传结果

2．运行 Hadoop 自带的 wordcount 案例

Hadoop 自带的 wordcount 案例在 Hadoop 的 share/hadoop/mapreduce 目录下的 hadoop-mapreduce-examples-3.1.2.jar 文件中，运行 Hadoop 自带的 wordcount 案例如图 12-14 所示。

```
[root@master input]# cd $HADOOP_HOME
[root@master hadoop]# ls share/hadoop/mapreduce
hadoop-mapreduce-client-app-3.1.2.jar          hadoop-mapreduce-client-shuffle-3.1.2.jar
hadoop-mapreduce-client-common-3.1.2.jar       hadoop-mapreduce-client-uploader-3.1.2.jar
hadoop-mapreduce-client-core-3.1.2.jar         hadoop-mapreduce-examples-3.1.2.jar
hadoop-mapreduce-client-hs-3.1.2.jar           jdiff
hadoop-mapreduce-client-hs-plugins-3.1.2.jar   lib
hadoop-mapreduce-client-jobclient-3.1.2.jar    lib-examples
hadoop-mapreduce-client-jobclient-3.1.2-tests.jar  sources
hadoop-mapreduce-client-nativetask-3.1.2.jar
```

图 12-14　运行 Hadoop 自带的 wordcount 案例

3．创建输出目录，并运行 wordcount 案例

[root@master hadoop]# hdfs dfs -mkdir /test/out

[root@master hadoop]#cd $HADOOP_HOME

[root@master hadoop]# bin/hadoop jar share/hadoop/mapreduce/hadoop-mapreduce-examples-3.1.2.jar wordcount /test/input/wordcount.txt /test/out/wordcount

//在 HDFS 上创建/out 目录，用来存放运行 Mapreduce 任务后输出的结果文件

运行 wordcount 案例，如图 12-15 所示。

```
[root@master hadoop]# bin/hadoop jar share/hadoop/mapreduce/hadoop-mapreduce-examples-3.1.2.jar wordcount /test/in
put/wordcount.txt /test/out/wordcount
2019-07-30 10:59:56,239 INFO client.RMProxy: Connecting to ResourceManager at master/192.168.70.129:8032
2019-07-30 10:59:57,135 INFO mapreduce.JobResourceUploader: Disabling Erasure Coding for path: /tmp/hadoop-yarn/st
aging/root/.staging/job_1564455550217_0001
2019-07-30 10:59:58,200 INFO input.FileInputFormat: Total input files to process : 1
2019-07-30 10:59:58,878 INFO mapreduce.JobSubmitter: number of splits:1
2019-07-30 10:59:59,788 INFO mapreduce.JobSubmitter: Submitting tokens for job: job_1564455550217_0001
2019-07-30 10:59:59,790 INFO mapreduce.JobSubmitter: Executing with tokens: []
2019-07-30 11:00:00,556 INFO conf.Configuration: resource-types.xml
2019-07-30 11:00:00,557 INFO resource.ResourceUtils: Unable to find 'resource-types.xml'.
2019-07-30 11:00:01,840 INFO impl.YarnClientImpl: Submitted application application_1564455550217_0001
2019-07-30 11:00:02,178 INFO mapreduce.Job: The url to track the job: http://master:8088/proxy/application_1564455
550217_0001/
2019-07-30 11:00:02,179 INFO mapreduce.Job: Running job: job_1564455550217_0001
2019-07-30 11:00:16,068 INFO mapreduce.Job: Job job_1564455550217_0001 running in uber mode : false
2019-07-30 11:00:16,111 INFO mapreduce.Job:  map 0% reduce 0%
2019-07-30 11:00:30,177 INFO mapreduce.Job:  map 100% reduce 0%
2019-07-30 11:00:43,444 INFO mapreduce.Job:  map 100% reduce 100%
2019-07-30 11:00:43,496 INFO mapreduce.Job: Job job_1564455550217_0001 completed successfully
2019-07-30 11:00:43,727 INFO mapreduce.Job: Counters: 53
        File System Counters
                FILE: Number of bytes read=80
                FILE: Number of bytes written=432069
                FILE: Number of read operations=0
                FILE: Number of large read operations=0
                FILE: Number of write operations=0
                HDFS: Number of bytes read=171
                HDFS: Number of bytes written=50
                HDFS: Number of read operations=8
                HDFS: Number of large read operations=0
                HDFS: Number of write operations=2
        Job Counters
                Launched map tasks=1
                Launched reduce tasks=1
                Data-local map tasks=1
                Total time spent by all maps in occupied slots (ms)=10151
                Total time spent by all reduces in occupied slots (ms)=9979
                Total time spent by all map tasks (ms)=10151
                Total time spent by all reduce tasks (ms)=9979
                Total vcore-milliseconds taken by all map tasks=10151
                Total vcore-milliseconds taken by all reduce tasks=9979
                Total megabyte-milliseconds taken by all map tasks=10394624
                Total megabyte-milliseconds taken by all reduce tasks=10218496
        Map-Reduce Framework
                Map input records=5
                Map output records=10
                Map output bytes=103
```

图 12-15　运行 wordcount 案例

4．查看 wordcount 运行结果

```
[root@master hadoop]# hdfs dfs -ls /test/out
[root@master hadoop]# hdfs dfs -cat /test/out/wordcount/*
```

查看 wordcount 运行结果，可以看到统计出来的 wordcount.txt 文件中单词出现的频数，如图 12-16 所示。

```
[root@master hadoop]# hdfs dfs -ls /test/out
Found 1 items
drwxr-xr-x   - root supergroup          0 2019-07-30 11:00 /test/out/wordcount
[root@master hadoop]# hdfs dfs -cat /test/out/wordcount/*
Hello   4
Hi      1
lisi    1
wangwu  2
zhangsan        1
zhaoliu 1
```

图 12-16　查看 wordcount 运行结果

12.4　Spark 系统架构部署

12.4.1　Spark 部署

Spark 有 3 种常见的部署模式。

（1）Standalone：独立部署。

（2）YARN：基于 Hadoop 平台进行部署，将资源管理模块引入 YARN，以实现性能提升。

（3）Mesos：将 Spark 部署在 Mesos 平台上进行应用。

本实验采用第 2 种部署模式，即基于 Hadoop 平台的部署模式。

1．准备工作

安装 jdk，配置 jdk 环境变量（见 12.3.2 节）。

Scala 安装包的下载地址为 https://www.scala-lang.org/download/，可选择符合要求的版本进行下载，本实验选用的版本为 scala-2.13.0。

Spark 安装包的下载地址为 http://spark.apache.org/downloads.html，可选择符合要求的版本进行下载（Spark 不需要 Hadoop，如果有 Hadoop 集群，则可下载相应的版本，鉴于前面章节讲述了 Hadoop 的搭建，因此本书下载的是对应版本 spark-2.4.3-bin-hadoop2.7）。

2．安装步骤

进入安装包所在目录，将 Spark 安装包和 Scala 安装包解压缩到/data 目录下，运行如下命令：

```
[root@master ~]# tar -xf scala-2.13.0.tgz -C /data/
[root@master ~]# tar -xf spark-2.4.3-bin-hadoop2.7.tgz -C /data/
```

```
[root@master ~]# mv /data/spark-2.4.3-bin-hadoop2.7 /data/spark
//重命名 Spark 安装目录
```

修改/etc/profile.d/custom.sh 文件，增加如下内容：

```
[root@master ~]# cat >> /etc/profile.d/custom.sh
export SPARK_HOME=/data/spark/
export SCALA_HOME=/data/scala-2.13.0
export PATH=$PATH:${SPARK_HOME}/bin:${SCALA_HOME}/bin
```

把缓存的 spark-env.sh.template 文件改为 Spark 识别的文件 spark-env.sh，命令如下：

```
[root@master ~]# cp /data/spark/conf/spark-env.sh.template /data/spark/conf/
spark-env.sh
```

在 spark-env.sh 文件末尾加入如下设置：

```
[root@master ~]# vi /data/spark/conf/spark-env.sh
export JAVA_HOME=/usr/local/jdk1.8.0_60/
#Java 安装目录
export SCALA_HOME=/data/scala-2.13.0
#Scala 安装目录
export HADOOP_HOME=/data/hadoop/
#Hadoop 安装目录
export HADOOP_CONF_DIR=$HADOOP_HOME/etc/Hadoop
#Hadoop 集群的配置文件的目录
export SPARK_MASTER_IP=master
#Spark 集群的 master 节点的 IP 地址
export SPARK_WORKER_MEMORY=4g
#每个 worker 节点能够分配给 exectors 的最大内存大小
export SPARK_WORKER_CORES=2
#每个 worker 节点所占有的 CPU 数目
export SPARK_WORKER_INSTANCES=1
#每台机器上开启的 worker 节点的数目
```

修改 slaves/data/spark/conf/slaves 文件，填写数据节点的主机名如下：

```
[root@master ~]# vi /data/spark/conf/slaves
master
slave1
slave2
```

将文件克隆到 slave1、slave2 主机，命令如下：

```
[root@master ~]# scp -r -p /data/spark root@slave1:/data
[root@master ~]# scp -r -p /data/scala-2.13.0 root@slave1:/data
[root@master ~]# scp -r -p /data/spark root@slave2:/data
[root@master ~]# scp -r -p /data/scala-2.13.0 root@slave2:/dataslave1
//将安装包克隆至 slave1 和 slave2 主机
[root@master ~]# scp -r -p /etc/profile.d/custom.sh root@slave1:/etc/profile.d/
custom.sh
[root@master ~]# scp -r -p /etc/profile.d/custom.sh root@slave2:/etc/profile.d/
custom.sh
//将环境变量配置克隆至 slave1 和 slave2 主机
```

分别在 3 台主机上运行 source/etc/profile 文件，令环境变量设置生效，命令如下：

```
[root@master ~]# source /etc/profile
```

（将文件同步到 slave1、slave2 主机也可以使用 rsync 命令，如 rsync -av /data/spark/ slave1:/data/spark/）

12.4.2 启动与验证

（1）因为需要使用 Hadoop 的 HDFS 文件系统，所以启动 HDFS，命令如下：

```
[root@master ~]# start-dfs.sh
[root@master ~]# jps
15440 NameNode
15817 SecondaryNameNode
15946 Jps
15579 DataNode
```

（2）切换到 Spark 文件目录下，启动 Spark，命令如下：

```
[root@master ~]# cd ${SPARK_HOME}
[root@master spark]# ./sbin/start-all.sh
[root@master spark]# jps
17696 ResourceManager
18385 Jps
17844 NodeManager
17445 SecondaryNameNode
17064 NameNode
17209 DataNode
18281 Master
18349 Worker
```

（3）在成功打开后，使用 jps 命令在 slave1 和 slave2 主机上分别查看新开启的 Master 和 Worker 进程。

在 slave1 主机上查看进程启动情况，命令如下：

```
[root@slave1 ~]# jps
10160 DataNode
10480 Worker
10273 NodeManager
10546 Jps
```

在 slave2 主机上查看进程启动情况，命令如下：

```
[root@slave2 ~]# jps
10273 NodeManager
10152 DataNode
10472 Worker
10543 Jps
```

在 master 主机上启动 Spark，如图 12-17 所示。在 slave1 和 slave2 主机上查看进程启动情况，如图 12-18 和图 12-19 所示。

```
[root@master ~]# start-all.sh
Starting namenodes on [master]
上一次登录: 二 11月 19 20:50:00 CST 2019pts/0 上
Starting datanodes
上一次登录: 二 11月 19 20:59:31 CST 2019pts/0 上
Starting secondary namenodes [master]
上一次登录: 二 11月 19 20:59:34 CST 2019pts/0 上
Starting resourcemanager
上一次登录: 二 11月 19 20:59:44 CST 2019pts/0 上
Starting nodemanagers
上一次登录: 二 11月 19 21:00:05 CST 2019pts/0 上
[root@master ~]# jps
10385 ResourceManager
10531 NodeManager
9896 DataNode
9753 NameNode
10125 SecondaryNameNode
10893 Jps
[root@master ~]# cd ${SPARK_HOME}
[root@master spark]# ./sbin/start-all.sh
starting org.apache.spark.deploy.master.Master, logging to /data/spark//logs/spark
-root-org.apache.spark.deploy.master.Master-1-master.out
slave2: starting org.apache.spark.deploy.worker.worker, logging to /data/spark//lo
gs/spark-root-org.apache.spark.deploy.worker.worker-1-slave2.out
slave1: starting org.apache.spark.deploy.worker.worker, logging to /data/spark//lo
gs/spark-root-org.apache.spark.deploy.worker.worker-1-slave1.out
master: starting org.apache.spark.deploy.worker.worker, logging to /data/spark//lo
gs/spark-root-org.apache.spark.deploy.worker.worker-1-master.out
[root@master spark]# jps
10385 ResourceManager
11090 Jps
10531 NodeManager
10919 Master
9896 DataNode
9753 NameNode
10986 worker
10125 SecondaryNameNode
[root@master spark]#
```

图 12-17　在 master 主机上启动 Spark

```
[root@slave1 hadoop]# jps
10160 DataNode
10480 worker
10273 NodeManager
10546 Jps
```

图 12-18　在 slave1 主机上查看进程启动情况

```
[root@slave2 hadoop]# jps
10273 NodeManager
10152 DataNode
10472 worker
10543 Jps
```

图 12-19　在 slave2 主机上查看进程启动情况

（4）验证。

在成功打开 Spark 集群后，可以通过 192.168.70.129:8080（192.168.70.129 为 master 主机的 IP 地址）访问 Spark 的 Web 界面，如图 12-20 所示。

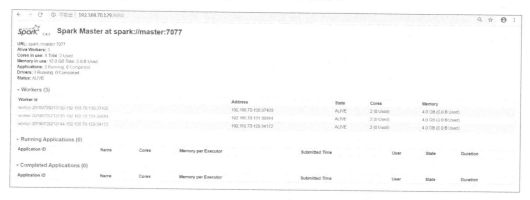

图 12-20　Spark 的 Web 界面

使用 spark-shell 命令打开 Spark 的 Shell，命令如下：

```
[root@master ~]# spark-shell
```

结果如图 12-21 所示。

```
[root@master spark]# spark-shell
2019-11-19 21:03:43,435 WARN util.NativeCodeLoader: Unable to load native-hadoop library for you
r platform... using builtin-java classes where applicable
Setting default log level to "WARN".
To adjust logging level use sc.setLogLevel(newLevel). For SparkR, use setLogLevel(newLevel).
Spark context Web UI available at http://master:4040
Spark context available as 'sc' (master = local[*], app id = local-1574168645382).
Spark session available as 'spark'.
Welcome to
      ____              __
     / __/__  ___ _____/ /__
    _\ \/ _ \/ _ `/ __/  '_/
   /___/ .__/\_,_/_/ /_/\_\   version 2.4.3
      /_/

Using Scala version 2.11.12 (Java HotSpot(TM) 64-Bit Server VM, Java 1.8.0_60)
Type in expressions to have them evaluated.
Type :help for more information.

scala>
```

图 12-21　Spark 的 Shell

由于 Shell 在运行，因此也可以通过 192.168.70.129:4040（192.168.70.129 为 master 的 IP 地址）访问 Spark 的 Web 界面，查看当前执行的任务，如图 12-22 所示。

图 12-22　查看当前执行的任务

12.4.3　Spark 入门实例

（1）在 master 主机上执行 wordcount 案例。首先在本地创建文件夹 input，在 input 文件夹里创建 wordcount.txt 文件，并将本地的 input 文件夹上传到 HDFS 上，命令如下：

```
[root@master spark]#cat >/data/input/wordcount.txt
Hello zhangsan
Hello lisi
Hello wangwu
Hello zhaoliu
Hi wangwu
//在 input 文件夹中创建 wordcount.txt 文件
[root@master spark]# hdfs dfs -mkdir /spark
[root@master spark]# hdfs dfs -put /data/spark/wordcount.txt /spark
```

```
[root@master spark]# hdfs dfs -ls /spark
//在 HDFS 上创建文件夹，并将本地的 input 文件夹上传到 HDFS 上
```

（2）在 Spark 的 Shell 中用 Scala 编写 Spark 程序，按空格分割数据，命令如下：

```
[root@master spark]# spark-shell
scala> sc.textFile("/spark/wordcount.txt").flatMap(_.split(" ")).map((_,1)).
reduceByKey(_+_).saveAsTextFile("/spark/out")
//sc 是 SparkContext 对象，该对象是提交 Spark 程序的入口
//textFile("/spark/wordcount.txt")是 HDFS 读取的数据
//flatMap(_.split(" "))先 map 再压平
//map((_,1))将单词和 1 构成元组
//reduceByKey(_+_)按照 key 进行 reduce，并将 value 累加
//saveAsTextFile("/spark/out")将结果写入 HDFS 中
```

（3）在执行完成后，查看 HDFS 的执行结果，如图 12-23 所示。

```
[root@master spark]# hadoop fs -cat /spark/out/p*
(zhangsan,1)
(wangwu,2)
(Hello,4)
(zhaoliu,1)
(Hi,1)
(lisi,1)
[root@master spark]#
```

图 12-23　查看 HDFS 的执行结果

12.5　Flink 系统架构部署

12.5.1　Flink 部署

Flink 有 3 种常见部署模式。

（1）Local 模式：本地模式的安装，要求 Java 版本最低为 Java 1.7.x，本地运行会启动 Single JVM，主要用于测试调试代码。

（2）Standalone：Flink 自带集群模式 Standalone，这个模式要求 Java 版本最低为 Java 1.8，并且要求集群节点实现 SSH 免密登录。

（3）YARN：基于 Hadoop 平台进行部署，将资源管理模块引入 YARN，以实现性能提升。生产环境一般用 YARN 模式。

本实验采用第 2 种部署模式，即 Standalone 部署模式，以下阐述详细步骤。

1．准备工作

下载 Flink，下载地址为 http://flink.apache.org/downloads.html。目前，Flink 还未出现基于 Hadoop 3.x 版本的，但基于 Hadoop 2.8.3 的 Flink 能够正常运行在 Hadoop 3.x 的集群中，此处选择的下载版本为 flink-1.7.2-bin-hadoop28-scala_2.12.tgz。在 master 节点上将

安装包解压缩到/data 目录中命令如下：

```
[root@master data]# tar -xf flink-1.7.2-bin-hadoop28-scala_2.12.tgz /data/
```

2. 配置相关文件

（1）选择 master 主机，并配置 conf/flink-conf.yaml 文件。设置 jobmanager.rpc.address 配置项为 master，taskmanager.numberOfTaskSlots 值为 2，命令如下：

```
[root@master data]# vi conf/flink-conf.yaml
jobmanager.rpc.address: master
taskmanager.numberOfTaskSlots: 2
```

（2）配置 slaves 主机。将所有的 worker 节点（TaskManager）的 IP 地址或主机名（一行一个）填入 conf/slaves 文件中，命令如下：

```
[root@master flink-1.7.2]#vi conf/slaves
master
slave1
slave2
```

（3）复制安装文件到 slave1 和 slave2 主机中，命令如下：

```
[root@master ~]# scp -r -p /data/flink-1.7.2 root@slave1:/data
[root@master ~]# scp -r -p /data/flink-1.7.2 root@slave2:/data
//将安装文件克隆至 slave1 和 slave2 主机
```

（4）在所有节点中配置环境变量。在 3 台主机中，均在/etc/profile.d/custom.sh 文件里添加 Flink 的路径和 HADOOP_ CONF_DIR 路径，命令如下：

```
export FLINK_HOME=/data/flink-1.7.2
export PATH=$PATH:$FLINK_HOME/bin
export HADOOP_CONF_DIR=${HADOOP_HOME}/etc/Hadoop
#将 Flink 的路径添加到环境变量中
```

12.5.2　启动与验证

1. 启动 Flink 集群

启动集群可以使用./bin/start-cluster.sh 命令，注意路径，命令如下：

```
[root@master flink-1.7.2]# ./bin/start-cluster.sh
```

在 master 主机上启动 Flink 集群，如图 12-24 所示。在 slave1 和 slave2 主机上查看进程启动情况，如图 12-25 和图 12-26 所示。

在成功打开 Flink 集群后，JobManager 会在 8081 端口上启动一个 Web 前端，可以通过 http://192.168.70.129:8081（192.168.70.129 为 master 主机 IP）访问 Flink 的 Web 界面，如图 12-27 所示。

```
[root@master flink-1.7.2]# ./bin/start-cluster.sh
Starting cluster.
Starting standalonesession daemon on host master.
Starting taskexecutor daemon on host master.
Starting taskexecutor daemon on host slave1.
Starting taskexecutor daemon on host slave2.
[root@master flink-1.7.2]# jps
9236 TaskManagerRunner
8757 StandaloneSessionClusterEntrypoint
9304 Jps
```

图 12-24　在 master 主机上启动 Flink 集群

```
[root@slave1 ~]# jps
9508 Jps
9432 TaskManagerRunner
```

图 12-25　在 slave1 主机上查看进程启动情况

```
[root@slave2 ~]# jps
9808 TaskManagerRunner
9883 Jps
```

图 12-26　在 slave2 主机上查看进程启动情况

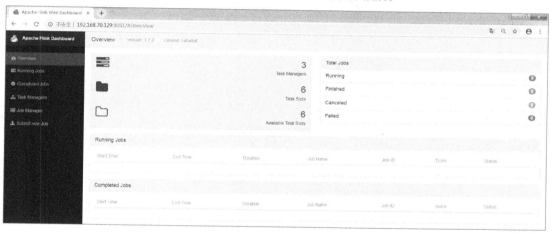

图 12-27　Flink 的 Web 界面

可以看出，Flink 集群已经正常启动。

2．停止集群

停止集群可以使用 ./bin/stop-cluster.sh 命令，命令如下：

```
[root@master flink-1.7.2]# ./bin/stop-cluster.sh
```

12.5.3　Flink 入门实例

运行 Flink 自带的 wordcount 案例：Flink 自带的 wordcount 案例存放在 examples/batch/ 目录的 WordCount.jar 文件中，运行 wordcount 案例可以看到统计出来的案例字符串中单词出现的频数，如图 12-28 所示。

```
[root@master flink-1.7.2]# cd examples/batch/
[root@master batch]# flink run WordCount.jar
```

```
[root@master flink-1.7.2]# cd examples/batch/
[root@master batch]# ls
ConnectedComponents.jar    EnumTriangles.jar    PageRank.jar              WebLogAnalysis.jar
DistCp.jar                 KMeans.jar           TransitiveClosure.jar     WordCount.jar
[root@master batch]# flink run WordCount.jar
Starting execution of program
Executing WordCount example with default input data set.
Use --input to specify file input.
Printing result to stdout. Use --output to specify output path.
(a,5)
(action,1)
(after,1)
(against,1)
(all,2)
(and,12)
```

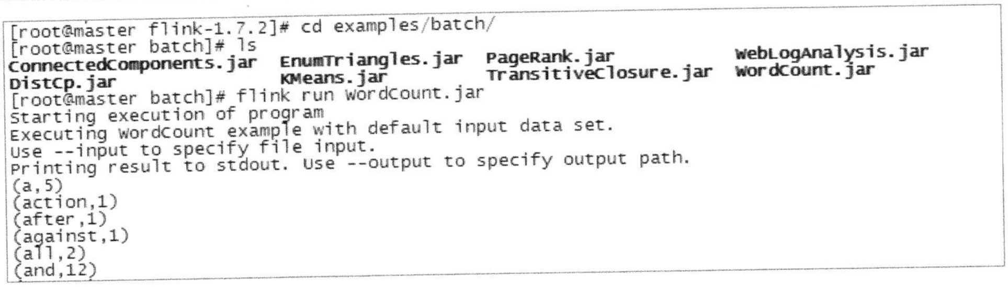

图 12-28   运行 wordcount 案例

第 13 章
数据存储与分析

　　面对海量的数据，传统的关系型数据库已经无法满足其存储需求，更遑论对海量数据的数据挖掘和复杂分析了。HBase（Hadoop Database）是典型的非关系型数据库，是一个面向列的分布式存储系统，利用 HBase 技术可以在廉价的 PC Server 上搭建起大规模的结构化存储集群以处理海量无规则的数据。而对于熟悉关系型数据库且不想重新学习新数据库的用户来说，Hadoop 生态圈提供了数据仓库工具 Hive。Hive 可以将结构化的数据文件映射为一张数据库表，并提供简单的 SQL 查询功能，将 SQL 语句转变成 MapReduce 任务来执行，使 MapReduce 变得更加简单、易上手。

13.1　HBase 数据库

13.1.1　HBase 介绍

HBase 是一个高可靠性、高性能、面向列、可伸缩的分布式存储系统，利用 HBase 技术可在廉价商用服务器上搭建起大规模结构化存储集群。

HBase 的目标是存储并处理大型的数据，具体来说，是仅需使用普通的硬件配置，就能够处理由成千上万的行和列所组成的大型数据。

HBase 是 Google Bigtable 的开源实现，有相似之处，如 Google 利用 MapReduce 来处理 Bigtable 中的海量数据，HBase 同样利用 Hadoop MapReduce 来处理 HBase 中的海量数据；也有所区别，如 Google Bigtable 使用 GFS 作为文件存储系统，HBase 利用 Hadoop HDFS 作为文件存储系统，Google Bigtable 利用 Chubby 作为协同服务，HBase 利用 Zookeeper 作为协同服务。

13.1.2　HBase 的特点

1．传统数据库存在的问题

（1）在数据量很大时无法存储。

（2）没有很好的备份机制。

（3）在数据达到一定数量时开始变缓慢，基本无法支撑很大的数据量。

2．HBase 的优势

（1）HBase 建立在 HDFS 上，可以进行线性扩展，随着数据量的增多，可以通过节点扩展进行支撑。

（2）数据存储在 HDFS 上，备份机制健全。

（3）HBase 内部使用哈希表并支持随机接入，其存储索引可对在 HDFS 文件中的数据进行快速查找。

3．HBase 的特点

（1）大：一个表可以有上亿行、上百万列的数据。

（2）面向列：面向列（族）的存储和权限控制，列（族）独立检索。

（3）稀疏：对于为空（null）的列，并不占用存储空间，因此，表可以设计得非常稀疏。

13.1.3　HBase 的部署

HBase 需要运行在 Hadoop 基础之上，因此安装 HBase 的前提是必须安装 Hadoop 环境。Hadoop 环境的安装可以参考前面章节的内容。在搭建 HBase 之前，首先要规划好 HBase 核心角色的节点分配。这里我们基于前面搭建的三节点的 Hadoop 集群进行 HBase 集群的搭建，将主机名为 master 和 slave1 的两个节点配置为 Master，将主机名为 slave2 的节点配置为 RegionServer。

与 Hadoop 3.1.2 匹配的版本有 HBase 2.0.x、HBase 2.1.x、HBase 2.2.x，在本实验中，选用 hbase-2.2.0 软件包（http://archive.apache.org/dist/hbase/）。

（1）将安装包解压到/data 目录下，改名为 hbase，命令如下：

```
[root@master ~]# tar -xf hbase-2.2.0-bin.tar.gz -C /data
[root@master ~]# mv /data/hbase-2.2.0 /data/hbase
```

（2）在/etc/profile.d/custom.sh 文件中添加 HBase 的环境变量，命令如下：

```
[root@master ~]# cat >> /etc/profile.d/custom.sh
export HBASE_HOME=/data/hbase
export HBASE_CONF_DIR=${HBASE_HOME}/conf
export PATH=$PATH:${HBASE_HOME}/bin
```

（3）运行 source 命令使环境变量生效，命令如下：

```
[root@master ~]# source /etc/profile
```

（4）在$HBASE_HOME/conf 下，需要配置 HBase 的 4 个文件：backup-masters、hbase-env.sh、hbase-site.xml、regionservers。

配置 hbase-env.sh 文件，配置 JAVA_HOME 参数，内容如下：

```
export JAVA_HOME=/usr/local/jdk1.8.0_60/
```

配置 hbase-site.xml 文件，内容如下：

```
<configuration>
  <property>
    <name>hbase.rootdir</name>
    <value>hdfs://master:9000/hbase</value>
  </property>
  <property>
    <name>hbase.cluster.distributed</name>
    <value>true</value>
  </property>
  <property>
    <name>hbase.master</name>
    <value>master:60000</value>
  </property>
  <property>
    <name>hbase.zookeeper.quorum</name>
    <value>master,slave1,slave2</value>
```

```
    </property>
    <property>
      <name>hbase.zookeeper.property.dataDir</name>
      <value>/data/hbase/zookeeper</value>
    </property>
    <property>
      <name>hbase.unsafe.stream.capability.enforce</name>
      <value>false</value>
    </property>
</configuration>
```

配置 backup-masters 文件，设置备用的 Master 管理节点，保证在主 Master 管理节点 master 宕机后，可直接把 slave1 切换为 Master 管理节点，以保证集群的正常使用，内容如下：

```
slave1
```

配置 regionservers 文件，内容如下：

```
master
slave1
slave2
```

（5）同步 HBase 文件环境变量配置到两台从机中。

在 master 机上把 HBase 文件环境变量配置文件分发到其他节点并使其生效，命令如下：

```
[root@master ~]# scp -r -p /data/hbase root@slave1:/data/
[root@master ~]# scp -r -p /data/hbase root@slave2:/data/
[root@master ~]# scp -r -p /etc/profile.d/custom.sh root@slave1:/etc/ profile.d/
[root@master ~]# scp -r -p /etc/profile.d/custom.sh root@slave2:/etc/ profile.d/
```

在每个节点配置立即生效，命令如下：

```
source /etc/profile
```

（6）删除多余的 jar 包。

将 hbase 目录下 lib/client-facing-thirdparty 文件夹里的 htrace-core4-4.2.0-incubating.jar 包复制到 hbase 目录下的 lib 文件夹中，命令如下：

```
[root@master   hbase]#   cp   $HBASE_HOME/lib/client-facing-thirdparty/htrace-
core4-4.2.0-incubating.jar $HBASE_HOME/lib/
```

使用 find 命令查找 slf4j-log4j12-1.7.25.jar，发现在 hadoop 目录和 hbase 目录下均有该 jar 包，造成重复，因此删除 hbase 目录下的该 jar 包，命令如下：

```
[root@master hbase]# find /data -name slf4j-log4j12-1.7.25.jar
/data/hadoop/share/hadoop/common/lib/slf4j-log4j12-1.7.25.jar
/data/hbase/lib/client-facing-thirdparty/slf4j-log4j12-1.7.25.jar
[root@master  hbase]#  rm  -r  /data/hbase/lib/client-facing-thirdparty/slf4j-
log4j12-1.7.25.jar
```

（7）启动服务。

将 Hadoop 服务启动，命令如下：

```
[root@master ~]# cd $HADOOP_HOME
[root@master hadoop]# ./sbin/start-all.sh
```

启动 HBase 服务，命令如下：

```
[root@master ~]# cd $HBASE_HOME
[root@master hbase]# ./bin/start-hbase.sh
[root@master hbase]# jps
23587 NodeManager
24211 HQuorumPeer
24339 HMaster
24648 Jps
23001 DataNode
23209 SecondaryNameNode
23452 ResourceManager
24494 HRegionServer
```

在 slave1 上查看 HBase 启动情况，命令如下：

```
[root@slave1 ~]# jps
13970 DataNode
14068 NodeManager
14612 Jps
14486 HMaster
14346 HRegionServer
```

在 slave2 上查看 HBase 启动情况，命令如下：

```
[root@slave2 ~]# jps
13733 HRegionServer
13847 Jps
13593 HQuorumPeer
13357 DataNode
13455 NodeManager
```

查看 HBase 启动情况，如图 13-1 所示。

```
[root@master hbase]# ./bin/start-hbase.sh
slave2: running zookeeper, logging to /data/hbase/logs/hbase-root-zookeeper-slave2.out
slave1: running zookeeper, logging to /data/hbase/logs/hbase-root-zookeeper-slave1.out
master: running zookeeper, logging to /data/hbase/logs/hbase-root-zookeeper-master.out
running master, logging to /data/hbase/logs/hbase-root-master-master.out
slave2: running regionserver, logging to /data/hbase/logs/hbase-root-regionserver-slave2.out
slave1: running regionserver, logging to /data/hbase/logs/hbase-root-regionserver-slave1.out
master: running regionserver, logging to /data/hbase/logs/hbase-root-regionserver-master.out
slave1: running master, logging to /data/hbase/logs/hbase-root-master-slave1.out
[root@master hbase]# jps
23587 NodeManager
24211 HQuorumPeer
24339 HMaster
24648 Jps
23001 DataNode
23209 SecondaryNameNode
23452 ResourceManager
24494 HRegionServer
```

图 13-1　查看 HBase 启动情况

271

13.2　Hive **数据仓库**

13.2.1　Hive **介绍**

Hive 是基于 Hadoop 的一个数据仓库工具，可以将结构化的数据文件映射为一张数据库表，并提供简单的 SQL 查询功能，也可以将 SQL 语句转换为 MapReduce 任务来运行。使用 SQL 可以快速实现简单的 MapReduce 统计，不必开发专门的 MapReduce 应用，学习成本低，十分适合数据仓库的统计分析。

13.2.2　Hive **的部署**

1．MySQL **的安装及配置**

使用浏览器访问 https://www.mysql.com/downloads/，选择合适的版本下载 MySQL 安装包。

（1）进入 MySQL 安装包目录，进行解压缩，命令如下：

```
[root@master ~]# xz -d mysql-8.0.16-linux-glibc2.12-x86_64.tar.xz
[root@master ~]# tar -xvf mysql-8.0.16-linux-glibc2.12-x86_64.tar
[root@master ~]# mv -f mysql-8.0.16-linux-glibc2.12-x86_64 /usr/local/mysql
//将解压后的文件夹复制到/usr/local/目录并重命名为mysql
```

（2）查看系统是否有 libaio 软件包，如果没有，则无法运行 MySQL 数据库，命令如下：

```
[root@master ~]# rpm -qa | grep libaio
libaio-0.3.107-10.el6.x86_64
//表示已经安装
```

（3）建立 MySQL 用户和用户组，命令如下：

```
[root@master ~]# useradd -s /sbin/nologin -M mysql
[root@master ~]# cd /usr/local/mysql
[root@master mysql]# mkdir data
//到mysql目录下，新建data目录
[root@master mysql]# chown -R mysql:mysql ./
//修改权限
[root@master mysql]# ./mysqld --initialize --user=mysql
//启动/usr/local/mysql/bin/目录下的mysqld，并记住此时数据库产生的密码
```

注意一条语句，这是 MySQL 数据库自动生成的临时 root 密码，一定要记录下来：
******** A temporary password is generated for root@www: 5oPhVNDoQ&-P。

（4）创建/usr/local/mysql/support-files/my-default.cnf 文件，命令如下：

```
[root@master mysql]# vi /usr/local/mysql/support-files/my-default.cnf
[mysqld]
basedir=/usr/local/mysql
datadir=/usr/local/mysql/data
port=3306
socket=/tmp/mysql.sock
character-set-server=utf8
[client]
socket=/tmp/mysql.sock
default-character-set=utf8
```

（5）复制启动、关闭脚本并设置权限，命令如下：

```
[root@master ~]#cp /usr/local/mysql/support-files/my-default.cnf /etc/my.cnf
[root@master mysql]#cp /usr/local/mysql/support-files/mysql.server /etc/ init.d/
mysqld
[root@master mysql]#chown -R root:root ./
[root@master mysql]#chown -R mysql:mysql data
[root@master mysql]#chmod -R 777 /usr/local/mysql
[root@master mysql]#service mysqld start
//启动数据库
```

（6）测试数据库，命令如下：

```
[root@master mysql]#/usr/local/mysql/bin/mysql -u root -p
//测试数据库
//会提示输入密码，这时需要输入刚才记录的临时密码
mysql>alter user 'root'@'localhost' identified by 'root';
//更改密码
mysql> exit
//退出 MySQL 命令行界面
```

2．Hive 的配置

（1）文件准备。

下载 Hive（ http://mirror.bit.edu.cn/apache/hive/ ）和 jdbc connector（ https://dev.mysql.com/downloads/file/?id=485765 ），并上传到虚拟机上，然后将其解压缩到/data 目录下，改名为 hive，并将 MySQL 的驱动程序添加到 hive/lib 目录下，命令如下：

```
[root@master ~]# tar -xf apache-hive-3.1.1-bin.tar.gz -C /data
[root@master ~]# mv /data/apache-hive-3.1.1-bin /data/hive
[root@master ~]# mv mysql-connector-java-8.0.16.jar /data/hive/lib
```

（2）环境变量配置。

在/etc/profile.d/custom.sh 文件中添加 Hive 的环境变量，命令如下：

```
[root@master ~]# cat >> /etc/profile.d/custom.sh
```

```
export HIVE_HOME=/data/hive
export PATH=$PATH:${HIVE_HOME}/bin
```

（3）运行 source 命令使环境变量生效，命令如下：

```
[root@master ~]# source /etc/profile
```

检查配置是否成功，运行 hive --version 命令可以查看 Hive 版本，若有 Hive 的版本返回，则表示安装成功，如图 13-2 所示。

```
[root@master data]# hive --version
SLF4J: Class path contains multiple SLF4J bindings.
SLF4J: Found binding in [jar:file:/data/hive/lib/log4j-slf4j-impl-2.10.0.jar!/org/slf4j/impl/StaticLoggerBinder.cla
ss]
SLF4J: Found binding in [jar:file:/data/hadoop/share/hadoop/common/lib/slf4j-log4j12-1.7.25.jar!/org/slf4j/impl/Sta
ticLoggerBinder.class]
SLF4J: See http://www.slf4j.org/codes.html#multiple_bindings for an explanation.
SLF4J: Actual binding is of type [org.apache.logging.slf4j.Log4jLoggerFactory]
Hive 3.1.1
Git git://daijymacpro-2.local/Users/daijy/commit/hive -r f4e0529634b6231a0072295da48af466cf2f10b7
Compiled by daijy on Tue Oct 23 17:19:24 PDT 2018
From source with checksum 6deca5a8401bbb6c6b49898be6fcb80e
```

图 13-2　查看 Hive 版本

（4）配置 Hive。

配置 hive-site.xml 文件，在 hive-site.xml 文件中写入如下内容：

```
[root@master ~]# vi /data/hive/conf/hive-site.xml
<?xml version="1.0" encoding="UTF-8" standalone="no"?>
<?xml-stylesheet type="text/xsl" href="configuration.xsl"?>
<configuration>
  <!-- Hive Execution Parameters -->
  <property>
    <name>javax.jdo.option.ConnectionUserName</name>
    <value>root</value>
  </property>
  <property>
    <name>javax.jdo.option.ConnectionPassword</name>
    <value>root</value>
  </property>
  <property>
    <name>javax.jdo.option.ConnectionURL</name>
    <value>jdbc:mysql://localhost:3306/hive</value>
  </property>
  <property>
    <name>javax.jdo.option.ConnectionDriverName</name>
    <value>com.mysql.jdbc.Driver</value>
  </property>
</configuration>
```

3．启动和验证

（1）启动 MySQL，命令如下：

```
[root@master ~]# service mysqld start
```

（2）初始化元数据，命令如下：

```
[root@master ~]# schematool -dbType mysql -initSchema
```

（3）Hive 启动方法：在命令模式下直接输入"hive"，若未报错且出现"hive>"，则说明 Hive 环境变量和配置没有问题，如图 13-3 所示。到此，Hive 的基本安装及部署已经完成。

```
[root@master ~]# hive
which: no hbase in (/usr/local/sbin:/usr/local/bin:/usr/sbin:/usr/bin:/usr/local/jdk-11.0.1/bin:/data/hadoop//sbin:/data/hadoop//bin:/data
/hadoop//lib:/data/spark/bin:/data/scala-2.13.0/bin:/data/hive/bin:/root/bin)
SLF4J: Class path contains multiple SLF4J bindings.
SLF4J: Found binding in [jar:file:/data/hive/lib/log4j-slf4j-impl-2.10.0.jar!/org/slf4j/impl/StaticLoggerBinder.class]
SLF4J: Found binding in [jar:file:/data/hadoop/share/hadoop/common/lib/slf4j-log4j12-1.7.25.jar!/org/slf4j/impl/StaticLoggerBinder.class]
SLF4J: See http://www.slf4j.org/codes.html#multiple_bindings for an explanation.
SLF4J: Actual binding is of type [org.apache.logging.slf4j.Log4jLoggerFactory]
Hive Session ID = 97d95502-8b73-4edf-95d4-64d44849daa3

Logging initialized using configuration in jar:file:/data/hive/lib/hive-common-3.1.1.jar!/hive-log4j2.properties Async: true
Loading class `com.mysql.jdbc.Driver'. This is deprecated. The new driver class is `com.mysql.cj.jdbc.Driver'. The driver is automatically
registered via the SPI and manual loading of the driver class is generally unnecessary.
Hive-on-MR is deprecated in Hive 2 and may not be available in the future versions. Consider using a different execution engine (i.e. spar
k, tez) or using Hive 1.x releases.
Hive Session ID = 60b668b5-9448-4c0a-a460-38d3b63fc850
hive>
```

图 13-3　进入 Hive Shell

13.2.3　Hive 应用实例

（1）在 HDFS 上创建数据存放路径，命令如下：

```
[root@master ~]# hdfs dfs -mkdir -p /user/hive/warehouse/
```

（2）运行 hive 命令，进入 Hive Shell，进行数据库相关操作，命令如下：

```
[root@master ~]# hive
hive>show databases;
//查看数据库
hive>use default;
//使用数据库
hive>show tables;
//查看表
hive>create table it(id int,name string);
//创建表
hive>insert into it values(1,"xiaoming");
//插入数据
hive>select * from it;
//查询
hive>drop table it;
//删除表
hive>quit;
//退出终端
```

（3）准备数据，命令如下：

```
[root@master data]# vi /data/student.txt
1 zhangsan
2 lisi
```

```
3 wangwu
4 zhaoliu
5 sunqi
6 zhouba
```

（4）在 Hive Shell 中创建表，命令如下：

```
[root@master data]# hive
hive>create table student(id int,name string) row format delimited fields terminated by "\t";
```

（5）将数据导入 Hive 表中，命令如下：

```
hive>load data local inpath '/data/student.txt' into table student;
```

（6）查询 Hive 数据表，命令如下：

```
hive>select * from student;
```